양자 이론과 물리학의 분열

양자 이론과 물리학의 분열

칼 포퍼

이한구 · 이창환 옮김

철학과현실사

QUANTUM THEORY AND THE SCHISM IN PHYSICS

KARL R. POPPER

From the POSTSCRIPT TO THE LOGIC OF SCIENTIFIC DISCOVERY
Edited by W. W. Bartley, III

차 례

양자 이론과 물리학의 분열

I장 양자 이론의 이해와 그 해석 … 171

II장 양자 이론의 객관성 … 204

Ⅲ장 양자 이론의 역설들에 대한 어떤 해결책에 관해 … 241

Ⅳ장 형이상학적인 맺음말 … 264

편집자 서문

1. 『후속편』과 그 역사

이 책 『양자 이론과 물리학의 분열(*Quantum Theory and the Schism in Physics*)』은 칼 포퍼 경의 『과학적 발견의 논리(*The Logic of Scientific Discovery*)』에 대한 기다려 마지않았던 『후속편(*Postscript*)』의 세 번째 권이다. 이 책은 약 25년 전에 쓰였음에도 이전에 출판된 적이 없었다. 그러나 이 책이 처음 쓰였을 때처럼 시의 적절한 것으로 남아 있다. 이 책은 물리학에서 현행 탐구의 기본적인 가정들 몇몇에 도전하고, 또한 새로운 우주론을 묘사하고 있기 때문이다.

『후속편』의 다른 책들(모든 책이 지금 출판되어 있다)과 함께, 이 책은 1951년과 1956년 사이에 주로 저술되었다. 그때는 포퍼가 1934년에 처음 출판한 책인 『탐구의 논리(*Logik der Forschung*)』

를 영어로 번역한 『과학적 발견의 논리』가 출판되었던 때였다.

『후속편』의 여러 상이한 책들은 원래 『과학적 발견의 논리』 부록 시리즈의 일부였다. 그 부록에서 포퍼는 첫 번째 책의 생각들을 바로잡고 확장하여 발전시킬 작정이었다. 이 부록들 중 어떤 것은 1959년에 출판된 『과학적 발견의 논리』에 실제로 포함되어 있다. 그렇지만 일군의 부록들은 자체적인 형태를 갖추어, 점차 밀접히 연관된 하나의 작업이 — 길이에 있어서는 원래의 『탐구의 논리』를 훨씬 초과하는 작업이 되었다. 『과학적 발견의 논리』의 속편이나 안내서 — 『후기 속편: 20년 후』라고 불리는 — 로 이 새로운 작업을 출판하는 것이 결정되었다. 그렇게 해서 결국 1956-57년에 활자로 조판되어 교정쇄로 나왔다.

하지만 기대하던 출판을 몇 달 앞두고 그 계획은 중단되었다. 포퍼의 지적 자서전인 『끝나지 않는 물음(*Unended Quest*)』에서, 그는 이 교정쇄에 대한 말을 다음과 같이 밝히고 있다. "교정은 악몽으로 변했다. … 그때 나는 두 눈을 수술해야 했기 때문이다. 이후 나는 잠시 동안 교정을 다시 시작할 수 없었다. 그 결과 『후속편』이 아직 출판되지 못했다."

나는 이때를 생생하게 기억하고 있다. 망막 분리 수술을 몇 번 한 후 곧 그곳 병원에 입원해 있는 포퍼를 문병하기 위해 나는 빈에 갔다. 그리고 그가 회복했을 때, 우리는 『후속편』 작업을 착수했다. 오랫동안 그는 거의 볼 수가 없었으며, 그래서 우리는 그가 맹인이 되지 않을까 심히 우려했다.

그가 다시 볼 수 있었을 때, 『후속편』에 대한 많은 작업이 이루어졌다. 몇몇 절은 추가되었고, 또한 수없이 많은 교정이 이루어졌다. 그렇지만 이제 다른 작업에 대한 큰 압박 때문에, 1962년 이후에는 실질적으로 본문에 추가된 것이 전혀 없었다. 『추측과 논박(*Conjectures and Refutations*)』(1963)을 출판한 후 10년 동안 상당히 왕성한 저술을 했던 포퍼는 많은 논문을 발표하는 중에, 세 권의 새로운 책 『객관적 지식: 진화론적 접근(*Objective Knowledge: An Evolutionary Approach*)』(1972), 『끝나지 않는 물음』(1976), 그리고 (존 에클스 경(Sir John Eccles)과의 공저인) 『자아와 그 두뇌(*The Self and Its Brain*)』(1977)를 완성하고 출판하였다. 이 책들은 몇 년에 걸쳐 나왔으며, 이제 유명해진 객관적인 마음의 이론(그리고 세계 1, 2, 3의 이론)이 전개되었고, 그 접근이 생물학의 과학으로 연장되었던 저작들이었다.

반면에 물리학의 철학에서 포퍼 작품의 정점이었던 『후속편』은 출판되지 않았다. 그렇지만 사람들이 이것을 읽지 못한 것은 아니었다. 포퍼와 매우 가까운 제자들과 동료들 대부분은 이 작품으로 연구를 했다. 그리고 몇몇은 수년 동안 교정본의 복사본을 갖고 있었다. 이 책이 결국 완성되어 대중과 공유되었음을 보는 것이야말로 이 책을 알았고 이 책에 깊은 영향을 받았던 나와 같은 사람들에게는 대단한 만족을 주는 원천이었다.

지금 출판을 위해 편집된 본문은 본질적으로 1962년에 완성되었던 것이다. 표시된 대로 몇 곳을 제외하고는 대폭적인 변경을 하지 않았다. 이렇게 하는 것이 포퍼의 제자들과 동료들에게 미친 영향을 통해서 이제 역사적인 성격을—이 작품을 구성한 이후 약 25년, 그리고 원래의 『탐구의 논리』를 쓴 이후 45년이 경과한 역사를—획득하게 된 작품에 대한 적절한 접근이라고 느끼게 되었기 때문이다. 분명히 오늘의 관점에서 보면 많은 논점들이 다르게 언급되었을 것이다. 그렇지만 저자의 완전한 개정이 허용되었다면, 출판은 한없이 연기되었을 것이다.

다음과 같은 일들이 편집하면서 이루어졌다. 수년간에 걸쳐 본문의 부분들이 축적되었기 때문에, 본문의 몇몇 부분에 대한 상이한 판본들을 한데 엮었으며, 교열을 본 것은 물론이고, 독자의 도움을 위해 문헌적인 주석들과 여타의 주석들을 추가했다. 포퍼가 새로 추가한 주석 몇몇을 분명히 표시했는데, 그것들을 대괄호로 표현했으며, 별표(*)를 붙여 표시했다. 내가 한 간략한 편집 주석들과 자서전적인 주석들 또한 대괄호로 묶은 다음, 뒤이어 '편집자(Ed.)'란 축약어를 붙였다. 나는 여기서 일반적으로 포퍼의 *Die beiden Grundprobleme der Erkenntnistheorie*(1930-32년에 썼고 1979년에 출판)를 편집한 한센(Troels Eggers Hansen)의 관례를 따랐다. 우리가 과거 2년 동안에 걸쳐 다양한 장소에서 — 하이델베르크, 구엘프, 토론토, 워싱턴 D.C., 크론베르크 성, 그리고 버킹엄셔의 그의 집에서 가졌던 일련의 만남을 통해 포퍼는 편집 작업을 확인할 수 있었다. 또한 포퍼는 모든 책의 새로운 서문과 2권의 새로운 후기를 추가했다.

내 제안에 따라 표현상 하나의 주요한 변경이 이루어졌다. 이런 커다란 저작을 한 권의 책으로 출판하는 것이 가능했을 것이다. 그러나 그 책은 수많은 철학도가 구입하기에는 너무 비싸고 무겁고 불편한 책이 되었을 것이다. 『후속편』 — 『양자 이론과 물리학의 분열』을 포함하고 있는 — 의 부분들은 철학자들과 철학을 전공하는 학생들에게는 물론이고 일반 대중에게도 광범위한 흥미와 관심사를 불러일으킬 것이다.

또한 이 부분들은 대체로 서로 독립적이다. 이 점 때문에 나는 그 작업을 어울리는 판형의 세 권의 분리된 책으로 출판하도록 제안하게 되었다. 그 전체를 『후속편』으로 구성했다. 포퍼 경은 약간 머뭇거린 후에 이 제안을 수락했으며, 그리고 세 권에 대해 내가 제안한 제목도 동의했다.

그래서 『후속편』은 다음과 같이 출판되었다.

『실재론과 과학의 목표(*Realism and the Aim of Science*)』(I권)
『열린 우주: 비결정론을 위한 논증(*The Open Universe: An Argument for Inderterminism*)』(II권)
『양자 이론과 물리학의 분열』(III권)

독자가 『후속편』의 이 세 책을 별개로 쉽게 읽을 수 있다 할지라도, 그 책들은 어떤 연관된 논증을 창조하고 있음을 알아야 한다. 『후속편』의 각각의 책은 지식에 대한 주관주의적인 접근이나 관념론적인 접근의 어느 하나를 공박하고 있다. 각각의 책은 지식에 대한 객관주의적인 접근, 즉 실재론적으로 접근하는 하나 이상의 요소들로 이루어져 있다.

이렇게 해서 지금 『실재론과 과학의 목표』라는 제목의 책에서, 포퍼는 '귀납주의'를 추적하고 있다. 그는 귀납주의를 논리적, 방법론적, 인식론적, 그리고 형이상학적인 네 단계를 통해서 주관주의와 관념론의 주요한 원천으로 보고 있다. 그는 오류 가능성에 대한 자신의 이론을 전개했으며, 그리고 과학적인 관점과 비과학적인 관점 그리고 사이비-과학적인 관점을 구획하는 데 그 이론의 결과들을 적용하고 있다. 또한 그는 주관적인 '확실함'이나 전통적인 철학자들의 객관적인 '정당화'라는 어떤 것에도 의존하지 않고, 다른 이론보다 하나의 어떤 이론을 합리적으로 선호하는 방식으로서 확인에 대한 이론을 제시하고 있다. 첫 번째 책에서 포퍼는 또한 철학에서 버클리, 흄, 칸트, 마하 및 러셀 같은 역사적인 인물들과 자신의 관계를 논의하고 있다. 그들은 주관주의 전통에 공헌을 한 중요한 사람들이다. 그리고 그는 동시대의 철학적인 비판과 과학적인 비판에 대해 상세한 답변을 해주고 있다. 포퍼는 또한 확률 계산의 주관적인 해석, 즉 확률은 주관의 불충분한 지식 상태를 측정한다는 믿음에 뿌리를 둔 해석을 공박한다. 『과학적 발견의 논리』에서, 포퍼는 확률 계산의 객관적인 해석을 옹호하고 있다. 이런 목적 때문에 그는 도수 해석을 사용하고 있다. 이제 그는 또한 도수 해석도 비판한다. 그 대신에 그는 성향 해석을 — 지난 20년 동안 많은 지지자들을 확보했던 해석을 상세히 제시하고 있다. 이런 생각들과 논증들은 나머지 책에 적용되고 개진되었다.

『열린 우주: 비결정론을 위한 논증』에서, 포퍼는 '과학적' 결정론과 형이상학적 결정론 모두에 대한 비판을 제시하고 있다. 그리고 그는 고전 물리학이 양자 이론보다 결정론을 더 많이 가정하거나 함의하지 않음을 논증하고 있다. 그렇지만 형이상학적 결정론은 수많은 당대의 양자 이론가들의 작업 기반으로 계속되었음을 그는 발견했다. 물론 결정론을 반대하는 양자 이론가들도 그렇게 했다. 포퍼는 물리학 내에서 이런 형이상학적인 가정들에 대한 주관적인 확률 해석들에 의해 계속해서 행해졌던 역할을 추적하고 있다.

첫 번째 책과 두 번째 책의 논증들 간에는 깊은 연관이 있는데, 그것은 인간의 자유, 창의성, 그리고 합리성에 대한 공통적인 관심사이다.

첫 번째 책에서는 정당화와 합리성을 검토하면서 비판의 한계에 관한 — 그와 함께 합리성의 한계에 관한 주관주의자의 주장과 회의적인 주장을 논박한다. 만약 그런 한계가 존재한다면, 진지한 논증은 쓸모가 없을 것이며, 그 논증이 나타난 모습도 환상에 불과할 것이다.

두 번째 책은 결정론을 다루고 있는데, 다음과 같은 주장을 옹호하고 있다. 즉, 우리의 합리성은 인간 지식의 미래 성장에 대한 예측 때문에 제한을 받는다는 것이다. 만일 그런 한계가 존재하지 않는다면, 진지한 논증도 무용할 것이고, 그런 논증의 나타남도 환상에 불과할 것이다.

따라서 포퍼는 인간 이성은 비판에 대해서는 제한을 받지 않지만, 그러나 인간 이성의 예측 능력에 관해서는 제한을 받는다고 논증하고 있다. 그리고 그는 그 제한 없음과 그 제한은 모두 그들 각각의 위치에서 적어도 존재할 인간의 합리성을 위해 필요함을 보여주고 있다.

2. 『후속편』인 이 책

대체로 『후속편』과 특히 『양자 이론과 물리학의 분열』은 심오할 정도로 우주론적이다. 이 마지막 책에서 칼 포퍼 철학의 기초 주제 — 어떤 것도 무에서 나올 수 없다 — 가 물리학에서 그 기초를 획득했나.

이런 생각이 몰이해와 냉혹한 저항을 받아야 함은 놀라운 일이 아니다. 왜냐하면 그것은 다음과 같은 우리의 철학적 전통의 지배적인 표어들에 반대하고 있기 때문이다.[1)]

태양 아래 새로운 것은 어떤 것도 없다.
무는 창조될 수 없거나 파괴될 수도 없다.
무에서는 아무것도 나오지 않는다.

포퍼 철학의 주요한 생각들과 『후속편』의 세 책 모두에서 주도적인 주제들은 다 어떤 것도 무에서 나올 수 없다는 기본 주제와 연관되어 있다. 과학적 이론들은 새로운 형식들을 우주에 도입했으며, 그리고 관찰에 환원될 수 없다. 과학적 환원 같은 것은 어떤 것도 없기 때문이다. 미래는 현재나 과거에 속할 수 없다. 물리학에 비결정론이 존재하며, 사실상 역사에도 비결정론이 있다. 그리고 또한 새로운 과학적인 생각들은 역사에 영향을 미치므로, 물리적인 우주 과정에도 영향을 미치기 때문이다. 생물학에는 진정한 창발이 존재한다. 가치는 사실에 환원될 수 없다. 마음도 물질에 환원될 수 없다. 언어의 기술적이고 논증적인 수준들은 표현적인 수준과 신호 수준에 환원될 수 없다. 의식은 진화의 선봉에 있으며, 의식의 산물들은 결정되지 않는다. 따라서 '열린 우주'에서는 '열린사회'가 중요하다.

의식과 그 산물들이 매우 중요하다고 생각한 한 철학자가 그의 철학적인 저작의 핵심에 의식을 물리학의 중심으로 도입하는 시도들 — 지난 50년 동안 대부분의 훌륭한 물리학자들이 했던 — 에 대한 맹렬한 비난을 했던 점은 주목할 만하다.

---

1) W. W. Bartley, III, "The Philosophy of Karl Popper. Part II. Consciousness and Physics: Quantum Mechanics, Probability, Indeterminism, the Body-Mind Problem", *Philosophia* 7, 3-4, July 1978, pp.675-716을 보라.

지적인 역사와 박식한 논쟁에 관한 반어법의 어떤 전문가도 그 당시 이 책에서 포퍼에게 준비된 진귀한 선물을 알아볼 수 없었다. 이 책에서 포퍼는 양자 물리학의 현행 논쟁의 중심에 바로 공격을 가하고 있다. 가장 진지한 물리학자들이 귀납주의자, 주관주의자, 실증주의자, 도구주의자일 때 — 그리고 그들이 물리학에서 이런 견해들을 정초하려는 시도를 할 때 — 연역론자, 실재론자, 반-실증론자, 반-도구론자인 포퍼는 물리학에 대한 해석과 실제로 전체 우주론을 제안하고 있다. 사람들은 포퍼와 같은 철학자의 생각들을 시험하는데, 이런 물리학자들의 세대 중간에 포퍼의 생애를 갖다 놓는 것보다 더 엄밀한 방식을 거의 상상할 수가 없다. 지난 반세기에 걸쳐 자신의 생각들을 구축하고, 그것들을 시험하고 형태를 짓고, 가장 난해한 현대적인 주제들에 대한 가장 추상적인 이론가들의 현실적이고 가능한 반대들을 마주하면서, 포퍼는 그의 생각들을 명료하게 다듬을 수 있었다.

그것은 또한 그들에게 과학적인 중요함과 당대의 철학적 사유들에 전형적이지 않은 문화적인 관련성을 부여했다.

편집자는 미국 학회 협의회와 미국 철학회가 이 책의 편집 작업에 대해 보여준 관대한 후의에 포퍼의 감사를 전하고 싶다. 또한 도날드 캠벨(Donald T. Campbell)과 하이에크(F. A. von Hayek)의 충고와 지지에 대한 그의 감사도 곁들이고 싶다. 포퍼는 또한 자신의 비서인 사도야마(Nancy Artis Sadoyama)의 헌신과 한결같은 도움에도 감사를 표하길 원했다.

감사의 말

나는 이런 기회를 통해 동료인 존 왓킨스(John W. N. Watkins)가 보여준 엄청난 독려에 대해 감사하고 싶다. 특히 나에게 보여준 그의 그칠 줄 모르는 관심에 감사드리고 싶다. 그는 이 책을 원고와 교정본으로 읽은 다음, 개선을 위해 가장 도움이 되는 제안을 해주었다. 이 『후속편』을 당초 계획했던 『과학적 발견의 논리』에 대한 일련의 부록으로 출판하기보다는 별도의 작업으로 출판하도록 결정한 것도 그의 제안 때문이었다. 하지만 이 같은 생각에 그가 기울인 관심이야말로 이런 제안보다 작업의 완성을 위해 훨씬 더 중요한 것이었다.

나는 또한 『과학적 발견의 논리』의 공동 번역자인 줄리우스 프리드(Julius Freed) 박사와 란 프리드(Lan Freed)에게 심심한 감사를 표하고 싶다. 그들은 이 책의 대부분을 교정본으로 읽었으며, 그 문체에 대한 수많은 제안을 해주었다. [그들은 모두 책이 출판

되기 오래전에 작고하였다. 편집자.]

조셉 아가시(Joseph Agassi)는 이 책을 쓰는 동안 나의 첫 번째 연구 학생이었으며 나중에는 연구 조교가 되었다. 나는 거의 모든 절을 그와 상세하게 논의했다. 그 결과로 종종 그의 조언에 따라 나는 하나의 진술이나 두 진술을 전혀 새로운 절로 확장했다. 혹은 어떤 경우엔 전혀 새로운 부분으로 확장했다. [그것은 『실재론과 과학의 목표』의 2부가 되었다.] 그의 협조는 나에게 가장 중요한 것이었다.

또한 내가 아가시 박사의 도움을 유용하게 받을 수 있도록 해준 런던정경대학에 감사를 표하고 싶다. 그리고 1956년 10월부터 1957년 7월까지 이 책의 교정본을 중단하지 않도록 작업하는 기회를 주었고, 또한 아가시 박사가 이 기간 동안 나를 도울 수 있도록 해준 캘리포니아, 스탠포드대학의 행동과학 중앙 연구소(포드 재단)에게도 감사를 표하고 싶다.

펜(Penn), 버킹엄셔(Buckinghamshire), 1959

바틀리(W. W. Bartley, III) 교수는 나의 제자였는데, 이후 1958-63년에는 런던정경대학의 동료가 되었다. 그는 1960-62년 동안 이 책에 대한 면밀한 작업을 나와 같이 했다. 1978년에 그는 친절하게도 『후속편』의 편집자로 작업하는 것에 동의해 주었다. 나는 그의 도움과 몹시 힘든 이 작업을 해준 것에 감사한다. 이루 말할 수 없는 그의 은혜에 심심한 감사를 드린다.

또한 나와 함께 그동안 이 『후속편』의 작업을 했던 다른 몇몇 사람들에게도 감사를 드릴 수 있어서 기쁘다. 특히, 앨런 머스그레이브(Alan E. Musgrave), 데이비드 밀러(David Miller), 아르네 피터슨(Arne F. Petersen), 톰 세틀(Tom Settle), 그리고 제러미 쉬머(Jeremy Shearmur)에게 감사드린다. 그중 데이비드 밀러와 아르네 피터슨에게 특별히 고맙다는 말을 하고 싶다. 이 두 사람은 1970년 이전 여러 해 동안 막대한 작업을 해주었기 때문이다.

런던정경대학은 수년간에 걸쳐 연구 조교를 지명하여 나를 계속 돕도록 해주었다. 또한 런던정경대학은 1969년 내가 은퇴한 이후에도 13년 동안 너필드 재단(Nuffield Foundation)으로부터 보조금의 도움을 받도록 해주었다. 너필드 재단에도 감사를 드리고 싶다. 이런 작업에 주요한 책임을 감수했던 나의 친구이자 계승자인 존 왓킨스 교수, 고인이 되신 학장 월터 애덤스 경(Sir Walter Adams), 그리고 현 학장이신 랄프 다렌도르프(Ralf Dahrendorf) 교수의 따뜻한 우정과 나의 작업에 대한 커다란 관심에 심심한 사의를 표한다.

『후속편』이 1950년대에 출판되었다면, 나는 버트런드 러셀에게 헌정을 했을 것이다. 바틀리 교수가 나에게 맥마스터대학의 러셀 기록 보관소에 이런 취지의 서신이 있다고 말해 주었다.

나는 마지막으로 이 『후속편』(『과학적 발견의 논리』 번역과 함께)은 1954년에 이미 거의 마련된 것 같다고 말할 수 있다. 1934년 『탐구의 논리』의 출판에 대한 암시와 함께 원래 제목인 '후속편: 20년 후'를 내가 선택한 것도 바로 그때였다.

펜(Penn), 버킹엄셔(Buckinghamshire), 1982

저자의 말

이 책은 여러 번 미뤄져서 출판하는 데 30년이 넘게 걸렸다. 이 책은 물리학의 철학에 관한 것이며, 물리학은 이 시기 동안 (저자가 변했듯이) 변화를 겪었다. 그 결과, 책은 몇 가지 상이한 부분들을 포함하고 있다. 이 짧은 글은 그 부분들을 통해 독자들을 안내하려는 저자의 시도이다.

I장부터 끝까지의 주요한 부분은, 1957년 2월에 교정쇄가 나왔을 때처럼 남아 있다. 단, 몇몇 양식의 변화와 부가된 참고문헌들과 주석들이 붙여졌다.

이런 주요 내용 앞에 나오는 것을 '머리말'이라고 이름 붙였다. 그것에는 (1981년에 덧붙였던 부록과 함께) 1966년의 논문은 물론, 1980-81년에 쓴 몇몇 논문들이 포함되어 있다. 이런 것들은 나중에 발전시킨 내 관점들을 소개하는 시도들이다.

이 같은 발전들은 부분적으로 (특히 '1982년 서문'의 IX절과 같은) 옛 생각들을 단순화한 것들이다. 그리고 부분적으로는 양자역학의 정통, 이른바 코펜하겐 해석의 정통에서 바뀌는 분위기에 대한 — 정확히 말하면 반대하는 — 반응들이다. 사람들은 다음과 같은 시기들을 구별할 수 있다.

1927-1932년. 내가 나중에 '여정의 끝 논제'라고 불렀던 시기이다. 양자역학이 물리학에서 마지막 혁신이라고 간주되었던 시기이다. 왜냐하면 그것은 지식의 내재적인 한계들에 도달했기 때문이다. 이것은 비결정 관계들의 실재적인 내용이었기 때문이다. (나의 답변은 이렇다: 그 관계들은 단순한 산포 관계들의 일종에 불과한 것이다.)

1932-1936년. 첫 번째 새로운 입자들과 더불어 몇몇 의심들이 나온 (실제로 양자역학은 그 자체로 물질에 대한 전자기 이론의 정점으로 볼 수 있었던 시기의 끝임을 의미했던) 시기이다. 아인슈타인은 분명하게 양자역학이 그 끝이었다는 — 즉, 양자역학이 '완전'하다는 — 주장의 불합리성을 보았다. 이 점이 EPR(아인슈타인, 포돌스키, 그리고 로젠의 논문)과 양자역학의 완전함을 주장하는 보어의 답변에 이르렀다.

1936-1948년. 파울리가 포기했던 여정의 끝 논제이며, 보어가 EPR에 대한 자신의 답변에서 고수했던 논제이다. 아인슈타인은 (1948년 *Dialectica*에서 짤막한 논문으로) 양자역학은 원거리 작용을 함의한다는 논제를 제안했지만, 이 논제는 무시된 채로 남게 되었다.

1948-1964년. (이론적인 발전들과는 전혀 관계없는) 새로운 실험적인 발견들이 여정의 끝 논제를 뒤흔들었다. 데이비드 봄(David Bohm)은 EPR을 재정식화했다. 만약 그렇게 하지 않았다면 전혀

상기되지 않았을 것이다.

1964-1981년. 벨(J. S. Bell)은 EPR 실험을 양자역학이 원거리 작용을 함의한다는 아인슈타인의 발견에 비추어 재정식화한다. 새로운 실험들은, 특히 양상의 실험은 원거리 작용을 확인해 주는 것으로 보인다.

이에 대한 나의 반응은 다음과 같다. 나는 그 실험이 정확히 해석되었음을 전혀 확신하지 않는다고 느낀다. 그러나 그 실험들이 정확하다면, 우리는 그저 원거리 작용을 받아들이면 된다. 나는 (비지어(J. -P. Vigier)처럼) 이것이 물론 매우 중요할 것이라고 생각하지만, 당분간 나는 그것이 실재론을 흔들거나 심지어 건드릴 것이라고 생각하지 않는다. 뉴턴과 로렌츠는 실재론자들이며, 원거리 작용을 받아들였다. 그리고 양상 실험은 로렌츠 변환에 대한 로렌츠와 아인슈타인의 해석 사이에서 이루어진 첫 번째 결정적인 실험일 것이다.

실재론이 이 책의 핵심이다. 그것은 또한 확률 이론에서 객관성과 연계되어 있다. 이런 연계는 성향 해석을 낳게 된다. 실재론은 합리주의와 연관되어 있으며, 인간의 창조성과 인간의 고통이라는 인간 마음의 실재와도 연계되어 있다.

머리말

1982년 서문
양자 이론의 실재론적 해석과 상식적 해석에 관하여

우주를 정합적이고 이해할 수 있는 그림으로 그리는 것이야말로 자연과학과 자연철학의 커다란 과제이다. 모든 과학은 우주론이며, 지식을 갖고 있는 모든 문명은 우리가 살고 있는 세계를 이해하고자 노력해 왔다. 그런 세계는 그 부분으로서 우리 자신은 물론이고 우리 자신의 지식도 포함하고 있다.

세계를 이해하는 이런 노력에서, 사변적인 창의성과 열린 경험의 놀라운 결합으로 이루어진 물리과학은 근본적인 중요함을 띠게 되었다. 이것이 항상 중요한 것은 아니었으며, 영원히 중요한 것으로 남아 있을 수도 없다. 그렇지만 현재 물리과학은 화학의 세계가 창발하기 오래전에, 그리고 생물학의 세계가 출현하기 훨씬 더 오래전에 우리 세계가 마치 물리학의 세계인 것처럼 본 것 같다.

오늘날 물리학은 위기에 처해 있다. 물리적인 이론은 믿을 수 없을 정도로 성공을 거두었다. 그것은 끊임없이 새로운 문제를 산출했으며, 또한 새로운 문제들뿐만 아니라 옛날 문제들도 해결했다. 그리고 내 생각에 현재 위기의 일부는—물리학의 근본적인 이론들의 거의 영구적인 혁신은—성숙한 모든 과학의 정상적인 상태이다. 그러나 또한 현재 위기의 다른 양상이 있다. 곧, 이해의 위기이다.

우리 이해의 현재 위기는 대략 양자역학의 코펜하겐 해석만큼 오래된 것이다. 따라서 그것은 『과학적 발견의 논리』의 원래 판보다 좀 더 오래된 것이다. 『후속편』인 이 부분에서 나는 다시 이런 이해의 위기의 바탕이 무엇인지를 명료히 할 의도로 몇 가지 제안들을 하려고 애썼다.

I

내 관점에서 보면 그 위기는 본질적으로 다음 두 가지에 기인한다. (a) 주관주의가 물리학에 침범한 것과 (b) 양자 이론은 완전하고 최종적인 진리에 도달했다는 생각의 승리가 그것이다.

주관주의가 일으킨 몇 가지 실수들을 물리학에서 추적해 볼 수 있다. 그 실수의 하나가 마하의 실증주의 혹은 관념론이다. 그것은 러셀을 통해서 영국 제도(버클리가 창안했던 곳)에 또한 젊은 아인슈타인(1905년)을 통해서 독일에 퍼져 나갔다. 아인슈타인은 40대(1926년)에 이런 견해를 거부하였으며, 성숙해지면서(1950년) 이에 대해 깊이 후회했다.[1] 다른 하나의 실수는 확률 계산에 대한 주관

1) 그 시기들은 특수 상대성에 관한 아인슈타인의 첫 번째 논문을 발표한 시기, 베를린의 아인슈타인을 하이젠베르크가 방문한 시기, 프린스턴의 아인슈타인을 내가 방문한 시기이다.

주의 해석이다. 이것은 훨씬 더 오래된 것이며, 라플라스의 저작을 통해서 확률 이론의 중심적인 교설이 되었다.

여기서 중심적인 쟁점은 **실재론**이다. 즉 우리가 살고 있는 물리적인 세계의 실재이다. 그것은 우리 자신과는 독립적으로 이 세계가 존재하며, 우리의 최상의 가설들에 따르면 생명이 존재하기 전에 이 세계가 존재했다는 사실, 그리고 우리가 아는 바로는 우리 모두가 없어진 후에도 오랫동안 이 세계는 계속 존재할 것이라는 사실이다.

나는 여러 곳에서 실재론을 지지하는 논증을 펼쳤다.[2] 나의 논증들은 부분적으로 합리적이며, 부분적으로는 **인신 공격적**이고, 그리고 심지어 부분적으로는 윤리적이기도 하다. 내가 보기에 실재론에 대한 공격은 지적으로 흥미롭고 중요할지라도, 전혀 수용할 수 없는 것 같다. 특히 두 번의 세계대전과 이런 세계대전들이 방자하게 일으킨 실재적인 고통 — 회피할 수 있는 고통 — 을 겪은 후에, 그리고 현대 원자 이론에 근거를 두고 — 양자역학에 근거를 두고 — 실재론에 반대하는 어떤 논증도 히로시마와 나가사키 사건들의 실재를 기억한다면 침묵해야 하기 때문이다. (내가 이렇게 말한 것은 현대 원자 이론과 양자역학에 대한 경탄과 함께 이런 분야에서 일했던 과학자들과 지금도 일하고 있는 과학자들에게 경의를 표하고 싶기 때문이다.)

실재론은 회의주의에 의해 처음으로 도전을 받았다. 특히 더 좋은 회의주의를 얻기 위해 가장 급진적인 결론과 실제로 불합리한 결론을 이끌어내려고 노력했던 데카르트의 논증들에 의해 도전을

2) 특히 『추측과 논박』, 3장, 6절(1954년에 쓰고, 1956년에 처음 출판된)과 『객관적 지식』, 2장, 특히 5절을 보라.

받았다. 그다음 버클리 주교가 도전을 했는데, 그는 벨라르미노 추기경처럼 과학을 심각하게 생각한다면 그것이 기독교를 대체할 것이라고 두려워했다.[3)]

이렇게 해서 관념론 철학(혹은 심지어 실증주의 철학[4)])이 일어났다. 이 철학은 우리의 주관적인 경험 — 특히 우리의 지각, 즉 우리의 관찰 — 을 물리적인 실재보다 더 안전하고 더 확실하게 실재하는 것으로 생각한다. 실증주의는 물리적 실재란 우리의 심적인 구성에 불과한 것이라고 단언한다. 하지만 이런 문제들을 다른 방식으로 볼 수 있다. 우리는 우리의 심적인 구성물들을 대체로 우리에게 아직 알려지지 않은 실재 세계에서 우리가 살아남게끔 도와주는 것으로 볼 수 있다.

자연과학의 실재론적 해석을 우리의 과학 이론들에 대한 통찰과 결합시킨 위대한 시도가 칸트에 의해 이루어졌다. 과학 이론들은 자연에 대한 단순한 기술 — '편견' 없이 '자연의 책을 해독하는' — 의 결과가 아니라, 인간 마음이 만들어낸 산물들의 결과라는 것이다. 다시 말해 "우리의 지성은 자연에서 그 법칙을 끌어낸 것이 아니라, 지성이 자연에다 그 법칙을 부여한다"는 것이다.[5)] 나는 이런 훌륭한 칸트의 형식을 다음과 같이 개선하려고 했다. "우리 지성은 자연에서 그 법칙을 끌어낸 것이 아니라, 지성은 자유롭게 발명한 법칙들을 자연에 — 가지각색의 성공을 거두면서 — 부과하려고 노력한다."[6)]

---

3) 『추측과 논박』, 3장, 1절과 2절.

4) 『추측과 논박』, 6장.

5) Kant, *Prolegomena*, 36절 말미.

6) 『추측과 논박』, 8장, p.191.

그러므로 이론들은 우리 자신의 발명들, 즉 우리 자신의 생각들이다. 이 점을 인식론적인 관념론자들도 분명히 알았다. 그렇지만 이 이론들 몇몇은 매우 대담했기 때문에 그것들은 실재와 충돌할 수 있다. 그 이론들은 과학에서 시험될 수 있는 것들이기 때문이다. 그리고 그것들이 충돌할 때, 우리는 실재가 존재함을 안다. 그것은 우리 생각들이 잘못된 것임을 우리에게 알려줄 수 있는 어떤 것이다. 그리고 이것이 바로 실재론이 옳은 이유다.[7)]

(그런데 내 생각에 이런 종류의 정보 — 실재를 통한 우리 이론들에 대한 거부 — 는 우리가 실재로부터 얻을 수 있는 유일한 정보이다. 그 밖의 모든 것은 우리가 만든 것이다. 이것은 우리 이론들은 모두 인간의 관점에 의해 영향을 받지만, 우리의 탐구가 계속되면서 실재에 의해 점점 덜 왜곡되는 이유를 설명해준다.)

실재론 — '과학적 실재론', '비판적 실재론' — 에 대해서는 이쯤 해두자.

'과학적 실재론'은 과학적 이론들이 우리가 실제로 관찰할 수 있는 것, 즉 실재를 통해서 우리에게 주어진 정보, 다시 말해 '자료'에 근거를 두어야 함을 함의하고 있다는 잘못된 견해 — 비록 이론 물리학자들 사이에서 여전히 인기를 끌고 있음에도, 1933년에[8)] 아인슈타인이 분명하게 거부했던 견해 — 는 다음과 같은 지점에 이르렀다. 이전처럼 과학에 대한 해석이 종종 주관주의적이거나 실증주의적이거나 관념론적이거나 유아론적인 해석의 침투를 초래하게 되었다는 것이다.

7) 『추측과 논박』, p.117, 두 번째 새로운 단락(3장, 6절)을 비교하라.

8) Einstein, *On the Method of Theoretical Physics* (The Herbert Spencer Lecture, 1933), Oxford, 1933을 보라.

II

주관주의 침투의 두 번째 원천은 **확률적 물리학**의 발흥과 연관되어 있다. 그 물리학은 먼저 맥스웰과 볼츠만의 물질 이론에서 근본적으로 중요하게 되었다. 물론 이 두 사람에게는 유명한 선배들이 많이 있었다.

이런 새로운 확률 물리학은 오랫동안 우리의 **지식의 부족**[9])과 연관되어 있는 것으로 간주되었다. 심지어 1930년대에도 그리고 어쩌면 더 오랫동안 지식의 부족은 여전히 다음과 같은 이유 때문에 확률적인 고찰들이 물리학에 들어온다고 생각하게 되었다. 즉 기체 속의 모든 분자에 대한 정확한 위치와 운동량을 우리는 아마 알 수 없기 때문이라는 것이다. 이것은 우리가 다양한 가능성들에 확률을 귀속시키게끔 한다. 이것은 통계역학의 기초적인 방법이다. 만약 우리가 문제가 된 입자들의 모든 위치와 운동량을 알 수 있고 확신할 수 있다면, 우리는 확률들로 후퇴하지 않아야 할 것이다.

따라서 한편에서는 지식의 부족이, 다른 한편에서는 확률적 물리학이나 통계적 물리학의 연계가 구축되었다.

이런 연계를 가정함은 예컨대 1939년까지 심지어 그 후에도 과학자들 사이에서는 상당히 보편적이었다. 예를 들어 아인슈타인은 내가 그 가정을 비판했던 책인『과학적 발견의 논리』에 반대하여 그 가정을 지지했다. (그러나 1950년에 나와 토론을 한 후 그는 그

---

9) Bryce S. DeWitt, "Quantum mechanics and reality", in Bryce S. DeWitt and Neill Graham, *The Many-Worlds Interpretation of Quantum Mechanics*, Princeton, 1973, pp.160-161을 보라.

가정에 대한 옹호를 포기했다.)

우리의 주관적인 지식의 부족이나 불확실성이 수행했던 역할에 대한 이런 견해는 적어도 다음 두 논점에서 중요했음을 보여줄 수 있다. 하이젠베르크가 '불확실성 관계들'이라고 불렀던 정식들에 대한 초기 해석과 그리고 양자역학이 통계적인 성격을 띠고 있는 이유를 **설명했다**는 정식들에 대한 초기 해석이 그것이다. (『과학적 발견의 논리』, 특히 75절을 비교하라.)[10]

역사의 문제로서 이 두 논점은 주관주의가 물리학에 침투한 것을 설명하고 있음은 거의 의심할 수 없다고 나는 생각한다. 더불어 그 논점들은 실증주의적으로 실재론을 거부하거나 관념론적으로 실재론을 거부하도록 이끌었다. 그리고 이것은 **근본적으로 환원할 수 없는 통계적 물리학은 우리 지식에 근본적이고 환원할 수 없는 장벽을 통해서** — 이번에는 확실하게 객관적이지만, 그러나 여전히 주관이 알 수 있는 것에 대한 장벽에 의해서 — **설명되어야 한다**는 믿음에 의해 동기가 부여되었다.

이런 장벽의 객관성에 대한 믿음이 때맞춰 어떤 변화에 이르렀음은 인정되어야 한다. 확률이 행했던 역할의 일부가 이제는 다르게 보였기 때문이다. 그래서 양자역학은 객관적으로 비결정인 것으

10) 나는 그를 매우 빨리 설득한 두 개의 논증을 사용했다. 하나는 비록 우리가 모든 것을 안다 해도, 우리는 여전히 이런 지식에서 **통계적인 정보**를 도출해야 한다. 그것은 기체 압력이나 분광신들의 강도 같은 본질적으로 통계적인 문제들이 무엇인지에 대한 답변을 하기 위해서이다. (이것은 또한 우리가 설문 조사로부터 통계적인 정보를 도출해야 하는 방식에서 알려질 수 있다.) 두 번째와 밀접하게 연관된 논증은 더 일반적인 논리적인 논증인데, 이 논증은 우리가 통계적인 결론들을 도출하기 위해 통계적인 전제들이나 확률적인 전제들(통계적인 이론이나 확률적인 이론)을 필요로 한다.

로 간주되었으며, 그리고 확률은 (내가 『과학적 발견의 논리』에서 논증했던 것처럼) 객관적인 어떤 것으로 간주되었다.

그렇지만 나의 역사적인 추측은 이렇다. 그 당시 주관주의 독단이 양자역학의 지배적인 해석인 소위 코펜하겐 해석 내에 매우 깊이 자리 잡고 있었다. 그리고 심지어 가끔 객관적인 가능성에 대한 하이젠베르크의 대화는 (그가 나의 성향들과 매우 유사한 어떤 것을 말하고 있는) 코펜하겐 해석에서 주관 — 관찰자 — 을 제거하지 못했다. 더구나 실제로 그 해석은 그럴 의향도 없었다.

나는 여기서 이 이야기를 간략히 묘사했다. 그것은 부분적으로 거대한 양자적 혼동이 어떻게 시작되었는지를 설명해 주고 있기 때문이다. 다시 말해 하이젠베르크의 이른바 '불확실성 관계들'이 적어도 (1934년보다 더 오래전에 『과학적 발견의 논리』에서 하이젠베르크의 해석을 대체하자고 제안했던 객관적인 통계적 '산포 관계들(scatter relations)'로 해석하는 것이 아니라) 오랫동안 우리의 주관적 지식에 대한 한계들로 해석된 이유를 설명해 주었기 때문이다. 그리고 그 관계들의 객관적인 측면이 표면화될 때도, 그것들은 여전히 **측정된 실재들의 비존재에 기인한** 어떤 측정들의 불가능성에 관한 진술들로 해석된 이유도 설명해 주었다. 물론 이런 진술들은 산포가 없는 (분산이 없는) 양자 상태들을 산출할 불가능성들에 관한 진술들을 대신하고 있었다.

그리고 그 이론의 초기 시대에 도입했던 전체 용어는 혼동을 점점 더 나쁘게 만들었다.

III

물리학이 처한 현재 위기의 또 다른 원천은 양자역학이 최종적으로 완전하다는 믿음을 계속 고수한 데 있다. 그리고 코펜하겐 해석에 내가 반대하는 가장 강력한 이유도 그것이 최종적으로 완전하다고 주장한 데 있다.

코펜하겐 해석 혹은 더 정확히 말해 보어와 하이젠베르크가 옹호했던 양자역학의 지위에 대한 견해는 한마디로 양자역학은 물리학에서 마지막이고 최종적인 결코 뛰어넘지 못하는 혁신이었다는 것이다. 그리고 이것은 물리학에서 상황에 관한 진리가 물리학 자체에 근거한 — 좀 더 정확히 말하면 하이젠베르크의 불확실성이나 비결정성을 근거로 한 논증들에 의해 확립될 수 있다는 논제와 함께 이루어졌다. **물리학**은 더 이상의 돌파구가 가능하지 않다는 **도정의 끝에 도달했음**을 보여준다고 주장되었던 것들이다. 물론 비록 새로운 양자역학을 정교히 하고 적용하는 데 아직 많은 일들이 행해져야 할지라도 그렇다. 달리 말하면, 혁명적인 과학과는 다른 '정상 과학'에 의해 많은 일을 해야 한다는 것이다.

오늘날처럼 1930년에 내가 과학적 혁신을 **모든** 위대한 과학의 전형이라고 간주했음은 말할 필요조차 없다. 나는 보어와 하이젠베르크를 혁신적인 과학자로서 대단히 존경했다. 그렇지만 이런 인식적인 주장을 나는 터무니없는 것으로 간주했으며 여전히 그런 것으로 간주하고 있다.

다른 사람들도 또한 이런 주장을 터무니없는 것으로 간주했다. 그것은 또한 지금까지 망각될 수 있었던 주장이다.

나는 그것이 실제로 망각되었다고 생각한다. 왜냐하면 누구도 더 이상 그것을 언급하고 있지 않기 때문이다. 심지어 그것이 양자 이론에 대한 현재 논의의 (특히 벨(J. S. Bell)이 그것에 대한 실험적인 조사 방법을 열어놓았기 때문에) 중심일지라도 그렇다.

그 역사를 매우 간략하게 묘사해 보자.

아인슈타인과 다른 사람들은 양자 이론을 혁명적인 돌파구로 인정했지만, 그것이 최종이라거나 내가 '도정의 끝 논제'라고 부르자고 제안한 것을 받아들이지 않았다. 그들은 또한 물리학에는 더 이상의 깊은 수준, 곧 양자역학을 넘어서는 수준이 존재해야 한다고 믿었다.

아인슈타인은 다음 논증에 의해 (내 생각에 잘못된) 이런 관점을 오랫동안 지지했다. 즉, 양자역학은 확률적인 이론이며, 그리고 단지 우리의 지식이 부족하기 때문에 확률이 물리학에 들어온다는 논증이 그것이다(앞 절을 보라).

나는 항상 확률의 이런 주관주의적 견해를 잘못된 것으로 간주했다. 그리고 나는 1950년 우리가 토론을 하는 중에 아인슈타인이 그 견해를 — 어쩌면 결국에는 — 포기했다고 생각한다. 하지만 도정의 끝이란 논제를 거부하는 이런 특별한 이유에 관해 아인슈타인에 동의하지 않았던 사람들조차도, 양자역학의 등식들을 통해 — 아마도 핵물리학에 — 기술된 것을 넘어서는 물리적 실재의 더 깊은 층이 있을 수 있다는 데 동의하였다. 결국 양자역학은 본질적으로 원자핵을 둘러싸고 있는 전자껍질의 이론으로 발전되었다.

그렇지만 이것은 분명히 하이젠베르크의 견해가 아니었다. 나는 (내 생각에 1935년에) 그가 빈에 왔을 때 함께 저녁을 보냈다. 그 당시에 그는 양자역학은 핵을 조사한다고 해서 더 깊어지지 않을 것이라고 주장했다. 그는 오히려 원자핵에 퍼져 있는 상황은 비결정을 더욱 나쁘게 만들 수 있다고 예측했다. 즉, 핵 이론에서 우리 지식의 한계들은 원자 이론(전자껍질 이론)의 한계들보다 훨씬 더 엄격한 것으로, 그리고 심지어 전자껍질의 작용과 안정성을 우리가 이해할 수 있는 정도로, 핵의 작용과 안정성을 영원히 우리가 이해하지 못할 것으로 밝혀질 수 있다는 것이다.

오늘날 도정의 끝 논제를 믿지 않았던 사람들이 옳았다는 것은 매우 분명하다. 하이젠베르크는 스스로 그 논제를 넘어서는 데 공헌했다. 사실 그 논제는 지금까지 너무 불합리하게 보였기 때문에, 어떤 물리학자도 그것이 여태껏 견지되었다고 믿지 않거나, 만약 그것이 견지되었다면, 그것이 진지하게 다루어졌음을 믿지 않을 것이라고 나는 생각한다.

그러나 이런 도정의 끝 논제는 거인들의 거대한 충돌, 즉 앨버트 아인슈타인과 닐스 보어의 논의의 바탕이 되었다.

보통 아인슈타인이 이 싸움에서 졌다고 받아들여졌다. (또한 아래 '서문'을 보라.) 하지만 사실은 전혀 다르다. 아인슈타인과 보어의 현실적인 쟁점은 그 둘 모두가 약간 애매하고 오해의 소지가 있는 **양자역학은 완전한 것인지 아닌지의 문제**라고 했던 것이었다.

용어 '완전한'은 이런 논의를 하는 동안에 몇 가지의 의미로 사용되었다. 그렇지만 근본적으로 논의가 시작될 때, 그것은 분명히 **양자역학은 (적어도 원리적으로) 물리학에서 도정의 끝인지 아닌지의 문제**를 진술하는 데 도움을 주고자 의도한 것이었다.

이와 연관하여 아인슈타인은 결코 자신의 어떤 혁신도 **최종적인** 돌파구로 간주하지 않았음을 상기하는 것이 중요하다. 그 자신의 광자 이론과, 나중에 입자-파동 이중성이라고 불리는 것을 실제로 확립한 빛의 파동 이론과 함께 광자 이론을 사용할 필요를, 그는 임시방편으로 간주했다. 비록 그것이 물질 파동들의 이론의 한계점에 이르게 했을지라도 그렇다. 다시 말해 입자-파동의 이중성을 빛 이론으로부터 물질 이론에 확장하도록 그를 이끌었다 할지라도 그렇다는 것이다. 또한 그는 옳게도 자신의 특수 상대성 이론이 (몇 가지 이유 때문에, 특히 그것은 단지 절대 공간을 관성 체계들의 절대적인 집합으로 대체한 것에 불과하기 때문에) 만족스러운 것이 아니라고 여겼다. 그는 일반 이론에 대해, 그 이론은 단명했다고 말했으며, 그것을 생각한 순간부터 자신의 생애 마지막까지 그 이론을 대체하려고 노력했다.

하이젠베르크와 보어는 이와 달랐다. 새로운 이론에 대한 직관적인 상(vision)의 경험을 통해서 동반되었던 하이젠베르크 자신의 돌파구는 자신에게 엄청난 인상을 주었다. 그가 스스로 언급했듯이, '가장 중요한 진리 기준'은 '맨 뒤에서' 모든 것을 비추고 있는 해결책의 단순함에 대한 직관적인 상이다.[11]

나는 이런 위대한 경험, 즉 빛나고 있는 단순함의 상이 하이젠베르크의 태도에 대해 결정적이라고 생각한다. 그것은 그로 하여금 '이것이 바로 요점이야'라고 느끼게 했다. 이것이야말로 도정의 끝, 곧 최종적인 진리였다. 그리고 그것은 그로 하여금 다른 사람들 — 특히 아인슈타인 — 을 비난하게끔 했다. 왜냐하면 그들은 그것이 실제로 물리학에서 도정의 끝임을 보지 못했다고 생각했기 때문이다. 그는 '최종적인(endgültig)'이란 독일어 단어를 사용했다. 하지만 영어 번역인 '최종적으로 타당한'은 독일어가 전달했던 마지막 해결책에 도달했다는 느낌을 주지 못했다. 내가 '도정의 끝'이란

11) Werner Heisenberg, *Der Teil und das Ganze*, p.138.

구절을 생각한 것도 이런 느낌을 전달하고자 했기 때문이었다.

그래서 아인슈타인-보른의 서간집 서문(아마도 1968년에 쓴)에서 하이젠베르크는 자신의 스승인 막스 보른으로부터는 물론이고 자신으로부터도 아인슈타인을 분리시킨 상황을 기술하고자 노력한다. 그는 다음과 같이 말한다. "아인슈타인은 … 양자역학의 수학적 형식은 원자의 [전자]껍질 현상을 정확히 표현하고 있다는 보른에 동의하고 있다." 그렇지만 그는 다음과 같이 불평한다. "아인슈타인은 양자역학이 이런 현상들에 대한 최종적으로 타당한 기술과 심지어 덜 완전한 기술도 표현하고 있음을 인정하려고 하지 않았다."[12] 여기서 '최종적으로 타당한(endgültig)'은 '궁극적으로 타당한'이라고 — 실제로는 '도정의 끝'으로 — 번역해야 한다고 나는 생각한다.

하이젠베르크가 이것을 썼을 때, 아인슈타인 자신의 이론들에 대한 태도가 하이젠베르크의 이론들에 대한 그의 태도보다 훨씬 더 비판적이었음을 하이젠베르크는 거의 상기하지 않았다.

그와 같은 충돌에 관한 유사한 논평은 『베르너 하이젠베르크(*Werner Heisenberg*)』[13]에서 발견될 수 있다. 하이젠베르크의 절친한 친구이자 동료인 바이츠제커(C. F. Weizsäcker)는, 아인슈타

12) *Albert Einstein — Hedwig und Max Born: Briefwechsel: 1916-1955*, Munich, 1969, 혹은 *The Born-Einstein Letters*, New York, 1971, pp.ix-x을 보라.

13) Carl Friedrich von Weizsäcker and Bartel Leendert van der Waerden, *Werner Heisenberg*, Munich, 1977. 또한 C. F. von Weizsäcker, "Gedenkworte für Werner Heisenberg", in *Orden Pour le Mérite für Wissenschaften und Künste: Reden und Gedenkworte*, Heidelberg, 1976, pp.63-81을 보라.

인이 양자 물리학은 아직 '최종적인 물리학'(최종적으로 타당한 물리학, 물리적 과학에서 도정의 끝)이 아니라고 생각했다고 썼다 (p.66). 이렇게 기술된 아인슈타인의 비판적 태도는 그가 충분히 이해하지 못한 징후로, 곧 양자역학과의 연락을 끊었던 전통적인 사고방식의 후진성에 대한 징후로 간주되었다.

하이젠베르크와 그의 이해할 수 있는 태도를 정리하기 전에, 아마도 그의 견해들은 많은 것을 바꾸었다고 나는 언급할 수 있다. 양자역학으로부터 '객관적인 실재가 증발했음'을 우리가 배울 수 있다는 불합리한 견해를 한 세대의 물리학자가 받아들이게끔 한 사람이 바로 그였다.[14]

닐스 보어의 경우는 약간 다르다.

빅토르 바이스코프(Victor Weisskopf) 덕분에, 내가 처음으로 1936년에 보어와 대화할 엄청난 기회를 얻었을 때, 그는 내가 여태까지 만났거나 앞으로 만나고 싶은 가장 경이로운 사람이라는 인상을 주었다. 그는 위대하고 매우 좋은 사람이었다. 그는 거부할 수 없는 사람이었다. 나는 양자역학에 관해 잘못 생각하고 있음이 틀림없다고 느꼈다. 비록 내가 지금 양자역학을 보어의 의미에서 합리적으로 이해한다고 확실하게 말할 수 없다고 할지라도 그렇다. 나는 그것을 이해하지 못했지만, 그러나 양자역학에 의해 압도되었다.

보어의 태도는 하이젠베르크의 태도와 전혀 다르다고 나는 생각한다. 보어는 기본적으로 실재론자였다고 나는 생각한다. 하지만 양자 이론은 애초부터 그에게 수수께끼였다. 아무도 1913년 보어

---

14) *Daedalus* 87, 1958, pp.95-108.

의 원자 모형을 둘러싼 난관들의 깊이를 더 예리하게(keenly) 알지 못했다. 그는 결코 이런 난관들을 제거하지 못했다. 그의 놀라운 모든 성공에는 또한 언제나 몇몇 실패들이 박혀 있었다. 즉, 이해할 수 없고 난해한 어떤 것, 그가 결코 명료성에 이르지 못한 어떤 것이 있었다. 아마도 그는 결코 하이젠베르크가 경험했던 그런 만족과 모든 것을 비추었던 빛의 눈부신 섬광을 경험하지 못했을 것이다. 그가 양자역학을 도정의 끝으로 받아들였을 때, 그것은 부분적으로는 절망에 빠진 것이었다. 왜냐하면 고전 물리학만이 이해할 수 있는 것이었고, 실재에 대한 기술이었기 때문이다. 양자역학은 실재의 기술이 아니었다. 이런 기술은 원자적인 영역에서는 달성할 수 없는 것이었다. 왜냐하면 외견상 이런 실재는 어떤 것도 존재하지 않았기 때문이다. 이해할 수 있는 실재는 고전 물리학이 끝난 곳에서 끝났다. 원자를 이해하는 데 가장 근접한 것은 그 자신의 상보성 원리였다.

이 원리는 고전 물리학의 한계, 따라서 이해의 한계에 관한 어떤 것을 말해 주고 있다. 우리는 고전 입자들과 고전적인 파동들을 이해할 수 있었다. 그리고 우리는 입자 기술과 파동 기술이 양립할 수 없다는 것을 이해할 수 있었다. 그것들은 양립할 수 없지만, 모두 필요하다. 그것은 우리 이해가 관통할 수 있었던 한계였다. 그것은 도정의 끝이지만, 어떤 의미에서는 하이젠베르크의 의미와는 전혀 다른 것이었다. 비록 둘 다 우리의 이해를 '포기하는' 행동이 필요하게 되었다고 동의했을지라도 그렇다.

'상보성 원리'와 '입자와 파동의 이원론'을 보어가 관련지은 것은, 파동 진폭의 제곱에 대한 보른의 해석이 입자를 발견할 확률로 받아들이게 되었을 때 무너졌다. 왜냐하면 이것은 사실상 입자 해석의 수용이 기본적이라는 것을 의미하기 때문이다. (입자-파동의 이중성과 하이젠베르크의 관계들 사이의 연관에 관해서는 아래 '서문'의 주석 39를 보라.) 그 순간부터 혼동들이 코펜하겐 진영을 지배하게 되었다. (예컨대, 파스쿠알 요르단(Pascual Jordan) 같은 훌륭한 물리학자이자 수학자는『과학적 발견의 논리』, pp.454-455에 논의된 주장들과 같은 주장을 할 수 있었다.) 보어를 과감히 비판한 얼마 안 되는 물리학자 중의 한 사람인 머리 겔만(Murray Gell-Mann) 또한 약간 직설적으로 이렇게 말한다. "닐스 보어는 그 일(즉, 양자역학에 대한 적합한 철학적인 표현)은 50년 전에 행해졌다고 모든 세대의 이론가들을 세뇌시켰다."[15] 그러나 나는 오히려 이론가들을 포함한 대부분의 물리학자들은 전혀 염려하지 않았고, 그들이 유능하지 않다고 느꼈던 문제에서는 단순히 보어에 의존했다고 생각한다.

보어도 또한 지금은 잊힌 도정의 끝 논제를 지지했다. 그 논제는 그가 아인슈타인과 벌인 거대한 싸움의 중심에 있었다. 그것이 쟁점이었던 것을 우리는 아인슈타인, 포돌스키, 그리고 로젠의 유명한 논문(1935)을 통해서 매우 분명하게 볼 수 있다.[16]

---

15) M. Gell-Mann in Douglas Huff and Omer Prewett, *The Nature of the Physical Universe: 1976 Nobel Conference*, New York, 1979, p.29.

16) A. Einstein, B. Podolsky, and N. Rosen, "Can Quantum-Mechanical Description of Physical Reality Be Considered Complete?", *Physical Review* 47, 1935, pp.777-780.

IV

하지만 이것 이전에, 곧 1932년에 이미 존 폰 노이만(John von Neumann)의 『양자역학의 수학적 기초(*Die mathematishen Grundlagen der Quantenmechanik*)』라는 (적어도 나에게는) 참으로 매우 난해한 책이 출간되었다.17) 이 책에서 폰 노이만은 양자역학의 최종적이고 도정의 끝이란 성격을 완전히 확립한다고 주장하는 수학적인 증명을 했다. 그는 아인슈타인처럼 양자역학에 의해 표현된 물리적 실재의 층보다 더 깊은 층이 있을 수 있다고 생각했던 모든 사람들은 잘못되었음을 증명했다.

이런 증명을 완전히 일반적이 것이 되도록 하기 위해, 폰 노이만은, 매우 유명해진, '숨겨진 변수들'이란 개념을 도입하게 되었다. '숨겨진 변수'란 원자 이론에서 (원자 이론은 과정의 문제로서 핵을 포함하고 있다는 의미에서) 고려되었던 어떤 것이었다. 하지만 아직 원자 이론은 양자역학에 의해서 고려되지 않았다. 폰 노이만은 이런 숨겨진 변수들이 양자역학에서는 존재할 수 없음을 증명했다(혹은 그렇다고 우리는 들었다). 또는 약간 다른 해석에 의하면, 그는 숨겨진 변수들의 존재가 양자역학과 모순됨을 증명했다.

그런데 폰 노이만의 책이 출판되었던 바로 그해에 두 입자가 발견되는 일이 일어났다. 즉, 중성자와 양전자가 그것이다.

이 입자들은 (이전에는) 숨겨진 변수가 아니었는가? 그리고 만약 아니라면, 그것들은 무엇인가?

---

17) 폰 노이만의 숨겨진 변수들의 불가능성 증명에 관해, 나는 분산이 없는 효과들의 배제를 넘어서 그 증명에서 설득력 있는 어떤 논증도 발견할 수 없었다.

결국 양자 이론은 추상적인 물리적 형식이 아니라, 매우 구체적인 어떤 것에 대한 이론, 즉 원자들의 이론, 그것들의 구조에 대한 이론으로 이것들은 양전하의 핵과 음의 전자들의 껍질 구조를 갖고 있다. 음의 전자들은 원리적으로 화학 원소들의 매우 구체적인 속성들을 설명해 주었다.

1931년에 이런 구조들은 여전히 단지 두 물질 — 전자와 양성자 — 입자의 구조들이라고 가정되었다. 물론 비물질 입자인 광자가 더해진 물질 입자이다. 모든 원자 구조는 이런 용어들로 설명되어야 했다. 그리고 핵은 미지의 (어쩌면 알 수 없는) 방식에서 이런 구조들로 구성되었다.

그런 다음 1932년 동안에 양전자와 중성자가 발견되었으며, 1933년에 파울리는 브뤼셀의 솔베이 회의에서, 페르미가 '중성미자'라는 이름을 제시한, 다른 입자가 존재한다는 대담한 생각을 발표하였다.

주도적인 물리학자들은 이런 입자들이 자신들의 주장을 논박하고 있다고 인식하지 못한 이유들을 간략히 논의하는 것은 다소 흥미롭다. 예를 들어 폰 노이만이 형식화한 것으로서의 양자역학은 물리학에서 도정의 끝(endgültig)이었으며 완전했다(vollständig)는 주장이 그것이다.

(a) 양전자. 앤더슨의 양전자의 발견을 맨 처음 보어, 하이젠베르크, 슈뢰딩거 그리고 또한 에딩턴이 거의 마지못해 받아들였다는 것이 믿을 만하게 주장되어 왔다. 그러나 그 발견을 거부할 수 없다는 것이 분명해졌을 때, 그것은 디랙이 부여했던 형식에서 양자역학을 위한 성공으로 묘사되었다는 것이다. 나는 이것을 당연한 것이라고 생각한다. 왜냐하면 디랙은 사실 자신의 이론에서 양전하

를 띤 입자의 존재를 예측했기 때문이다. 그는 이것이 양성자를 언급할 것이라고 가정했다. 그래서 양전자가 논박되기는커녕 양자역학을 확인하는 것이었다고 말하는 것은 상당히 충분한 이유가 있었다.[18]

(b) 채드윅의 중성자는 어쩌면 별 문제가 되지 않았다. 그것은 먼저 양성자와 전자로 구성되었던 것으로 해석될 수 있었으며 또한 그렇게 해석되었다. 하지만 여기에 심각한 난관이 있었던 것으로 판명되었다. 그 이론 — 양자역학 — 은 이런 복합 구성을 설명하지 못했기 때문이다. 그래서 때맞춰 그것은 새로운 입자로 승인되었다. 그 입자는 양성자와 전자가 함께 중성자로 전이되거나 양성자로부터 양전자의 방출을 통해서 일어날 수 있다는 것이었다. (최근 루게로 마리아 산틸리(Ruggero Maria Santilli)의 논문에 있는 이론에서, "역사적으로 그 모형을 포기하게끔 했던 기술적인 난관들을 해결함으로써" 이런 "첫 번째 중성자의 구조 모형"이 되살아났다고 하는 것은 흥미로운 일이다.[19]

그는 "이런 난관들은 모두 원자 역학[산틸리의 양자역학에 대한

18) 이것은 물론 전체 이야기와 닮은 어떤 것이 아니다. 더 충실한 해설에 대해서는 Norwood Russell Hanson, *The Concept of the Positron*, Cambridge, 1963, pp.143-158을 보라. 이런 이야기에 관심이 있는 모든 사람은 이 구절들을 읽어야 한다.

19) Ruggero Maria Santilli, "An Intriguing Legacy of Einstein, Fermi, Jordan, and Others: The Possible Invalidation of Quark Conjectures", *Foundations of Physics* 11, 5/6, 1981, pp.383-472. 특히 p.448. 산틸리는 여기서 *Hadronic Journal* 2, 1979에 실린 자신의 논문, p.1460, section 2.4를 언급하고 있다. 또한 산틸리의 책, *Foundations of Theoretical Mechanics I: The Inverse Problem in Newtonian Mechanics*, New York, 1978을 보라.

이름]이 중성자 안에서 적용되었다는 가정에서 기인한 것이었으며, 또한 일반화된 역학이 사용될 때 그 난관들이 제거된다"고 말한다.)

(c) 그렇다면 이런 도정의 끝이라는 측면에서 (그 당시에 파울리도 속했던) 사람들이 (아직 발견되지 않았고, 순수 사변적인 입자였던) 중성미자에 더 이상 충격을 받지 않았다는 것은 자연스런 일이다. 비록 그것은 그 이상의 '숨겨진 변수들'이라고 인식되었을지라도 그렇다. 그렇지만 이제 사람들은 분명히 무의식적으로 숨겨진 변수들에 대한 생각들을 포함하고 있는 자신들의 견해를 바꾸었다. 원래 그리고 특히 아인슈타인과의 초기 논의에서 '양자역학'이라는 이름은 (**과정의 문제**로서 핵을 포함하고 있는) 원자 이론을 위해 사용되었다. 지금 그 이름은 단지 강력한 수학적 형식을 언급하기 위해 더욱더 많이 사용되었다. 이 형식은 주로 하이젠베르크, 보른, 요르단, 슈뢰딩거, 그리고 디랙, 고든 및 클라인에게서 기인한 것이다. 이 형식이 처음에는 비록 핵의 전자기장 내의 (음의) 전자에 대한 운동 이론임에도 점점 더 폭넓게 적용되었다. 하지만 당연히 이 형식 또한 매우 상당히 변화했으며, 하이젠베르크, 보른 및 요르단의 원래 이론을 넘어서는 성장을 했다. 다시 말해 원래 이론은 물리학에서 도정의 끝이어야 했던 이론이었다.

(d) 1935년에 유가와(Yukawa)가 나중에 중간자라고 불린 새로운 입자를 예측했을 때, 이 입자에 대한 탐구는 몇 가지 다른 중간자들을 발견하도록 이끌었다. 그러나 이런 것들 중 어떤 것도, 혹은 수많은 다른 기본 입자들 중 어떤 것도 (이전의) '숨겨진 변수들'과 동일시되지 않았다. 심지어 '숨겨진 변수들'이 폰 노이만의 원래 가정, 즉 확률적인 이론을 결정론적인 이론으로 돌려야 했던

가정 — (나 자신도 포함해서) 몇몇 사람들이 만족할 수 없는 것으로 간주해 왔던 가정에서 벗어난 후에도 그러했다.

그러는 동안 양자역학이 성장했다. 그 이론이 다수의 특징적인 원리들(교환 관계들, 하이젠베르크의 불확실성 관계들, 파울리의 배중률)을 보존했기 때문에, 그 이름은 거의 보존되었다. 그래서 '양자역학'이란 이름은 양자 전기학과 양자장 이론에 (그리고 심지어 양자 색역학 및 새로운 양자 수들, 그리고 따라서 사전의 '숨겨진' 변수들을 도입했던 이론들에) 적용되었다. 그리고 아인슈타인에 반대하여 양자역학은 '완전하다'(도정의 끝이라는 의미에서)는 논제에 대한 보어의 옹호는 계속해서 타당한 것으로 간주되었다. 심지어 그 이론이 근본적으로 변한 후에도, 또한 그 이론의 불완전함이 너무 명백한 것이 되었기 때문에, 더 이상 그와 같은 거대한 싸움이 가능할 수 있는 쟁점으로 간주되지 않았던 후에도 그랬다.

물론 그 이론은 정확히 아인슈타인이 희망했던 방식으로 변하지 않았다. 그러나 이것은 분명히 쟁점이 아니었다. 아인슈타인은 가장 지지받았던 자신의 이론들에 관해서 결코 독단적이지 않았으며 또한 그의 바람들에 대해서도 확실하게 독단적이지 않았다.

그렇지만 (전술한 아인슈타인-보른 서간집의 서문에 인용된 구절에서) 하이젠베르크처럼 도정의 끝 논제를 고수했던 사람들은 독단주의를 아인슈타인에게 돌렸다. 이런 모든 새롭고 아마도 반갑지 않은 혁신들은 그 끝이 여전히 크게 벗어나 있음이 증명된 후에도 그렇게 했다.

나는 산틸리를 언급했고, 또한 내가 보기에 그 — 새로운 세대에 속한 사람 — 는 다른 경로로 움직인 것 같다고 말하고 싶다. 나는 플랑크, 아인슈타인, 보어, 보른, 하이젠베르크, 드 브로이, 슈뢰딩거, 그리고 디랙의 주도하에서 양자역학의 토대를 놓았던 거인들을 전혀 하찮은 인물로 보지 않았다. 산털리도 또한 이런 사람들의 저작을 매우 지대하게 평가했음을 분명히 했다. 하지만 그는 (그가 **원자 역학**이라고 불렀던) 양자역학의 '이론의 여지가 없는 적용 가능성의 무대' 영역을 **핵 역학** 그리고 **중성자 역학**과 구별하고 있다. 그리고 새로운 시험들이 없다면 양자역학은 핵 역학과 중성자 역학에서 타당한 것으로 간주되지 않아야 한다는 관점을 지지하는 그의 가장 매력적인 논증은 내가 보기에 정상으로 돌아온, 다시 말해, 아인슈타인은 지지했지만, 하이젠베르크와 보어 같은 두 위대한 물리학자는 포기했던 실재론과 객관주의로 돌아온 전조 같았다.

V

물리학에서 현재 상황은 이런 배경과는 반대로 이해될 수 있을 뿐이다. 현 상황에서, 예컨대 (내가 후술할) 벨(J. S. Bell)의 저작에는 전술한 것들과는 다른 원소들이 존재한다. 그러나 벨의 저작은 직접적으로 실재론, 확률 및 완전함이나 최종적임이란 문제들과 관련되어 있다. 완전함이나 최종적임은 아인슈타인, 포돌스키, 그리고 로젠의 논증을 관통하고 있는데, 이 논증은 원래 형식에서 코펜하겐 해석의 특징인 실재론에 대한 반대를 반박하는 것을 겨냥하고 있었다.

지난 10년 동안 실제로 양자 이론에서 새롭고 흥분되는 몇몇 전개들이 있었다. 이것들은 (내가 앞으로 EPR로 언급할) 아인슈타인, 포돌스키 및 로젠의 유명한 사고 실험(1935)과 관련되어 있다. 이 실험은 내가 이와 유사한 실험을 만들고자 한 후 곧 아인슈타인이 산출한 것이었다. 내가 *Naturwissenschaften*과 또한 『탐구의 논리(*Logik der Forshung*)』(1934)에 발표했던 나 자신의 실험은 부당한 것이었다.[20] 나 자신도 유사한 논증 — 유감스럽게도 잘못된 논

---

20) [K. R. Popper, "Zur Kritik der Ungenauigkeitsrelationen", *Naturwissenschften* 22, 48, November 30, 1934, pp.807-808; 그리고 『과학적 발견의 논리』, 77절과 p.236의 주석, 77절의 주석 *3과 *4; 또한 『과학적 발견의 논리』, 부록 *xii와 *xi를 보라; 또한 이 책 I장, 17절을 보라. 야머(Max Jammer)는 *The Philosophy of Quantum Mechanics*, 1974, p.174과 p.178n에서 다음과 같이 썼다. 포퍼의 "과학적인 첫 작품은 — 그가 초등학교 선생으로 일하던 동안 — *Naturwissenschften* 22, 48(1934)에 발표된 논문이었는데, 이 논문에는 나중에 그가 그 작품에 대해 '내가 심히 유감스럽게 생각했으며 그리고 그 이래로 지금까지 부끄러웠던 굉장한 실수'라고 말한 것을 담고 있었다. (즉각 그런 오류를 인식했던) 아이슈타인이 포돌스키와 로젠과 함께 양자역학의 불완전함에 반대하는 논증을 발표하게끔 했던 것도 정확히 이런 '실수'일 수 있다. … 네이선 로젠 교수에 의하면, 포퍼가 아인슈타인에게 영향을 미쳤던 것이 가능했을지도 모른다. 그러나 남편의 작업과 밀접한 관계를 유지했던 (1966년에 끝난) 폴리 포돌스키에 따르면, 포퍼의 저작이 아인슈타인에게 도달될 수 있을 것 같지 않다. 왜냐하면 그 저작은 아인슈타인, 포돌스키, 로젠의 논문 초고가 써지기 전에 (포돌스키 부인의 편지 날짜가 1967년 8월 1일) 나왔기 때문이다. 칼 포퍼 경은 이 쟁점에 대한 자신의 의견을 1967년 4월 13일자 편지에 다음과 같이 표현했다. '그런데 당신의 "짐작"에 관해 나는 매우 비위를 맞추는 말로 느낀다. 그러나 당신의 편지를 읽기 전에는 (나 자신처럼) 누구도 범하지 않은 굉장한 **실수**가 아인슈타인 같은 사람에게 영향을 미칠 수도 있는 가능성은 생각나지 않았다고 말하지 않을 수 없다. … 순전히 시간적인 관점에서 보면, 당신의 짐작은 완전히 배제될 수는 없다.'(저자에게 쓴 편지) 순수 논리적인 관점에서 보면, 포퍼가 『과학적 발견의 논리』, 부록 3-5(1959), p.244의 다음과 같은 주석을 쓸 때, 자신의 추리가 아인슈타인-포돌스키-로젠 논증과 밀접히 연관되어 있다는 것을 그는 분명하게 인식하고 있었다: '아인슈타인, 포돌스키, 그리고 로젠은 **더 약하지만 타당한** 논증을 사용하고 있

증 — 에 개입했기 때문에, EPR의 중요함을 인식한 최초의 철학자 중 한 사람이 바로 나라고 말하는 것은 타당하다고 나는 생각한다. 그리고 나는 항상 그것에 많은 관심을 쏟았다. 물리학자들 사이에서 그것은 출발부터 바로 엄청난 동요를 일으켰지만, 철학자들은 그것을 무시했다.

양자 이론에서 이런 새로운 전개들을 이끌어낸 것이 바로 EPR 논증이다. 그 논증은 특히 '벨의 부등식들'이라고 불린 것과 국소성의 문제에 이르게 했다.[21]

현재 사태로 이끌었던 전개들을 이해하기 위해서 두 단계의 논의는 구별되어야 한다. 첫 단계는 원거리 작용에 **반대해서** 써진 원래 EPR 논문 자체이다. 그것은 우선 양자 이론에 대한 코펜하겐 해석은 원거리 작용 — 심지어 매우 먼 거리 작용 — 을 함축했음을 명료히 했다.

그런데 데이비드 봄(David Bohm)이 기여한 다른 단계가 있

다.' 사실, 사람들은 포퍼의 논증은 과잉 결정된 아인슈타인-포돌스키-로젠 논증이라고 말할 수 있다." 야머의 저작 6.2절, pp.166-181의 'The Prehistory of the EPR Argument'에서 몇 가지 다른 영향을 끼친 노선들에 대한 그의 논의를 보라. 편집자.]

21) 내 논문 "Particle Annihilation and the Argument of Einstein, Podolsky, and Rosen", in Wolfgang Yourgrau and Alwyn van der Merwe, eds., *Perspectives in Quantum Theory*, 1971, pp.182-198을 보라. 나는 더 이상 내 논문에 만족하지 않는다. 내 논문에 대한, *Science* 177, 1972, p.880의 벨(Bell)의 훌륭한 답변, 그리고 B. d'Espagnat, ed., *Foundations of Quantum Mechanics, Proceedings of the International School of Physics "Enrico Fermi"*, 1971, p.171의 벨의 기여를 보라. 또한 John F. Clauser and Michael A. Horne, "Experimental Consequences of Objective Local Theories", *Physical Review* 10, 2, 15 July 1974, pp.526-535의 논의를 보라.

다.[22] 이 단계는 애초부터 여러 측면에서 다르다. 봄의 논증은 극성이나 **스핀**(spin)에 토대를 두었다. 스핀은 위치와 운동량과 관련이 있었던 원래 EPR에서는 어떤 역할도 하지 못한다. 그렇지만 봄에 기인한 판본에서는 스핀이 결정적인 역할을 한다. 원래 EPR은 사고-논증이었다. 처음에 실험적으로 그것을 실현할 수 없는 것처럼 보였다. 하지만 봄에 기인한 두 번째 형식은 실험적으로 시험할 수 있는 것으로 판명되었다.

VI

원래 EPR 논증은 본질적으로 이른바 '불확실성 관계' 또는 '비결정 관계'에 대한 하이젠베르크의 해석에 도전하는 것이었다. 즉, 다음 공식들에 대한 그의 해석에 도전한 것이었다.

$$\Delta p_x \ \Delta q_x \ \geqq \ h / 2\pi \qquad (1)$$

이 공식은 두 구간이나 영역 — 여기서는 x축 방향의 운동량의 구간이나 영역 Δp_x, 그리고 x축을 따라가는 위치의 구간이나 영역 Δq_x — 의 곱은 2π로 나눈 프랑크 상수 h보다 더 작을 수 없음을 진술하고 있다. 이것은 물론 우리가 Δp_x를 더 작게 할수록 Δq_x는 더 커지고, 그 역도 성립한다는 것을 의미한다.

이 같은 정식은 파동 이론의 특징이다. 예컨대, 그것은 빛의 파동 이론을 x 방향으로 움직이는 빛의 주사선이 좁은 슬릿의 화면 위에 떨어지는 상황에 적용함으로써 도출될 수 있다.

---

22) David Bohm, *Quantum Theory*, 1951; *Physical Review* 85, pp.169-193.

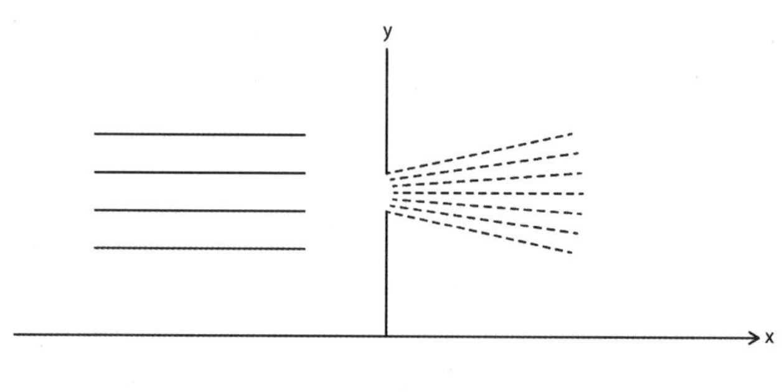

[그림 1]

$$\Delta p_y \ \Delta q_y \geqq h$$

슬릿 Δq_y가 더 좁아질수록 y 방향의 주사 운동량이 산포하는 각도는 더 커질 것이다. 빛이 슬릿을 통과한 후에는 그렇다. (유사한 결과가 슈뢰딩거의 전자들에 대한 파동 이론에서 얻어진다.)

예컨대 정식 (1)은 파동방정식을 이런 사례에 의해 기술된 물리적인 상황에 (초기 조건들에) 적용함으로써 얻어질 수 있다. 이것은 정식 (1)이 **해석될** 필요가 있음을 보여주고 있다. 그 식은 우리가 그 이론을 좁은 슬릿의 화면에 떨어지는 빛줄기 같은 경우들이나 그와 유사한 경우들에 적용할 때, 그 이론으로부터 얻어진다.

그런데 하이젠베르크의 해석과 코펜하겐 해석에 따르면, 이것과 매우 닮은 상황이 **모든 측정에서** 일어난다. 따라서 정식 (1)은 하나의 변수와 대체하지 않은 두 번째 변수의 모든 측정에 적합하다. 즉 모든 기본 입자들, 예컨대 광자들이나 전자들에 적합하다는 것이다.

이것은 처음에 형식 자체(예를 들어 슈뢰딩거의 방정식)의 일부라고 이해되지 않았다. 하이젠베르크가 처음으로 형식을 **측정들로**

기술될 수 있었던 작은 수의 물리적인 상황들에 적용함으로써 그 것을 보여주었다.

하이젠베르크는 자신의 해석이 모든 가능한 측정에 부과했던 제한들을 설명하려고 노력했다. 즉, 만약 우리가 기본 입자를 측정한다면, 우리가 그 입자에 간섭하거나 방해한다고 지적함으로써 설명하고자 했다.

이런 하이젠베르크의 초기 해석은 입자가 예리한 위치와 운동량을 **갖고** 있음을 함축했다. 그렇지만 우리가 그 입자에 간섭하기 때문에 우리는 위치와 운동량을 예리하게 결코 측정할 수 없다.

이런 해석은 슈뢰딩거가 어떤 입자는 파동 다발(wave packet)로 대신할 수 있거나 실제로 파동 다발일 수 있다고 제안을 한 후에 변화되었다.[23]

아인슈타인, 포돌스키 및 로젠의 논증은 다음 두 견해 (a), (b)에

---

23) 자연 법칙들은 어떤 종류의 사건들을 금지하며, 그리고 하이젠베르크의 원리 역시 논리적으로 어떤 물리적인 사건들을 금지한다. 예컨대 산포 없이 어떤 슬릿을 지나가는 빛줄기는 이론과는 **논리적으로** 모순일 것이다. 이런 금지된 사건들을 '의미 없는'이라고 말하고 싶은 사람들은 항상 존재한다. 그렇지만 이것은 실수이다. 왜냐하면 우리는 확실하게 적어도 다음 세 가지 매우 다른 것들을 구분할 것이기 때문이다. 이론에 의해 금지된 논리적으로 가능한 사건들, 논리적으로 불가능한 사건들(또는 논리학에 의해 금지된 사건들), 그리고 의미 없는 사이비-진술들이 그것이다. 세 번째 것에 대한 선입견은 1920년대와 1930년대 초반에 엄청난 인기가 있었다. 이것은 주로 비트겐슈타인의 *Tractatus*와 비엔나 학파에 미친 그 책의 영향에 기인했다. 이런 영향 때문에 존 폰 노이만이 하이젠베르크에 의해 금지된 정식들을 의미 없는 것으로 논리학이 배제한 언어를 구성하려고 시도했다는 것을 나는 의심하고 있다. 나는 이런 언어가 유용하다는 (또는 유용할 것이라는) 것을 알지 못한다. 혹은 그것이 어떤 물리적인 문제들도 해결할 수 있다는 것도 알지 못한다. 나는 이것 때문에 철학적인 문제들이 혼란되었을 뿐이라고 생각한다.

대해 반대하고 있는 것으로 간주될 수 있다. (a) 입자는 동시에 분명한 위치와 운동량을 가질 수 없다는 견해, 또한 (b) 위치에 대한 모든 측정은 입자의 운동량에 간섭하는 것이 틀림없으며, 그 **역**도 성립한다는 견해이다. 이주 간략히 말하면 그것은 다음과 같이 진행된다.[24] 슈뢰딩거 방정식에 의해 기술된 복합 체계를 우리가 갖고 있다고 하자. 이 체계는 두 입자가 충돌하기 전, 즉 두 입자 *A*, *B*를 포함하고 있다. 그런 다음 그들이 충돌하고, 그런 후에 *A*라고 부를 수 있는 입자 하나가 측정된다. 우리는 다양한 측면에 대한 측정을 선택할 수 있다. 예를 들어 우리는 위치를 측정할 수 있다. 만약 *A*의 위치가 측정된다면, 이것은 복합 체계의 Ψ-함수와 더불어 우리가 *B*의 위치를 측정하게끔 해줄 것이다. 만약 *A*의 운동량이 측정된다면, 마찬가지 방식으로 우리는 *B*의 운동량을 얻게 될 것이다. 아인슈타인은 다음과 같이 언급한다. "그렇다면 [즉, *A*를 측정한 후에] 양자역학은 부분 체계 *B*에 대한 Ψ-함수를 우리에게 줄 것이다. 그리고 그것은 **우리가 *A*에 관해 수행하기로 선택한 측정의 종류에 따라, 상이한 [*B*의] 다양한 Ψ-함수들**을 우리에게 줄 것이다."[25] 그동안에 *B*는 우리가 좋아하는 만큼 매우 멀리 — 예컨대 시리우스로 — 이동할 수 있다. 달리 말하면, 코펜하겐 해석의 가르침과는 정반대로, 우리는 *B*의 위치나 운동량 중 어느 하나를 예측할 수 있다. *A*만의 측정을 (그리고 방해를) 토대로 어떤 방식으로든 *B*에 간섭하거나 방해하지 않고 그렇게 할 수 있다.

사실 *B*는 매우 떨어져 있기 때문에 간섭을 받지 못한다. 지금

---

24) 아인슈타인이 1935년 9월 11일 나에게 보낸 편지의 EPR에 대한 훌륭한 요약 진술이 『과학적 발견의 논리』, pp.457-464에 출판되었다.

25) *Ibid.*, p.459.

EPR에서는 (특수 상대성에서 따라 나오는 가정인) 원거리 작용이 없다고 전제되어 있다. 그리고 EPR 논증은 실제로 이런 가정에 의존하고 있다. 이런 가정은 나중에 '국소성 원리'나 '국소 작용의 원리'라고 불렸다. 우리가 원하는 대로 심지어 *B*를 직접 측정하지 않고 (우리가 *A*만 측정하고) *B*의 위치와 운동량을 얻을 수 있다는 사실로부터, 아인슈타인은 다음과 같이 결론을 내린다. *B*는 위치와 운동량 모두를 가지고 있음이 분명하며, 다음 두 선택 중의 어느 하나로 — 위치의 측정이 선택되든지 아니면 운동량의 측정이 선택되는 것으로 — 양자 이론은 *B*에 관한 불완전한 정보만을 우리에게 허용한다는 것이다. 또한 *B*에 관한 가능한 정보를 제한하는 것은 — 우리는 *B*를 방해하지 못하기 때문에 — 우리가 *B*를 방해하는 것일 수 없다. *A*의 운동량 측정(또는 간섭하는 것)은 *A*의 위치를 무너뜨릴 수 있다. 그러나 우리는 — *A*로부터 수 광년이나 떨어진 것일 수 있는 — *B*에 그런 일을 할 수 없다. 따라서 (물론 원거리 작용이 존재하지 않는다면) *A*의 측정들에 영향을 받지 않을 수 있다. (실제로 광속보다 더 빠른 순간적인 작용이 존재한다면, *A*의 측정이 우리가 *A*를 측정했던 순간과 동일한 시간의 순간 동안 *B*에 관한 정보를 우리에게 주기 때문이다.)

국소성 원리에 따르면, 분리되어 상호작용하지 않는 대상들은 독립적이다. 따라서 *B*는 '관찰자의 여하한 작용'과는 별도로 분리된 객관적인 실재를 갖고 있어야 한다. 그리고 그것은 동시에 분명한 위치와 운동량을 갖고 있어야 한다. 설령 우리가 동시에 그 둘을 알 수 없을지라도 그렇다.

(나는 추가해서 다음과 같이 말할 수 있다. 현재 상태로 중요한 EPR 논문은 내 생각에 어떤 측면에서 이런 문제들에 관한 논의를

왜곡시켰다는 결점이 있었다. 예컨대, 우리가 무엇을 '실재'라고 불러야 하는가의 물음에 너무 많은 주의를 기울였으며, 또한 양자역학이 완전한가의 물음에 너무 많은 주의를 기울였다는 점이다. 내 생각에 이런 맥락의 이 물음은 통상적으로 논의되었던 측면에서, 그 배후에 내가 앞의 III절에서 '도정의 끝 논제'라고 불렀던 것이 자리 잡고 있음을 잊었다고 본다.[26] 모든 물리적인 이론은 한 가지 의미 이상에서 불완전하며, 그리고 양자역학의 불완전함도 명백하다. 왜냐하면 양자역학은, 예를 들어, 물리적인 상수들인 e, c 및 h의 절대값들 사이의 관계에 대한 어떤 단서도 주지 못하기 때문이다.)

EPR 논문이 제기한 가장 중요한 물음은 다음 두 부분으로 되어 있다. (1) 하이젠베르크의 해석(그리고 이와 유사한 해석)이 정확한가, 즉 비결정성은 관찰자의 일부가 관찰 대상에 간섭하는 것에 기인한 것으로 설명될 수 있는가와 (2) 원거리 작용이 존재하는가, 존재하지 않는가, 다시 말해 A에 어떤 일을 행함으로써 — A를 측정하거나 관찰함으로써 — 수 광년 멀리 떨어져 있을 수 있는 B에 영향을 미칠 수 있는가라는 것이다.

그런데 원거리 작용은 (전술되었듯이) 아인슈타인의 (부수적으로는 실험적으로 잘 확인된) 특수 상대성에 의해 배제된다. 특수 상대성은 국소성 원리를 함축하고 있다. 만약 원거리 작용이 존재한다면 (비록 이 작용이 신호를 보내는 데 사용될 수 없을지라도[27]) 특수 상대성은 수정되어야 하고 그에 따라 조정되어야 한다.

---

26) [이 책 '서론'으로 재출간된 「'관찰자' 없는 양자역학」에서 포퍼의 논평들과 또한 후술하는 2장, 9절을 보라.]

27) 오직 그 속도가 빛의 속도를 능가하는 신호를 보낼 가능성만이 특수 상

(실제로 우리는 특수 상대성에 대한 로렌츠의 해석으로 돌아가야 한다. 이에 대해서는 아래의 논의를 보라.) 아인슈타인이나 보어나 (또한 하이젠베르크도) 여태껏 국소성이 포기되어야 한다고 주장하지 않았다. 그리고 만일 보어가 양자 이론이 국소성의 포기를 함의했다고 주장하는 이론적 결과에 부딪친다면, 그는 이것을 양자 이론에 반대하는 극히 강한 논증으로 간주했을 것이며, 심지어 그는 아마도 양자 이론에 대한 논박으로 간주했을 것이다.[28]

이 점은 아인슈타인과 보어 간에 나눈, 거의 알려지지 않은 1948년 *Dialectica*에 발표된 대화에서 명백하게 된다.[29] *Dialectica* 논문에서 아인슈타인은 양자 이론의 코펜하겐 해석에 반대하는 매우 겸손하고 단순한 논증을 개진했다. 먼저, 그는 지금 부르고 있는 대로 국소성 원리를 분명하게 형식화한다. 다시 말해, 배제된 원거

대성을 논박한다고 물리학자들이 시사했다. 그러나 이것은 정확하지 않다. 멀리 떨어진 두 사건이 절대적인 의미에서 동시적이라고 우리가 말하자마자, 우리는 로렌츠-아인슈타인의 형식에 대한 아인슈타인의 상대적인 해석을 포기했다. 왜냐하면 특수 상대성 내에서 관성 체계 S_1에 상대적으로 동시적인 x축 위의 두 사건은 결코 관성 체계 S_2에 상대적으로 동시적이지 않기 때문이다. 두 사건 사이의 상호작용이 존재하지 않으므로 (어떤 신호 보내기도 없을지라도) 만약 S_1과 S_2가 x축에 따라 서로 상대적으로 움직이지 않는다면 그렇다.

28) 우리는 보어가 하이젠베르크의 관계들의 일반적인 타당성을 옹호하면서 일반 상대성에 호소했음을 상기해야 한다. P. A. Schilpp, ed., *Albert Einstein, Philosopher-Scientist*, pp.225-228을 보라. 아인슈타인이 *Dialectica*에 발표한 논문 외에는, 벨 이전에 누구도 양자역학 자체가 (그리고 아마 코펜하겐 해석도) 국소성과 충돌하므로 특수 상대성과도 충돌함을 의심하지 않았다는 것은 아무리 강조해도 충분하지 않다.

29) Albert Einstein, "Quantenmechanik und Wirklichkeit", *Dialectica* 2, 3-4, November 1948, pp.320-324.

리 작용 원리를 명료하게 했는데, 사라진 거리의 작용 원리 혹은 '근거리 작용 원리(Prinzip der Nahewirkung)'를 언급하고 있다는 것이다. 그런 다음 그는 적어도 코펜하겐 해석에서 양자역학의 원리들이 국소성 원리와 양립할 수 없다는 것에 주목했으며, 또한 만약 양자역학이 보어가 해석한 대로 참이라면, 원거리 작용이 존재해야 함을 주목했다.

그는 계속해서 다음과 같이 말한다. "내가 보기에 양자역학의 기술 방식들을 원리상 최종적으로('확정적으로(*definitiv*)') 간주하는 그런 물리학자들은 이런 고찰들에 대해 다음처럼 반응할 것으로 보인다. 그들은 공간적으로 거리가 먼 곳들에 있는 실재적인 것들의 독립적 존재의 … 조건을 빠트릴 것이다. 그리고 그들은 양자역학은 이런 어떤 조건의 암묵적인 사용을 어떤 곳에서 하지 못한다고 옳게 주장할 수 있다."

아인슈타인은 즉각 이런 주장을 받아들인다. 국소성 원리는 양자이론의 암묵적 논제가 아님을 그는 받아들인다. 그렇지만 그는 계속해서 우리에게 주의를 주고 있다. 그럼에도 불구하고 그가 자신에게 알려진 모든 물리적 현상, 특히 양자역학에 의해 성공적으로 기술된 현상을 고찰할 때, 그로 하여금 국소성 원리를 포기하게끔 해줄 개연성 있는 물리적 사실들을 어디서도 발견하지 못한다. 그는 "어떤 경우든 물리학 전체를 위한 단일한 토대를 탐구하는 과정에서 우리는 독단적으로 당대의 이론들에 애착을 갖게 되지(**독단적인 확정을 하지**(*dogmatisch festlegen*)) 않아야 한다"고 결론을 내린다.

만약 우리가 아인슈타인의 논문[30](우연히 나중에 써졌고, 또한 보어의 답변 이전에 아인슈타인의 논문과 함께 파울리에 의해 출판되었음에도)에 대한 보어의 답변이나 그 논의에 대한 파울리의 편집 서문을 참고한다면, 그들 누구도 아인슈타인이 양자역학을 정확히 해석했다고 생각하지 않았다는 분명한 인상을 우리는 받게 된다. 양자역학은 원거리 작용을 함축하고 있다고 보어가 주장했을 때는 그랬다. 파울리는 관찰 수치들의 동시 값들에 관한 어떤 진술도 '의미 없는' 것으로 묵살했다. 그런 수치들에 대한 힐베르트 공간에는 어떤 가능한 벡터(vector)도 존재하지 않기 때문이다. 그리고 이것이 아인슈타인에 대한 충분한 답변이라고 생각한 것 같다. 또한 만일 우리가 보어의 논문을 읽는다면, 우리는 그가 양자역학에서 원거리 작용이 실제로 존재함을 어디에서도 받아들이지 않았으며, 그리고 아인슈타인에 반대하여 그것을 지지하지도 않았음을 발견한다.

VII

그러나 지난 10년 동안의 발전의 결과로 이 모든 것이 변화한 것 같다. 수많은 당대의 물리학자들은, 우리가 이른바 '아인슈타인적인 대안'이라 한 것 — 양자역학이나 국소성 원리 중 어느 하나 — 은 사실 정확히 도출되었다고 (비록 그들이 아인슈타인에 의해 국소성 원리가 도출된 것임을 알지 못한 것 같다 하더라도) 말할 것이다. 아인슈타인의 분석에 반대하는 보어의 논증이 부정확하며 심지어 정합적이지 못함을 함축하는 것이 바로 국소성 원리이다. **하지만 그럼에도 불구하고 아인슈타인이 국소성 원리를 고수한 점**

30) [또한 『과학적 발견의 논리』, 부록 *xi에서 아인슈타인에게 한 보어의 답변들에 대한 포퍼의 논의를 보라. 편집자.]

에서 잘못되었다고 그들은 생각했다. 또한 그들은 보어의 비실재론적 철학의 견해가 정확했다고 생각했다.

이런 새로운 전개들은 위치와 운동량이 아닌 스핀에 관한 데이비드 봄의 EPR 재진술을 돌이켜 보게 한다. (나의 관점에서 보면 원래 EPR과는 상당히 다른) 봄의 EPR 판본은 스핀들이 상호작용하는 두 입자가 존재한다고 가정하고 있다. 하나의 스핀이 측정된 후에는 이로 인해 다른 하나의 스핀이 얻어진다. *A* 스핀의 다른 구성 요소가 측정될 수 있으며, 이로 인해 우리는 *B* 스핀에 상응하는 구성 요소를 얻는다.[31]

아마도 여기서 나는 원래 EPR 논증과 그에 대한 봄의 판본 사이의 몇몇 차이들을 언급할 수 있다. 이 차이들은 두 종류의 양자역학적인 사태 표본을 구분하는 것과 관련이 있다.[32] 사태 표본들 어

---

31) 벨은 EPR에 대한 봄의 판본에서 결정적 실험은 편광 입자 *B*에 관하여 가능하다고 지적했다. 즉, 우리가 입자 *A*에 어떤 것을 행할 때, 양자 이론에 따르면 동시적으로 입자 *B*에도 어떤 것이 일어난다는 것이다. 반면에 상식적인 실재적이고 국소적인 이론에 따르면 입자 *B*는 — 적어도 동시적으로 — 영향을 받지 않을 것이다. 이런 실험들은 코펜하겐 해석과 양자 이론적인 형식 사이에서는 단순히 결정적이지 않다. 그와 반대로, 이런 실험들에서 우리는 한편으로는 양자 이론적 형식과 코펜하겐 해석에, 다른 한편으로는 국소 이론들에 이르렀다. 그러므로 우리는 특수 상대성 이론에 이르렀다. [John F. Clauser and Abner Shimony, "Bell's Theorem: Experimental Tests and Implications", *Reports on Progress in Physics* 41 (1978) s. 1881을 보라. 또한 『과학적 발견의 논리』, 부록 *xi, 특히 p.447 이하에 있는 포퍼의 봄에 대한 논의를 보라. 편집자.]

32) 지금 양자역학에서 사용되고 있는 사태 표본이라는 생각은 내가 1934년 『과학적 발견의 논리』에서 도입했다고 생각한다. 특히 pp.225-226을 보라. 나는 거기서 그것을 '물리적인 선택'이라고 불렀으며, 그리고 그것을 일종의 예측적인 측정으로 과거 회귀적인 측정들(사진 건판 위의 입자에 대한 기록 같은 것)과 구분했다. 그 측정들은 입자에 강하게 개입할 수

느 하나가 단지 선택적일 수 있다. 게다가 새로운 성향들을 — 편광 프리즘(예컨대, 니콜 프리즘(Nicol prism) 또는 전기석)을 경유하여 입자의 어떤 상태를 선택하는 경우처럼 — 부과할 수 있다. 첫 번째 종류는 순전히 추론적인 측정 실험들과 연관되어 있거나, 내가 '물리적 선택'[33]이라 불렀던 사태 표본의 종류와 연관되어 있다. 그렇지만 EPR에 대한 봄의 판본은 (그리고 따라서 벨의 판본 또한) 두 번째 의미에서 선택적이다. 이런 실험들은 문제의 입자들에 새로운 성향들을 부과하는 편광 측정들에 토대를 두고 있다. 그러므로 적어도 이런 유형의 사태 표본 실험은 다른 종류의 사태 표본 실험과 상당히 다를 수 있다는 가능성이 존재한다. 실제로 봄-벨 실험은 원거리 작용을 지지하므로 특수 상대성 이론을 반대하는 것이 가능하다. 그에 반해 원래 EPR 논증은 상대성 이론을 반대하지 않는

있으며 심지어 그 입자를 붕괴시킬 수도 있다. 하이젠베르크는 그 측정들이 비예측적인 특징 때문에, 의미 없다고 주장했다. 앙리 마르게노(Henry Margenau)는 1937년의 한 논문에 사태 표본을 언급했다.

33) 여기서 논의했던 두 종류의 사태 표본은 전술한 주석에서 언급되었던 두 종류의 측정(추론적인 측정과 예측적인 측정 — 이것이 사태 표본이다)과 혼동하지 않아야 한다. 예측적인 측정들이나 사태 표본들은 양자역학에서 항상 '관찰할 수 있는' 것들의 산포를 산출한다. 그것들은 준비된 상태를 특징짓는 변수들과 대체할 수 없는 변수들에 의해서 규정된다. 스핀의 측정(혹은 사태 표본)은 실제로 내가 『과학적 발견의 논리』, 부록 *xi에서 도입했던 의미에서 '쥐덫'의 특징을 띠고 있다. 이것이 스핀에 대해서는 참이라 할지라도, 위치와 운동량에 대해서는 참이 아니다. 오직 스핀만 이런 기묘한 속성을 갖고 있다. 즉, 쥐덫은 몇몇 사태 표본에서는 적합하며 다른 사태 표본들에서는 적합하지 않다는 것이다. 내 논문 "Particle Annihilation and the Argument of Einstein, Podolsky, and Rosen", in Wolfgang Yourgrau and Alwyn van der Merwe, eds., *Perspectives in Quantum Theory*, 1971, 특히 pp.187-189를 보라.

다. 만약 이것이 그렇다면, 우리는 두 가지 유형의 선택이나 상태 표본 사이에 매우 새롭고 흥미로운 차이를 갖게 될 것이다.

(추가해서 스핀에 관한 몇몇 다른 문제들이 있다는 것이 언급될 수 있다. 먼저, 우리는 스핀에 관해 거의 알지 못하기 때문에, 봄은 스핀과 관련이 있는 그의 EPR 판본이 본질적으로 아인슈타인이 제시했던 형식과 동치라고 가정하고 있다는 점에서, 잘못일 수 있다. 그렇다. 이렇게 말하는 까닭은 우리가 스핀에 대한 실제적인 어떤 이론도 갖고 있지 않다는 것이다. 원자 이론에서 일어나는 스핀은 우리가 통상 실제로 스핀에 관해 말하는 것과 다르다. 스핀은 실제로 매우 기묘한 어떤 것이며 **어떤 의미에서는** 비고전적이다. 어쩌면 우리는 현실적으로 스핀에 관해 원거리 작용을 갖는다(아래를 보라). 그렇지만 모든 거리에 대해 반드시 그런 것은 아니다. 그것은 먼 거리에서 작동하지 않는다. 원래 논증은 먼 거리를 이용하는 것으로 말하고 있었다. 따라서 만약 우리가 짧은 거리에 대한 '원거리 작용' 증거를 발견한다면, 이것은 실제로 EPR의 원래 판본에 반대해서 말하고 있는 것이 아니라, 봄의 판본에서 EPR의 논증만을 반대하여 말하는 것일 수 있다. 그러므로 스핀과 연관되어 있는 논증들은 어쨌든 코펜하겐 해석을 결정적으로 도와주지 못한다. 이런 새로운 실험들은 비국소적 작용이 어떤 크기의 거리에서도 작동되는 경우에만 코펜하겐 해석을 구제할 것이다. 그런데 양자역학의 형식과 코펜하겐 해석을 구분할 필요성은 지금조차도 거의 실현되고 있지 않다.)

이것이 어찌되었든, EPR 실험이 스핀에 관하여 재진술된 이상, 그 실험이 단지 사유 실험일 필요는 없다. 그것은 현실적으로 시험될 수 있다. 이 같은 실험에 대한 이론적 기초가 벨에 의해 작동되었다. 그리고 이런 실험들 다수가 지금 수행되었다.[34] (다음의 내 논평들은 **자신의 정리에 대한 벨의 해석**이 물리적으로 옳다는 가정을 토대로 하고 있다. 그렇지만 이것은 열린 문제이다.)

이 실험들은 지금 벨의 부등식이라 불리는 것을 포함하고 있다. 비록 지금까지 시험 결과들이 아직 완전히 결론을 내리지는 못할지라도, 대부분의 결과들은 벨이 '국소적 실재 이론들'이라 부른 것에 반대하는 것 같다. 그리고 양자 이론과, 어쩌면 그것의 코펜

34) [J. S. Bell, "On the Einstein Podolsky Rosen Paradox", *Physics* 1, 3, 1964, pp.195-200; "On the Problem of Hidden Variables in Quantum Mechanics", *Review of Modern Physics* 38, 1966, pp.447-452; *Epistemological Letters* 15, Bienne, France, pp.79-84를 보라. 실험들에 대해서는 S. J. Freedman and J. F. Clauser, "Experimental Test of Local Hidden-Variable Theories", *Physical Review Letters* 28, 1972, pp.935-941; R. A. Holt and F. M. Pipkin, *Quantum Mechanics vs. Hidden Variables: Polarization Correlation Measurement on an Atomic Mercury Cascade*, 1973; John F. Clauser, "Experimental Investigation of a Polarization Correlation Anomaly", *Physical Review Letters* 36, 1976, pp.1223-1226; E. S. Fry and R. C. Thompson, "Experimental Test of Local Hidden-Variable Theories", *Physical Review Letters* 37, 1976, pp.465-468; G. Faraci, S. Gurkowski, S. Natarrigo, and A. R. Pennisi, "An Experimental Test of the EPR Paradox", *Lettere al Nuovo Cimento* 9, 1974, pp.607-611; L. R. Kasday, J. D. Ullman, and C. S. Wu, "Angular Correlation of Compton-scattered Annihilation Photons and Hidden Variables", *Nuovo Cimento* 25B, 1975 (ser. 2, no. 2), pp.633-661; M. Lamehi-Rachti and W. Mittig, "Quantum Mechanics and Hidden Variables: A Test of Bell's Inequality by the Measurements of the Spin Correlation in Low Energy Photon-proton Scattering", *Physical Review* D, 14, 1976, pp.2543-2555를 보라. K. R. Popper, A. Garuccio, J. -P. Vigier, "An Experiment to Interpret E.P.R. Action-at-a-Distance: The Possible Detection of Real De Broglie Waves", *Epistemological Letters* 30, July 1981, pp.21-29를 보라. 편집자.]

하겐 해석을 지지하는 것으로 보인다.

이런 시험 결과들이 나를 놀라게 했다는 점을 나는 인정할 수밖에 없다. 내가 처음 존 클라우저(John F. Clauser)와 에브너 시모니(Abner Shimony)가 벨의 정리를 시험할 작정이라고 들었을 때, 나는 그들의 결과들이 양자 이론을 논박하리라 기대했다. 그러나 나의 기대는 잘못인 것으로 나타났다. 왜냐하면 그 시험들 대다수가 다른 방식으로 진행했기 때문이다.

VIII

그럼에도 불구하고, 나는 물리학의 실재론적 해석을 포기하지 않았다. 그리고 심지어 지금까지 나는 국소성도 포기하지 않았다.

정반대로 나는 (에브너 시모니와 대조적으로) 이런 새로운 실험들에 의해 실재론이 영향을 받는다고 가정할 하등의 이유가 없다고 생각한다. 설령 그것들의 결과가 국소성은 옹호될 수 없음을 보여줄 것이라 할지라도 그렇다. 오히려 다음 절에서 설명하듯이, 그 결론들이 만약 정확하다면 특수 상대성의 형식에 대한 아인슈타인의 해석을 반대하고 로렌츠의 해석과 뉴턴의 '절대 공간'을 지지할 것이다. (그리고 물론 로렌츠와 뉴턴 모두 실재론자들이다.)

벨의 정리에 토대를 둔 이런 새로운 실험들은 사실 로렌츠 이론과 특수 상대성 이론 사이의 결정적인 것으로 여길 수 있는 선구가 될 것이다. 비록 그것들이 이처럼 설계되지 않았고 (내가 아는 한) 누구도 그것들이 로렌츠와 아인슈타인 사이를 결정하기 위해 이런 방식으로 그 실험들이 사용될 수 있다고 말하지 않았을지라도 그렇다.

오랫동안 그리고 EPR 논증과는 독립적으로 나는 다음과 같이 말했다. 비록 원거리 작용이 존재하지 않는다는 생각이 모든 측면에서 원거리 작용이 존재한다는 생각보다 직관적으로 — 특히 실재론자를 위해 — 더 만족스럽다 할지라도, 원거리 작용이 불가능하다거나 그것은 실재론에 의해 배제된다는 어떤 지식도 선험적으로 갖고 있다고 우리는 생각하지 않아야 한다.

이런 관점은 아이슈타인의 관점과 약간 다르다. 아인슈타인은 이렇게 썼다. "그러나 내 생각에 모든 상황 하에서도 유지해야 할 **하나의** 가정이 있다. 그것은 체계 S_2의 실재 사실적인 상태는 체계 S_1에 행해진 것과 독립적이라는 가정이다. 여기서 S_1은 S_2와 공간적으로 분리된 체계이다."[35] 이 가정을 쉽게 포기하지 않아야 하지만, 우리는 '모든 상황 하에서' 그것을 유지할 필요는 없다고 나는 생각한다. 우리는 결국 원거리 작용이 존재하는 가능성을 기꺼이 생각해야 한다.

그러나 국소 작용의 원리처럼 직관적으로 만족스러운 원리를 포기하기 전에, 전체 상황은 지금까지 해왔던 것보다 훨씬 더 깊게 또한 포괄적으로 재검토되어야 한다. 물론 내가 이미 언급했듯이, 원거리 작용은 특수 상대성, 즉 그 형식에 대한 아인슈타인의 해석(로렌츠의 해석과 반대로)과 양립할 수 없다. 그리고 만약 그런 양립성이 수용된다면, 그것은 특수 상대성 이론의 상당한 수정을 요구할 것이다. 나는 특수 상대성 이론 — 즉, 아이슈타인 해석 — 이 폐기되어야 할 것이라고 주장할 의도는 없다. 그렇지만 우리는 특수 상대성은 일반 상대성 이론의 관점에서 보면 첫 번째 근사치로

35) P. A. Schilpp, ed., *Albert Einstein: Philosopher-Scientist*, 1949, p.85를 보라. 여기서는 번역을 약간 수정했다.

서만 간주되어야 할 것을 상기해야 한다.

아무튼 내가 말하고 싶은 주된 내용 — 내가 믿듯이 아인슈타인이 말하고 싶은 것 — 은 이렇다. 이 세계에서 일들이 일어나는 정상적인 방식은 국소 작용과 일치하며 따라서 이런 실험들의 외견적 결과와 완전히 반대가 된다. 만약 우리가 원거리 작용을 받아들여야 한다면, 우리는 세계에서 일어나는 일들의 정상적인 방식은 물론 비정상적인 방식도 허용해야 한다. 그것은 상식에 중대한 타격을 가하는 것이다. 하지만 이런 생각을 포함한 우리의 모든 상식적인 생각은 항상 비판에 열려 있어야 한다.

더구나 이런 실험들과 그리고 국소성의 거부와 충돌하는 것은 상식이 아니다. 천문학과 물리학의 기술적인 성공으로부터 우리가 알게 된 모든 것도 또한 그 실험들과 충돌한다. 곧, 그것들 모두 시간의 실재와 원거리 작용의 배제를 제시하고 있다. 훨씬 더 중요한 이런 관념론적인 결론들 — 특히 시간의 흐름은 주관적인 망상이라는 이론 — 은 나에겐 생물학과 그리고 진화 이론과 상당히 충돌하고 있다.[36] 물론 이런 관념론적인 결론들은 이런 실험들과 원자 물리학의 전체 상황으로부터 도출된 것이다.

그렇다면 우리는 이런 최근의 실험들보다 더 많은 실험을 요구할 것이다. 우리가 국소성을 거부하기 전에 어쨌든 많은 물음들이 이 실험들에 관한 답변이 되어야 한다. 그러면 그 실험들은 — 자

---

36) [Peter Medawar and Julian Shelley, *Structure in Science and Art: Proceedings of the Third C. H. Boehringer Sohn Symposium, Kronberg, Taunus*, Amsterdam, 1980, pp.154-168, 특히 p.167의 포퍼의 논평을 보라. 또한 W. W. Bartley, III, "Philosophy of Biology versus Philosophy of Science", *Fundamenta Scientiae* 3, 1, 1982를 보라. 편집자.]

주 주장된 것임에도 불구하고 — 실재론과 결코 다시는 충돌하지 않는다. 과거 60년 동안 철학자들과 물리학자들은 모두 대체로 마하 실증주의의 간접적인 영향을 받아 관념론자의 견해를 받아들이기 매우 쉬웠다. 이 책『후속편』이 하고자 하는 일들 중의 하나는 과거 관념론에 대한 논증들 — 수많은 현재의 물리학자들이 아직도 단순히 당연한 것으로 여기고 있는 — 을 검토하여 그 논증들의 실수를 보여주는 것이다.

IX

나는 아인슈타인, 포돌스키, 로젠의 논증의 확장으로 간주할 수 있는 단순한 실험을 제안하고 싶다.[37] 원래 형식화된 것으로서 EPR '사유 실험은' 실재 실험이 아닌 논증에 불과하다. 나는 지식만이 '불확실성'과 그와 더불어 (코펜하겐 해석 하에 주장되듯이) 산포를 창출하기에 충분한지, 혹은 산포의 원인이 되는 것이 물리적 상황인지를 **시험할** 결정적인 실험을 제시하고 싶다.

우리는 상호작용했던 입자 쌍들이 반대 방향으로 방출되는 원천 S(즉, 양전자)를 갖고 있다. 우리는 양의 x축과 음의 x축을 따라 반대 방향으로 움직이는 입자 쌍들을 고려하고 있다. 이 입자 쌍들은 폭 Δq_y가 조절될 수 있는 슬릿들이 장착된 두 개의 화면 A와 B를 향하고 있다(p.68의 [그림 2]를 비교하라). 양쪽 슬릿들 너머에는 반원들로 배열된 가이거 계수기들이 많이 있다.

우리는 방출된 입자들의 빛줄기 강도가 매우 낮다고 가정한다.

37) 그 실험은 원리적으로 입자들의 소멸을 통해 창출된 광자 쌍들을 가지고 행해질 수 있다.

그래서 왼쪽과 오른쪽에 동시에 기록된 두 입자는 실제로 방출 전에 서로 상호작용했던 입자들일 확률이 매우 높다. 슬릿 *A*와 *B*를 통과한 입자들은 가이거 계수기들에 의해 계측될 것이다. 이 계수기들은 동시 계수기들이다. 즉, 그것들은 연결되어 있기 때문에 동시에 *A*와 *B*를 통과한 입자들만 계측한다. 이것은 오직 상호작용했던 입자 쌍만 기록된다는 것을 거의 확실하게 해줄 것이다.

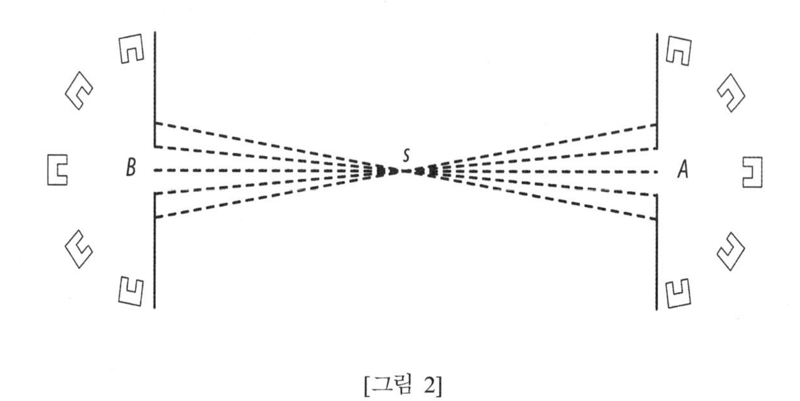

[그림 2]

이제 우리는 두 슬릿 *A*와 *B*를 더 넓게 혹은 더 좁게 만들어줌으로써, 처음으로 오른쪽과 왼쪽으로 가는 입자들의 빛줄기 모두에 대한 하이젠베르크의 산포를 시험한다. 만약 슬릿들이 더 좁으면, 슬릿에서 볼 때, 더 높은 그리고 더 낮은 계수기들이 작동하기 시작할 것이다. 이런 계수기들이 작동하기 시작한다는 것은 하이젠베르크의 관계들에 의하면, 더 좁은 슬릿으로 지나간 더 넓은 산포 각도들을 나타내고 있다.

이제 우리는 *A*의 슬릿을 매우 작게 그리고 *B*의 슬릿을 매우 넓게 만든다.

EPR 논증에 따르면, 우리는 A의 슬릿 정확도 Δq_y로 두 입자(슬릿 A를 통과한 입자와 슬릿 B를 통과한 입자)에 대한 q_y를 측정했다. 왜냐하면 우리는 이제 대략 똑같은 정확도로 B를 통과한 입자의 y-좌표를 계산할 수 있기 때문이다.

따라서 우리는 이 입자의 위치 q_y에 관해서 상당히 정확한 '지식'을 얻는다. 우리는 간접적으로 그 입자의 y 위치를 측정했다. 그리고 코펜하겐 해석에 따르면, 그것은 이론 — 특히 하이젠베르크의 관계들 — 에 의해 기술된 우리의 **지식**이기 때문에, 우리는 B를 통과한 빛줄기의 운동량 p_y가 A를 통과한 빛줄기의 운동량만큼 산포되었다고 예상해야 한다. 비록 A의 슬릿이 B의 넓게 열린 슬릿보다 훨씬 좁을지라도 그렇다.

그런데 산포는 원리상 계수기들의 도움을 받아 시험될 수 있다. 만약 코펜하겐 해석이 옳다면, 넓은 산포를 (그리고 좁은 슬릿을) 나타내는 B의 먼 쪽에 있는 계수기들은 이제 일치하는 것으로 계수된다. A의 슬릿이 좁아지기 전에 어떤 입자도 계수하지 않았던 계수기들에 대해 그렇다.

요약하면, 만약 코펜하겐 해석이 옳다면, 왼쪽으로 가는 입자들의 위치 q_y에 대한 우리의 단순한 지식 정확도의 어떤 증가도 입자들의 산포를 증가시킬 것이며, 그리고 이런 예측은 시험될 수 있어야 한다.

나는 예측을 하고 싶었기 때문에, 만약 그 시험이 코펜하겐 해석을 반대하는 것으로 결정한다면, 이것은 양자역학(즉, 슈뢰딩거의 형식)이 약화되는 것을 의미하지 않는다. 설령 자신의 형식들이 모든 종류의 간접적인 측정들에 적용할 수 있다는 하이젠베르크의 주장을 (코펜하겐 해석에 대한 지지자들 — 폰 노이만 같은 — 이

확실하게 양자역학의 일부라고 여기고 있는 주장을) 약화시키는 것임을 그것이 의미한다 할지라도 그렇다.

만일 우리 실험들이 (개인적인 내 예상과는 반대로) 코펜하겐 해석을 지지한다면, 위치는 어떻게 될 것인가? 다시 말해, 간접적으로 *B*에서 측정되는 입자들의 *y*-위치가 증가된 산포를 보여준다면 위치는 어떻게 될 것인가?

이것은 원거리 작용을 나타낸 것으로 해석될 수 있다. 그리고 그렇게 해석된다면, 그것은 아인슈타인의 특수 상대성 해석을 포기해야 함을 의미할 것이다. 그러면 그것은 로렌츠의 해석과 더불어 뉴턴의 절대 공간과 시간으로 돌아감을 의미한다. 왜냐하면 특수 상대성은 어떤 형식에 대한 해석이기 때문이며, 또한 동일한 형식이 특수 상대성이나 로렌츠의 견해에 의해 해석될 수 있기 때문이다. 로렌츠의 견해란 우리가 절대 공간과 시간을 갖고 있지만, 형식에 의해 드러난 이유들 때문에 그것을 탐지할 수 없다는 것이다. 반면에 아인슈타인 해석에서 특수 상대성은 동시성이 절대적인 의미가 없다고 말한다. 곧, 만약 우리가 절대적 시간과 공간을 탐지할 어떤 방식도 갖고 있지 않다면 — 그 탐지가 실제로 형식에 의해 배제된다면 — 우리는 공간과 시간이 존재한다고 가정하지 않아야 한다.

물론 그 당시 로렌츠가, 형식에 대한 특수 상대성 해석이 단순하고 우아하며 설득력이 있음에도, 움직이지 않는 에테르와 뉴턴의 절대 공간과 시간을 고수한 것은 약간 충격적이다. 내 관점에서 보면, 아인슈타인 이론에 관해 결정적인 것 — 여태껏 제안된 어떤 이론보다 더 성공적이었던 — 은 뉴턴 이론이 대안 이론에 의해 대체될 수 있다는 것을 보여주었다는 점이다. 이 대안 이론은 더 넓은 영역에 대한 것이고, 뉴턴 이론과 연관되어 있기 때문에 뉴턴 이론의 모든 성공 또한 그 이론에 대한 성공이다. 그리고 그것은 뉴턴 이론의 몇몇 결과들을 약간 수정하고 있다. 나로서는 이런 논리적 상황이, 사실상 두 이론 중 어느 것이 진리에 다가간 더 좋은 근사치이냐는 물음보다 더 중요하다.

물론 보어 또한 특수 상대성 이론을 열렬하게 찬미한 사람이었다. 그는 그 당시의 거의 모든 사람처럼 그 이론의 거부를 피하고 싶었을 것이다. 만약 우리가 양자역학을 지지하고 싶다면 이 같은 거부가 필요할 것임을 특수 상대성이 보여주었다면, 그것은 보어에게도 양자역학의 거부를 의미했을 것이다. 왜냐하면 특수 상대성은 양자역학이 따라야 하는 기준을 거의 설정했기 때문이다.

벨의 저작에 나오는 새로운 실험들의 관점에서 아인슈타인의 해석을 로렌츠의 해석으로 대체하자는 제안이 이루어질 수 있는 것은 지금뿐이다. 만약 원거리 작용이 존재한다면, 절대 공간과 닮은 어떤 것이 존재할 터이다. 그것은 이전에 로렌츠의 이론과 특수 상대성 이론 사이에 결정적인 실험과 같은 어떤 것도 고려된 적이 없음을 상기시킬 것이다. 이제 만일 우리가 절대적 동시성을 도입하기 위해 양자 이론으로부터 이론적인 이유들을 갖고 있다면, 우리는 로렌츠의 해석으로 돌아가야 할 것이다.[38]

38) 이런 과정을 위한 독립적인 논증들이 특히 극초단파 우주 배경 복사의 발견 이래로 존재한다. E. K. Conklin, *Nature* 222, 1972, p.971을 보라. [비-국소성을 확립하는 실험들은 1980년 6월부터 로렌츠와 아인슈타인 시대 사이에 결정적으로 사용될 수 있다는 포퍼의 주장. 편집자.]

X

『후속편』인 이 책은 주로 물리학의 문제들과 관련되어 있다. 그와 동시에 내가 이른바 '형이상학적인 맺음말'라고 부른 것에 이르는 동안 그것들을 다루게 된다. '형이상학적인 맺음말'에서는 나에게 물리적 우주와 특히 물질의 문제를 보는 새롭고 유망한 방식처럼 보이는 것에 대한 개요를 묘사하고 있다. 내가 바라는 것은 양자 이론의 주요한 몇몇 난관들을 해결할 수 있는 방식이다. 그런데 이 책은 중요한 것으로 미시물리적인 이론에 영감을 받기보다는 물리적인 우주론의 영감을 받았다.[39]

우주론적 사변들은 과학을 발전시키는 데 대단히 중요한 역할을 하고 있으며, 그리고 항상 그런 역할을 해왔다. 이런 사변적인 이론들을 검토하고 조사함으로써 우리는 그 이론들을 크게 발전시킬 수 있으며, 아마도 결국에는 경험적으로 그것들을 시험할 수 있는 지점으로 가져올 수도 있다. (이런 일은 분명히 팽창하는 우주에 대한 정상 상태 이론의 저자들에 의해 행해졌다. 그 시험들은 그 이론을 포기하도록 이끌었다.) 수많은 우주론적 사변들은 — 특히 그것들의 초기 조건들에서 — 시험될 수 없거나 경험적으로 반증되었다. 그래서 나는 그것들을 '과학적'이라 부르기보다 '형이상학적'이라고 부르는 것을 선호한다.

---

39) 이런 관심은 내가 『후속편』의 이 부분을 처음 썼던 이래 수년간에 걸쳐 나로 하여금 물리학을 넘어서, 특히 생물학에, 인간의 마음에, 그리고 인간 마음의 산물들(내가 세계 3이라고 불렀던)에 이르게 했다. 『객관적 지식』, 1972; 『자아와 그 두뇌』, 1977; 또한 『후속편』 II권 후기와 부록을 보라.

이 책의 '형이상학적인 맺음말'에서, 나는 일반적인 탐구 프로그램들에 관해 거의 말하지 않았다. 오히려 나는 물리학과 생물학에서 실제적인 문제들의 적용과 해석을 위한 실제적인 탐구 프로그램을 제시했다. 나 자신의 형이상학적인 탐구 프로그램을 소개하는 과정에서, 나는 과학의 역사를 검토해야 했으며, '상황의 논리학'을 재구성해야 했다. 다시 말해 물리학의 (나중에는 생물학의) 계기적인 문제 상황들을 언급해야 했다는 것이다. 이런 문제 상황들에 관해서 이해되고, 비판받고, 그리고 평가를 받기 위해 나 자신의 형이상학적 탐구 프로그램과 그것에 대한 선구자들과 경쟁자들을 소개해야 했다.

이런 형이상학적 탐구 프로그램들은 모든 곳에서 발견될 수 있다. 그것들은 과학적인 문제에 대한 혁신의 어떤 순간에 만족스러운 설명으로 간주된 것에서 결정되거나 일어난다. 그것은 토마스 쿤(Thomas S. Kuhn)이 '패러다임(paradigm)'이라 불렀던 것과 약간 유사한 것처럼 보인다.[40] 물론 내 관점에서 보면 이것은 그의 것과 근본적으로 다를지라도 그렇다. 나는 이런 프로그램들을 합리적으로 재구성될 수 있는 상황의 측면에서 고려하며, 그리고 과학적인 혁신을 본질적으로 합리적 비판에서 연유된 것으로 본다. 내가 과학의 역사에서 가장 중요한 것으로 간주하는 것도 바로 이런 종류의 활동이다. 물론 과학 이론의 논박은 종종 과학자에게 (예컨대 러더포드의 경우처럼) 개종과 비슷한 영향을 준다. 그렇지만 그것은 합리적 개종일 것이다.[41]

---

40) Thomas S. Kuhn, *The Structure of Scientific Revolutions*, 1962.

41) 나의 "The Rationality of Scientific Revolutions", The Herbert Spencer Lecture for 1973, in Rom Harré, ed., *Problems of Scientific Revolution:*

나는 과학을 위한 어떤 탐구 프로그램들, 곧 아직 시험할 수 없는 프로그램들에 대해 '형이상학적 탐구 프로그램'이라는 이름을 사용했다. 10년 이상이 지난 후에, 나와 공동으로 연구하는 몇몇 사람이 그 이름을 '과학적 탐구 프로그램'으로 바꿨다.[42] 이런 탐구 프로그램들은 확실히 과학과 관계가 있으며, 그리고 과학의 발전에 결정적으로 중요한 역할을 한다. 그렇지만 그것들은 통상 아직 시험할 수 있는 과학적 이론들의 특징을 띠지 않고 있다. 그것들은 과학적 이론들이 될 수 있지만, 그럴 경우 그것들을 탐구 프

Progress and Obstacles to Progress in the Sciences, 1975를 보라.

42) [Imre Lakatos, *The Methodology of Scientific Research Programmes*, 1978을 보라. 라카토스는 포퍼의 『후속편』을 알고 있었으며, 1957년 원래 교정쇄의 복사본을 갖고 있었다. 어떤 글(*Criticism and the Growth of Knowledge*, 1970, eds. Lakatos and Musgrave, p.183 이하)에서 그는 『후속편』에 대해 언급하면서 그것으로부터 길게 인용한다. (이 논의에서 그는 '구문론적인 논박 불가능성'을 위해 '방법론적인 논박 불가능성' 구분을 무시했다고 비난하면서 포퍼의 견해를 왜곡했다. 포퍼는 『과학적 발견의 논리』, IV장, 특히 20절에서 이것들을 구분한다.) 다른 글— "Changes in the Problem of Inductive Logic", in I. Lakatos, ed., *The Problem of Inductive Logic*, 1968, p.316 — 에서 라카토스는 포퍼를 전혀 믿지 않으면서 탐구 프로그램의 아이디어를 도입한다. 아마도 그 결과, 포퍼가 단언한 견해들은 지금은 종종 '정통' 견해로 제시되고 있다. 이 견해는 라카토스의 '과학적인 탐구 프로그램의 방법론'과 대조된 반대이다. 그 사례로 Peter Urbach, "The Objective Promise of a Research Programme", in Gerard Radnitzky and Gunnar Andersson, eds., *Progress and Rationality in Science*, 1978, p.99 이하를 보라. W. W. Bartley, III, "On Imre Lakatos", in R. S. Cohen, P. K. Feyerabend, and M. W. Wartofsky, eds., *Essays in Memory of Imre Lakatos*, 1976, pp.37-38에서 명칭 변화에 대한 논의를 보라. 또한 W. W. Bartley, III, "The Philosophy of Karl Popper: Part III: Rationality, Criticism, and Logic", *Philosophia*, Israel, February 1982에서의 논의를 보라. 편집자.]

로그램이라 부르는 것은 더 이상 의미가 없다. 어떤 경우이든 이론들을 비판하는 것보다 그 프로그램들을 비판하는 것이 더 어렵다. 그리고 무비판적으로 그것들을 보유하는 것은 더 쉽다.

사실, 탐구 프로그램들의 장점들을 (프로그램들에 대한 '방법론'을 개발하기는커녕) 칭찬할 필요는 없다. 과학자들은 자신들의 전체 교육을 통해서 탐구 프로그램들에 적합하게 된다(지금까지 우리는 쿤이 옳다고 말할 수 있다). 탐구 프로그램에 빠지거나 '그것에 의해 프로그램되는(programmed)' 것을 걱정할 필요가 더 많다. 대체로 사람들이 탐구 프로그램을 채택하여 고수하는 것을 격려하기보다는 사람들이 그것을 비판하여 벗어나도록 격려할 필요가 더 많다. 물론 우리가 납득시킬 새로운 탐구 프로그램을 갖고 있지 않다면 그렇다.

(상황 논리학의 측면에서 이에 대한 단순한 설명이 존재한다. 만약 젊은 과학자가 비정상적으로 재능을 부여받지 않았고 또한 비정상적으로 가르침을 받지 않았다면, 그가 들어가려고 애쓴 분야의 풍성함에 압도되었다고 또한 그가 본 과제들에 혹사되었다고 느낄 수 있기 때문에, 그는 그 분야에서 공헌할 자신의 재능에 절망한다. 그의 과제는 탐구 프로그램을 통해서 훨씬 더 쉽게 만들어진다. 이런 상황적인 설명은 '정상' 과학자라는 쿤의 생각을 부분적으로 지지한 것이라고 간주될 수 있다.)

우리는 대개 탐구 프로그램이 거짓인 형이상학에 토대를 두고 있음이 밝혀질 때만 그것을 의식하게 된다. 우리가 어떤 형이상학적인 탐구 프로그램 안에서 작업하고 있음을 인식하는 것은 본질적으로 대안들이 가능함을 인식하는 것이다. 그리고 바로 이런 인식은 우리가 발견적인 방법으로서 형이상학적 탐구 프로그램을 포기함을 의미하며 또한 대안들이 더 유익할 수 있다고 생각함을 의미한다.

형이상학적 탐구 프로그램을 드물게 의식하게 되는 (또는 성향 우주론의 경우처럼, 심지어 고의적으로 발명되는) 경우들에서, 그것에 대해 우리가 상당히 비판적이어야 하며 가능한 대안들을 찾아야 한다는 경고와 더불어 그 프로그램이 추천될 것이다.

이것은 인간의 합리성 그리고 특히 과학의 합리성 문제이다. 우리는 항상 '정상 과학자들'을 주의해야 한다. 곧, 탐구 프로그램에 대한 무의식적인 전제 안에서 맹목적이고 무비판적으로 일하는 과학자들을 조심해야 한다. '정상 과학자'는 자신이 할 수 있는 한에서 합리적이고자 하는 시도를 하지 않는다. 왜냐하면 그는 할 수 있는 한 비판적이고자 노력하지 않기 때문이다.

과학적 탐구 프로그램의 방법론자들은 지식의 성장에서 근본적인 역할에 대해 충분한 이해를 하고 있지 못함을 보여주는 것 같다.[43] 내가 보기에, 비판은 과학자의 주요한 **의무**이며, 지식을 증진시키고 싶은 사람은 누구든지 따라야 할 **의무**이다. 다른 한편 새로운 문제들을 보고 새로운 생각을 한다는 것은 우리의 의무가 **아니다**. 독창성은 오히려 신들의 재능이다.

실제로, 최근의 유행으로 분명해진 탐구 프로그램의 유혹은 독창성에 대한 옛날의 열망과 깊이 연관되어 있으며, 그리고 새롭고 더 좋은 생각들에 이르게 할 발견의 방법, 연산 방법(algorithm), '과학적 방법'과 깊이 관련되어 있다.[44] 내가 다른 곳에서 시사했듯이,

43) I. Lakatos and Alan Musgrave, eds., *Criticism and the Growth of Knowledge*, 1970을 보라.

44) 『후속편』 I권, 『실재론과 과학의 목표』, 서론을 보라. 그 책에서 독자는

이런 발견적 방법도 실증적 방법론도 존재하는 것 같지 않다. 왜 어떤 사람들은 많은 생각들을 갖고 있는데 다른 사람들은 그렇지 못한가라는 방법에 대한 옛 물음에 적합한 답변은 이렇다. 내가 보기에 몇몇 사람은 많은 생각들 — 어쩌면 그중 몇 개가 좋은 생각들인 — 을 갖고 있으며, 그리고 자신의 생각들에 상당히 비판적인 것 같다. 반면에 다른 사람들은 단지 몇 개의 생각들을 갖고 있으므로 그 생각들에 대해 전혀 비판적이지 않은 것으로 보인다. 아마도 우리가 갖고 있는 생각들의 수를 우리는 증가시킬 수 있으며, 또한 우리는 확실하게 모든 우리의 생각들을 향해 비판적인 태도를 증진시킬 수 있다. 그렇지만 어떤 경우이든 우리가 올바른 방향으로 가고 있는지를 확신할 수 없다. 설령 이런 발견적인 방법이 존재하는 것 같다 할지라도 — 비록 '좋은' 혹은 '진보적'인 것 같았던 새로운 생각들이나 새로운 문제들을 다룰 수 있는 방식이 존재한다 할지라도 — 바로 그런 방법을 비판하는 것이 우리의 주된 과제들 중의 하나로 남아 있을 것이다. 물론 심지어 우리가 진보하고 있다고 생각할 때에도 — 그리고 특히 그럴 때에도 — 우리는 잘못된 길 위에 있을 수 있다. 아인슈타인조차도 잘못된 길 위에 있었던 것 같다(내가 나중에 이 책에서 설명하듯이. 26절을 보라). 그는 전자기 이론과 중력장 이론을 통합하려는 탐구 프로그램이라는 잘못된 길을 갔기 때문이다.

수년간 이런 방법과 발견의 가능성에 반대하는 논증을 내가 펼쳐왔다는 것을 알 것이다.

서론
‘관찰자’ 없는 양자역학

만약 누군가가 ‘아인슈타인 이후에 누가 가장 위대한 현대 물리학자인가?’라고 묻는다면, 그 답변은 다시 아인슈타인이라고 할 것이다. [왜냐하면] 다른 누군가가 상대성을 발견한다면, 아인슈타인의 다른 발견들은 여전히 그를 자신의 시대에 두 번째 위대한 물리학자로 만들 것이기 때문이다.

_ 코넬리우스 란초스(Cornelius Lanczos)

1. 양자 이론과 ‘관찰자’의 역할

이 서론에서, 나는 양자역학으로부터 ‘의식’ 혹은 ‘관찰자’라고 불렀던 환영을 쫓아버리고, 또한 양자역학은 고전 통계역학과 같은 ‘객관적인’ 이론임을 보여주고자 한다.[1] 이 책 본문에서 나는 약간 더 상세하게 내 논증을 입증하는 시도와 지난 50년에 걸쳐 양자 이론을 고통스럽게 했던 문제들에 대한 나 자신의 이해와 대안적인 접근을 진술하는 시도를 해보겠다.

이 서론에서 나의 논제는 이렇다. 양자 이론에서 관찰자, 정확히

1) [이 ‘서론’ 장은 *Quantum Theory and Reality*, ed. Mario Bunge, 1967, pp.7-44에 실린 논문을 약간 수정하여 확장한 판본이다. 이 논문은 이 책의 본문보다 약 10년 후인 1966년에 써졌다. 표제어는 C. Lanczos, *Albert Einstein and the Cosmic World Order*, 1965, p.4에서 나왔다. 편집자.]

말해 실험자는 고전 역학에서 하는 역할과 정확히 똑같은 역할을 한다는 것이다. 실험자의 과제는 그 이론을 시험하는 것이다.

통상 양자 이론의 코펜하겐 해석이라 불리는 정반대인 견해가 거의 보편적으로 받아들여졌다. 간단히 말해, 그것은 **'객관적인 실재가 증발되었다'**고 말하며, **양자역학은 입자들이 아니라 입자들에 대한 우리의 지식, 우리의 관찰, 우리의 의식을 표현하고 있다**고 말한다.2)

만약 나 같은 단순한 철학자가 이런 지배적인 독단에 반기를 든다면, 그는 저항뿐만 아니라 조롱과 경멸도 받을 것을 예상해야 한다. 그는 물론 **모든 유능한 물리학자가 코펜하겐 해석이 옳음을 알고 있다**는 (그것은 '실험을 통해 증명되었기' 때문에) 주장으로 (비록 닐스 보어가 매우 친절하고 끈기 있게 나를 대했음을 기억하는 것이 행복할지라도) 협박을 받을 수 있다.

그러므로 이런 주장이 역사적으로 잘못된 것임을 지적할 필요가 있는 것 같다. 그것은 아인슈타인, 플랑크, 폰 라우에(von Laue) 혹은 슈뢰딩거 같은 누구보다도 유능한 물리학자들과 (아인슈타인, 플랑크, 폰 라우에 혹은 슈뢰딩거와 달리) 한때 코펜하겐 해석을 충실하게 확신했던 지지자들이었던 물리학자들을 언급함으로써 가능하다. 그리고 하이젠베르크가 언급하듯이, 지금 새로운 해석을 '결정적'이라거나 '설득력이 있는' 것으로 간주하지 않는 물리학자들을 언급하면 된다.3)

---

2) Werner Heisenberg, "The Representation of Nature in Contemporary Physics", *Daedalus* 87, 1958, pp.95-108을 비교하라. p.100을 보라.

3) W. Heisenberg, "The Development of the Interpretation of the Quantum Theory", in W. Pauli, ed., *Niels Bohr and the Development of Physics*,

먼저 한때 코펜하겐 해석에 대한 지지자인 루이 드 브로이(Louis de Broglie)와 그의 이전 제자인 장 피에르 비지어(Jean-Pierre Vigier)가 있다.

그 다음으로는 또한 1921년에서 1924년까지 양자 이론의 위대한 창시자 중의 한 사람인 알프레드 란데(Alfred Landé)가 있다. 그는 나중에(1937년과 1951년에) 완전히 코펜하겐 정신으로 양자 역학에 관한 두 권의 교재를 썼다. 그렇지만 그는 그 후에 계속해서 코펜하겐 해석을 반대하는 사람들 중의 한 사람이 되었다.[4)]

1951년 『양자 이론(*Quantum Theory*)』이란 교재를 출판한 데이비드 봄(David Bohm)이 있다.[5)] 그 책은 코펜하겐 해석의 정통이었을 뿐만 아니라, 지금까지 발표된 코펜하겐 관점에 대한 가장 명료하고 충실한, 매우 예리하고 비판적인 설명 중의 하나였다. 얼마 지나지 않아, 아인슈타인의 영향을 받아, 그는 새로운 길들을 모색했으며 1952년에[6)] 시험적인 (나중에 수정된[7)]) 이론에 도달했다. 그 이론의 논리적 일관성은 양자 이론이 '완전하다'는 끊임없이 (폰 노이만에서 기인한[8)]) 반복된 독단이 거짓임을 증명했다. 여기

1955, p.16.

4) A. Landé, *Foundations of Quantum Theory*, 1955; *From Dualism to Unity in Quantum Mechanics*, 1960; *New Foundations of Quantum Mechanics*, 1965.

5) D. Bohm, *Quantum Theory*, 1951.

6) D. Bohm, "A Suggested Interpretation of the Quantum Theory in Terms of 'Hidden' Variables", *Physical Review* 48, 1952, pp.166-179, pp.180-193.

7) D. Bohm and J. Bub, "A Proposed Solution of the Measurement Problem in Quantum Mechanics by a Hidden Variable Theory", *Reviews of Modern Physics* 38, 1966, pp.453-469.

서 완전하다는 말은 양자 이론이 더 상세한 어떤 이론과도 양립할 수 없음을 증명해야 한다는 의미이다.

1955년에 「상보성에 관한 갈등(Strife About Complementarity)」이란 논문을 발표한 마리오 번지(Mario Bunge)가 있다.[9)]

매우 흥미로운 논문의 인식론적인 절에서 분명히 코펜하겐 해석에 가담한 독일 물리학자인 프리츠 봅(Fritz Bopp)이 있다. 예를 들면 그 절에서 그는 다음과 같이 쓰고 있다. "물론 우리 고찰들은 상보성의 수학적 개념에 대한 어떤 변경도 의미하지 않는다." 그러나 봅은 거기서 (그리고 다른 발표에서) 아인슈타인이 거의 문제를 제기하지 않았을 한 이론을 발전시켰다. 아인슈타인과 유사한 노선에 따라, 봅은 양자 이론적 형식을 고전적 통계역학의 확장으로, 다시 말해 전체적인 조화의 한 이론으로 해석하기 때문이다.[10)]

나는 이런 간단하고 물론 매우 불완전한 반대자들의 목록을 작성했다. 그 이유는 철학자들만이 (그리고 전적으로 무능하거나 망령 들린 물리학자들만이) 코펜하겐 해석을 의심할 수 있을 뿐이라는 역사적 신화와 싸우기 위해서이다. 그러나 이런 해석에 약간 상

---

8) J. von Neumann, *Mathematical Foundations of Quantum Mechanics*, 1949, 1955 (독일어 편집본 1932).

9) M. Bunge, "Strife About Complementarity", *British Journal for the Philosophy of Science* 6, 1955, pp.1-12, pp.141-154.

10) F. Bopp, "Statistische Mechanik bei Störung des Zustands eines physikalischen Systems durch die Beobachtung", in F. Bopp, ed., *Werner Heisenberg und die Physik unserer Zeit*, 1961, pp.128-149; p.147 이하를 보라. 또한 A. Eisenstein, "Remarks Concerning the Essays Brought Together in this Co-operative Volume", in P. A. Schilpp, ed., *Albert Einstein: Philosopher-Scientist*, 1949, pp.665-668을 보라; p.671 이하를 비교하라.

세하게 비판을 진행하기 전에, 나는 두 가지 요점을 논의하고 싶다.

(a) 내가 알기로는 통상 간과되어 왔던 매우 중요한 의미에서, 코펜하겐 해석은 오래전에 죽었다.

(b) 매우 솔직하게 그 해석을 믿었던 대부분의 물리학자들은 실제로 행해지고 있는 곳에서는 그것에 어떤 주의도 기울이지 않고 있다.

요점 (a)에 관해서, 우리는 '새로운 양자 이론'이나 '양자역학'은 출발에서 적어도 1935년까지는 단순히 **'새로운 전자기장의 물질 이론'**에 대한 다른 이름이었음을 잊지 않아야 한다.

원자 이론 따라서 물질 이론이 어떻게 전자기장의 이론과 동일시되었는지를 충실하게 인식하기 위해, 우리는 아인슈타인의 사례로 돌아갈 수 있다. 그는 1920년에 다음과 같이 말했다.[11] "… 우리의 현재 개념들에 의하면, **기본 입자들은 … 단지 전자기장의 응축일 뿐이다. … 우주에 대한 우리의 견해는 두 실재** … 즉, 중력적인 에테르와 전자기장이거나 — 또한 그것들은 이른바 — 공간과 물질을 표현하고 있다."

양자역학은 그 지지자들에 의해 **물질의 전자기장 이론의 최종의 형식**으로 간주되었다. 즉, 무엇보다도 그 형식은 **전자들과 양성자들의 이론**으로 간주되었으며, 이로 인해 **원자의 구성 이론**으로 간주되었다. 다시 말해 **원소들의 주기 체계 이론 그리고 원소들의 물리적 속성 이론**으로 간주되었고, 또한 **그것들의 화학 결합 이론으로, 따라서 물질의 물리적이면서 화학적인 속성들의 이론**으로 간주되었다.

---

11) A. Einstein, *Sidelights on Relativity*, 1922; p.22를 비교하라. (고딕체는 내가 한 것임.)

적어도 1932년 양전자를 발견하기까지 거의 모든 물리학자들에 의해 지지된 견해에 대한 매우 인상적인 진술을 로버트 밀리칸(Robert A. Millikan)은 다음과 같이 쓰고 있다.[12)]

"실제로, 과학의 역사에서 1914년경 끝난 일련의 전체 발견들보다 더 아름답게 단순화한 것도 일어난 적이 없었다. 그 발견들은 결국 물질세계가 단 두 가지 실재, 즉 양전자와 음전자를 포함하고 있다는 이론을 보편적으로 수용하게끔 이끌었다. 두 전자의 전하는 똑같지만, 질량에서 크게 다르다. 양전자 — 지금은 보통 **양성자**라고 불리는 — 는 지금은 통상 **전자**라고 불리는 음전자보다 1850배 더 무겁다."

사실 적어도 1935년까지 몇몇 위대한 물리학자들은[13)] 양자역학의 출현과 더불어 **전자기 이론이 최종적인 상태에 접어들었으며,** 그리고 양자역학의 결과들은 **모든 물질이 전자와 양성자로 이루어졌음**을 강하게 확인해 주었다고 믿었다. (중성자와 중성미자들 또한 약간 억지로 수용되었다. 그러나 중성자는 양성자 + 전자이며, 중성미자는 수학적인 허구에 불과하다고 생각되었다. 반면에 양전자들은 전자들의 바다 안의 '구멍들'인 것으로 간주되었다.)

물질이 양성자와 전자로 구성되어 있다는 이런 이론은 오래전에 '죽었다.' 그 이론의 병은 (설령 그것이 처음에는 숨겨져 있을지라도) 중성자 그리고 또한 양전자의 (코펜하겐의 관계자들이 처음에

---

12) R. A. Millikan, *Time, Matter and Values*, 1932, p.46. (고딕체는 내가 한 것임.); 또한 그의 *Electrons(+ and −), Protons, Photons, Neutrons and Cosmic Rays*, 1955. p.377을 비교하라.

13) A. Eddington, *Relativity Theory of Protons and Electrons*, 1936을 비교하라.

믿기를 거부했던) 발견과 함께 시작되었다. 그리고 그 이론은 **상호 작용의 분명한 구별 수준들**의 발견으로 마지막 일격을 받았다. 그 수준들에 의하면, 전자기적인 힘들은 적어도 다음 네 가지 중의 하나를 이루고 있다.

1. 핵력들(강한 상호작용)
2. 전자기적인 힘들
3. 약한 붕괴 상호작용
4. 중력의 힘들

더구나, 양자역학 내에서 전하의 설명과 같은 전자기 이론의 고전적인 문제들을 해결하려는 희망은 사실상 포기되었다.

이런 상황에 비추어 보면, 우리는 이제 아인슈타인과 보어 사이의 용호상박을 되돌아볼 수 있다. 아인슈타인이 제기한 문제는 양자역학이 '**완전**한가'라는 것이었다. 아인슈타인은 아니라고 대답했다. 보어는 그렇다고 대답했다.[14)]

나는 아인슈타인이 옳았음을 의심하지 않는다. 그렇지만 심지어 오늘날도 그 유명한 논쟁에서 승리했던 사람은 보어였음을 이해할 수 있다. 이런 견해가 지속된 것은 대체로 다음과 이유 때문인 것으로 보인다. 양자역학이 **완전하다**는 보어의 주장에 대한 아인슈타

---

14) A. Einstein, B. Podolsky, and N. Rosen, "Can Quantum-Mechanical Description of Physical Reality be Considered Complete?", *Physical Review* 47, 1935, pp.777-780, 그리고 N. Bohr, "Can Quantum-Mechanical Description of Physical Reality be Considered Complete?", *Physical Review* 48, 1935, pp.696-705를 비교하라.

인의 공박을 코펜하겐 학파는 양자역학 자체와 그것의 **건전함**이나 **일관성**에 대한 공박으로 해석하고 있기 때문이다. 하지만 이것은 (i) 코펜하겐 해석을 양자 이론과 동일시함과 (ii) **완전함**에서 **건전함**(모순에서 벗어남)으로 보어의 문제가 변화했음을 수반하고 있다. 그러나 아인슈타인이 양자 이론에 대한 자신의 해석을 제시했듯이, 그는 분명하게 양자 이론의 일관성을 받아들였다.

요점 (b)에 관한 즉, 솔직하게 코펜하겐 해석을 믿고 있는 대부분의 물리학자들은 실제적인 관행에서 그 해석에 전혀 주의를 기울이지 않고 있다는 나의 주장에 관한, 훌륭한 사례가 프리츠 봅이다.[15] 왜냐하면 그는 (아인슈타인, 포돌스키 및 로젠이 믿었던 것처럼) 입자들은 동시에 분명한 위치와 운동량을 갖고 있다고 믿기 때문이다. 반면에 코펜하겐 학파는 이것을 거짓이거나, '의미가 없다'거나, '물리적이 아니라고' 믿고 있다. 1951년 (그가 코펜하겐 해석에 반대하는 것으로 돌아서기 전) 란데의 형식을 인용하면 이렇다.[16] "입자들에 대한 고전적인 생각은 불확실성 관계의 영향을 받아 무너진다. 주어진 시간에 일정한 위치들과 일정한 운동량들을 소유하고 있는 입자들이 존재한다는 생각을 수용한 다음, 이런 자료들은 마치 악의적인 자연의 변덕에 의한 것처럼, 실험적으로 결코 확인될 수 없다고 인정하는 것은 물리적이 아니다." 그렇지만, 내 요점 (b)와 연관해서 내가 염두에 두고 있는 것은 다음이다. 당연히 양자역학의 형식은 여전히 물리학자들에 의해 옛날 문제들에

15) F. Bopp, *op. cit*. (전술한 주석 10을 보라.)

16) A. Landé, *Quantum Mechanics*, 1951, p.42. 란데는 계속해서 N. Bohr, "The Quantum Postulate and the Recent Development of Atomic Theory", *Nature* 121, 1928, pp.580-590을 인용하고 있다.

적용되고 있으며, 그리고 그 방법들은 많은 수정을 거쳐 핵 이론과 기본 입자 이론의 새로운 많은 문제들과 연관해서 부분적으로 사용되고 있다. 이것은 양자역학의 능력에 대한 커다란 신뢰임이 분명하다. 하지만 그와 동시에, 대부분의 실험가들은 관찰자의 역할에 관해 혹은 그들의 결과들에 간섭하는 것에 관해, 예민한 고전적 실험들에 대해 자신들이 걱정한 것보다 더 많은 걱정을 하는 것 같지 않다. 비록 그들이 실험 결과들의 정확함의 한계들에 대해 많은 걱정을 하고 있을지라도 그렇다. 또한 대부분의 이론가들은 새롭고 훨씬 더 일반적인 이론이 요구되고 있음을 분명히 알고 있다. 그들은 모두 **실제로 혁신적인 새로운 이론**을 찾고 있는 것 같다.

이 모든 것에도 불구하고, 여전히 코펜하겐 해석을 논의하는 것은 필요해 보인다. 정확히 말해, 원자 이론에서 '**관찰자**'나 '**주관**'을 특히 중요한 것으로 우리가 간주해야 한다는 주장을 논의해야 한다는 것이다. 왜냐하면 원자 이론은 대체로 **조사하고 있는 물리적 대상에 주관이나 관찰자(그리고 그의 '측정 행위들')가 간섭한다**는 것으로부터 그 독특한 특징을 가져오기 때문이다. 보어의 전형적인 진술을 인용하면 이렇다.[17] "사실상 **대상과 측정 행위들 사이의 일정한 상호작용**은 … 고전적인 이상의 포기가 필요하다는 것과 … 또한 물리적인 실재 문제를 향한 우리 태도의 근본적인 수정을 수반한다."

마찬가지로, 하이젠베르크는 다음과 같이 말하고 있다.[18] "… 과

---

17) N. Bohr, "Discussion with Einstein on Epistemological Problems in Atomic Physics", in P. A. Schilpp, ed., *Albert Einstein: Philosopher-Scientist*, 1949; p.232 이하를 비교하라.

18) W. Heisenberg, *The Physical Principles of the Quantum Theory*, 1930,

학의 합리적인 요건은 … 세계를 주관과 객관(관찰자와 관찰된 것)으로 나누는 것을 허용한다. … 이런 가정은 원자 물리학에서는 허용될 수 없다. 왜냐하면 관찰자와 대상 사이의 상호작용은 관찰되고 [있는] 체계에서 원자적인 과정들을 특징짓는 불연속적인 변화 때문에 통제할 수 없는 커다란 변화를 야기하기 때문이다." 따라서 하이젠베르크는 다음과 같이 제안한다.[19] "이제 세상을 주관적인 측면과 객관적인 측면으로 나누는 어려움에 대한 근본적인 논의를 재검토하는 것은 유익할 수 있다. 그 논의는 인식론을 위해서 매우 중요하기 때문이다."

이 모든 것과 정반대로, 물리학자들은 오늘날 실제로는 1925년 전에 했던 것과 근본적으로 똑같은 방식에 따라 측정을 하며 실험한다고 나는 주장한다. 만일 중요한 차이가 있다면, 간접 측정의 정도가 '객관성'의 정도가 증가한 것과 같이 증가했다는 점이다. 30-40년 전에 물리학자들이 불꽃 수의 헤아림 같은 것을 '해독'하기 위해 현미경을 들여다보곤 했던 것을 이제는 사진 필름이나 자동 계수기가 '해독'해 주고 있다. 그리고 비록 사진 필름의 해독들과 계수기의 해독들은 (이론에 비추어 모든 실험이나 관찰로서) 해석되어야 한다 할지라도, 그것들은 더 이상 물리적으로 우리의 이론적인 해석들에 의해 '간섭'을 받거나 '영향'을 받지 않는다. 물론 수많은 실험적인 시험들이 지금은 대체로 통계적인 특징을 띠고 있지만, 그러나 이것은 그 시험들 역시 '객관적'이 된다. 그것들의

---

p.2 이하를 비교하라.

19) W. Heisenberg, *op. cit.*, p.65을 비교하라. 또한 J. von Neumann, *Mathematical Foundations of Quantum Mechanics*, 1949, 1955, pp.418-421을 보라.

통계적인 특징은 (종종 자동적으로 계수기들과 컴퓨터들에 의해 처리된) 관찰자나 주관 혹은 의식이 물리학에 개입한다는 단언과 관계가 없다. 대조적으로 실험의 준비나 설정은 항상 우리가 지식을 변화시키는 것과 관계가 많았으며 그리고 그런 관계가 계속되었다. **그 지식은 이론에 의존하고 있다.**

물론 실험들을 설정하고 실험 결과들을 해석하는 데 우리를 안내하는 우리 **이론들**은 항상 우리가 발명한 것들이었다. 그것들은 우리 '의식'의 발명들이거나 '의식'의 산물들이다. 그렇지만 그것은 우리 이론들의 과학적 지위와는 전혀 관계가 없다. 우리 이론들은 단순성, 대칭성, 그리고 설명력과 같은 요인들에 의존하며, 그리고 이론들은 비판적 논의와 결정적인 실험 검사들에 굳건히 버티는 방식에 의존한다. 또한 이론들은 진리(실재에 대응)이거나 진리에 근접함에 의존하고 있다.[20]

2. 이론 대 개념

아마도 여기가 **이론**과 **개념**을 구분하는 논리적인 논평 몇몇을 삽입하기에 가장 좋은 곳인 것 같다. 뒤따르는 것이 그 논평들에 의존하지 않을지라도, 그 논평들은 아직도 양자 이론에서의 상황에 대한 비판적인 이해의 길을 막는 몇몇 장애들을 제거하는 데 도움을 줄 수 있다.

과학에서 우리가 찾고 있는 것은 **참인 이론들**이다. 다시 말해 우리가 살고 있는 세계의 어떤 구조적인 속성들에 대해 참인 기술들,

20) 나의 『추측과 논박』, 1963, 1972, 10장과 『객관적 지식』, 1972, 2장을 비교하라.

즉 참인 진술들을 우리가 모색하고 있다는 것이다. 진술들에 대한 이런 이론들이나 체계들은 도구적인 용도로 사용될 수 있다. 하지만 우리가 과학에서 찾고 있는 것은 **진리**로서의 유용함이라기보다 **진리에 근접함**, **설명력**, **그리고 문제들을 해결하는 능력**, 따라서 **이해**이다.

그러므로 만약 이론들이 **단지** 도구들(예컨대, 예측의 도구들)이라고 기술된다면, 그것은 잘못 기술된 것이다. 설령 이론들이 무엇보다도 어떤 규칙으로서 또한 유용한 도구들이 된다 하더라도 그렇다. 이론들의 **객관적인 진리**에 대한 물음이나 진리에 다가감의 물음, 그리고 세계와 세계의 문제들을 **이해하는** 종류의 물음은 이론들의 유용함에 대한 물음보다 과학자를 위해서는 훨씬 더 중요하다. 세계의 문제들은 우리에게 열려 있다. 우리가 '입자 그림'이나 '파동 그림' 같은 오직 **고전적인 '그림들'**로만 이해할 수 있기 때문에, **양자 이론은 본질적으로 이해할 수 없다**는 코펜하겐 교설에 따라, 이론들은 **단지** 도구들이거나 계산하는 장치들일 뿐이라는 견해가[21] 양자 이론가들 사이에서 유행하게 되었다. 나는 이것이 잘못된 교설이며, 심지어 악의적인 교설이라고 생각한다.

또한 이론들이 '개념적 체계들'이나 '개념적 틀들'로서 완전히 잘못 기술되고 있다. 우리가 단어들이나, 만약 용어가 선호된다면, '개념들' 없이 이론들을 구성할 수 없다는 것은 사실이다. 그렇지만 진술들과 단어들을 구별하는 것과 그리고 이론들과 개념들을 구별하는 것은 중요하지 않다. 중요한 것은 이론 T_1은 어떤 개념적인 체계 C_1을 사용할 수밖에 없다고 생각하는 것은 잘못임을 인식

21) 나의 『추측과 논박』, 3장을 비교하라.

하는 일이다. 왜냐하면 하나의 이론 T_1은 수많은 방식으로 형식화될 수 있으며, 또한 상이한 많은 체계들 예컨대, C_1, C_2를 사용할 수 있기 때문이다. 달리 말하면, 두 이론 T_1, T_2는 만약 이것들이 논리적 동치라면, 하나로 간주되어야 한다. 설령 그것들이 전적으로 다른 '개념적 체계들'(C_1과 C_2)이나 전적으로 다른 '개념적 틀들'을 사용할 수 있을지라도 그렇다.

슈뢰딩거[22]와 에크하르트[23]가 파동 역학과 행렬 역학의 완전한 논리적인 동치를 타당하게 확립했음을 나는 믿지 않는다. 이런 동치 증명들에 약간의 허점이 있는 것 같기 때문이다. 이런 논점에 관해서 나는, 비록 이론의 동치나 동일성의 논리에 관한 내 관점들이 핸슨의 관점들과 약간 다를지라도, 노우드 러셀 핸슨(Norwood Russell Hanson)[24](그리고 힐(E. L. Hill)[25])에 동의한다. 하지만 **두 이론의 개념적인 틀들 사이에 커다란 차이가 있음에도 불구하고**, 나는 이런 증명이 불가능하다고 생각하지 않는다. (타당한 증명을 위해 요구되는 것은 두 이론의 공리에 접근하는 어떤 것이며, 그리고 T_1의 모든 정리 $t_{1,n}$에 T_2의 모든 정리 $t_{2,n}$가 대응한다는 증

---

22) E. Schrödinger, "Uber das Verhältnis der Heisenberg-Born-Jordanschen Quantenmechanik zu der Meinen", *Annalen der Physik* 79, 1926, pp.734-756.

23) C. Eckart, "Operator Calculus and the Solution of the Equations of Quantum Dynamics", *Physical Review* 28, 1926, pp.711-726.

24) N. R. Hanson, "Are Wave Mechanics and Matrix Mechanics Equivalent Theories?", in H. Feigl and G. Maxwell, eds., *Current Issues in the Philosophy of Science*, 1961, pp.401-425.

25) E. L. Hill, "Comments on Hanson's 'Are Wave Mechanics and Matrix Mechanics Equivalent Theories?' ", in H. Feigl and G. Maxwell, eds., *op. cit.*, pp.425-428을 비교하라.

명(그리고 역의 증명)이다. 즉, T_1, T_2의 개념들을 정의하는 어떤 체계의 도움을 받아 $t_{1,n}$와 $t_{2,n}$가 논리적 동치임을 우리가 보여줄 수 있도록 해주는 증명이다. T_1 자체나 T_2 자체의 어느 하나도 이런 정의들을 형식화하는 데 요구된 수단들을 포함하고 있을 필요는 없을 것이다. 왜냐하면 이런 수단들은 이론들을 약간 연장함으로써 공급될 수 있기 때문이다. 그런데 정의들이 이런 동치 증명을 위해 요구될 수 있다는 사실은 그것들이 물리적 이론 내에서 요구된다는 것을 의미하지 않는다.)

그런데 이론들은 비록 '근거로 하고 있는' 개념적 틀들이 완전히 다를지라도(이것이 가능함을 보여주는 다른 사례들이 많이 있다) 동치일 수 있기 때문에, 어떤 이론을 이론이 '근거로 하고 있는' 개념적 틀과 동일시하거나 심지어 이 둘이 매우 가까운 관계를 **맺어야 한다**고 믿는 것도 실수이다. 어떤 이론의 개념적 틀은 그 이론을 본질적으로 바꾸지 않고 전혀 다른 개념 틀로 대체할 수 있다. (예를 들면, 만약 우리가 뉴턴의 역제곱 법칙을 지수가 2.0001인 역의 법칙으로 대체할 수 있다면, 우리는 동일한 틀 안에서 다른 이론을 갖게 될 것이며, 그리고 만약 두 매개 변수들의 차이가 더 커진다면, 그 차이는 증가할 것이다. 우리는 심지어 뉴턴 이론에 중력의 상호작용을 위한 일정한 속도를 도입할 수 있고, 여전히 동일한 개념적 틀 내에서 우리가 작업을 하고 있다고 말할 수 있다. 만약 속도를 매우 크게 높이면, 두 이론은 실험적으로 구별될 수 있다. 만일 속도를 작게 하면, 비록 여전히 동일한 개념적 틀 내에 남아 있다 할지라도, 이론들은 경험적 함의에서 크게 다를 수 있다.)

설령 개념들이 커다란 암시력을 갖고 있으므로 이론을 더 발전시키도록 영향을 미칠 수 있다 하더라도, 순수한 과학자에게 실제로 중요한 것은 **개념적인 체계가 아니라 이론이다.**[26] 그리고 이론은 그에게 단순한 '도구'가 아니라 도구 이상이다. 그는 이론의 진리나 진리에 근접함에 관심을 두고 있다. 다른 한편 개념적 체계는 교환할 수 있으며, 또한 그 개념 체계를 형식화하는 데 사용될 수 있는 몇 가지 가능한 도구들 중의 하나이다. 그 체계는 단순히 이론을 위한 언어를 제공할 뿐이다. 이것은 아마도 다른 언어보다 더 좋고 단순한 언어이다. 아무튼, 그것은 어느 정도 애매하고 모호하게 (모든 언어처럼) 남아 있다. 이론은 '정확하게' 만들어질 수 없다. 본질적으로 개념들의 의미는 형식적이든 조작적이든 혹은 지시적이든 간에, 어떤 정의에 의해서도 정해질 수 없다. 정의들을 통해서 개념적 체계의 의미를 '정확히' 하려는 어떤 시도도 무한퇴행에 그리고 단지 **외견적인** 정확도에 이를 것임이 분명하다. 외견적인 정확도는 부정확함에 대한 가장 나쁜 형식이다. 왜냐하면 그것은 가장 기만적인 형식이기 때문이다.[27] (이것은 순수 수학에 대해서도 유효하다.)

따라서 우리는 개념들과 그 의미에 관심을 두기보다는 궁극적으로 이론들과 이론들의 진리에 관심을 쏟는다.

그러나 이런 요점은 거의 보이지 않는다. 하인리히 헤르츠(Heinrich Hertz)는, 과학에서 우리는 스스로 사실들이나 실재의 그림을 만든다고 말했다. (그리고 비트겐슈타인은 이 말을 반복했다.)

---

26) 나의 『추측과 논박』, 10장, 그리고 『객관적 지식』, 5판(개정판), 1979에 처음 발표된 새로운 부록 II를 비교하라.

27) [『열린사회와 그 적들』, 1945, 11장, 2절과 『끝나지 않는 물음』, 1974, 1976, 7절을 보라. 편집자.]

또한 그는 '그림들'에 대한 '논리적으로 필연적인 결론들(die denknotwendigen Folgen)'이 실재 대상들이나 사실들에 대한 '자연적으로 필연적인 결론들(die naturnnotwendigen Folgen)'과 일치하는 방식으로 그림들을 우리가 선택한다고 말했다. 여기서 '그림들'이 '**이론들**'인지 혹은 '**개념들**'인지는 열린 채로 남아 있다. 마하는 헤르츠를 논의하면서,[28] 헤르츠의 '그림들'은 '개념들'로 해석해야 한다고 주장했다. 보어의 견해도 다음과 같이 말할 때 이와 유사한 것으로 보인다. (그가 종종 말했듯이) 그가 '**입자 그림**'과 '**파동 그림**'에 대해 말했기 때문인데, 사실 그가 말하는 방식은 헤르츠와 마하의 (적어도 간접적인) 영향을 강하게 가리키고 있다.

하지만 '그림들'은 중요하지 않다. 만약 그것들이 거의 '개념들'과 동의어라면, 특히 그것들은 중요하지 않다. 그리고 그것들이 이론들을 특징짓는 것이라고 의미될 때는, 거의 중요하지 않다는 것과 마찬가지다. **이론은 그림이 아니다.** 그것은 '시각적인 상들'을 통해서 이해될 필요가 없다. 즉 **우리가 만일 해결하기 위해 고안된 문제를 이해한다면, 우리는 이론을 이해하는 것이다. 그리고 그 이론이 경쟁 이론보다 문제를 더 잘 해결하거나 더 나쁘게 해결하는 방식임을 우리가 이해한다면, 우리는 이론을 이해하는 것이다.** 어떤 사람들은 이런 종류의 이해를 시각적인 상들과 결합할 수 있다. 다른 사람들은 이런 일을 할 수 없다. 그렇지만 만약 이런 다른 조건들이 실현되지 않는다면, 가장 생생한 시각이라도 이론의 이해와 일치하지 않는다. 다시 말해, 문제 상황의 이해와 경쟁 이론들에 대해 찬성하는 논증과 반대하는 논증의 이해와 일치하지 않는다는

28) E. Mach, *The Science of Mechanics*, 5th edition, 1941 (독일어 초판 1883); p.318을 비교하라.

것이다.

이런 고찰들은 '입자 그림'과 '파동 그림', 그리고 그것들에 대해 단언된 '이중성'이나 '상보성'에 관해, 또한 보어에 의해 주장되었던 '고전적인 그림들'을 사용하여 단언된 필연성에 관한 끝없는 논의 때문에 중요하다. 고전적인 그림들을 사용하는 이유는 원자적인 대상들을 '시각화하는' (인정되기는 하지만 부적절한) 어려움이나 어쩌면 '시각화' 불가능성, 따라서 원자적 대상들을 이해하는 어려움이나 불가능성 때문이다. 그렇지만 이런 종류의 이해는 거의 가치가 없으며, 그리고 우리가 양자 이론을 이해할 수 있음을 부인함으로써 그 이론을 가르치고 또한 실재적인 이해라는 두 측면에서 매우 끔찍한 영향을 미쳤다.

실제로, 그림들에 관한 이 모든 논의는 물리학이나 물리적인 이론들이나 물리적인 이론들의 이해와 전혀 관계가 없다. 그리고 현대 물리학을 '이해하려는' 시도는, 본질적으로 그 이론들은 '이해할 수 없기 때문에' (계산을 위한 유용한 도구들이라 하더라도) 쓸모없다는 논제가 유행한다. 그 논제는 이론들이 어떤 문제들을 해결하려고 하는지를 우리가 알 수 없다거나, 왜 그 이론들은 경쟁이론들보다 문제들을 더 잘 해결하거나 더 나쁘게 해결하는지 알 수 없다는 약간 불합리한 주장에 이른다.

만약 **개념들**이 비교적 중요하지 않다면, **정의들** 또한 중요하지 않아야 한다. 그래서 내가 여기서는 물리학에서 실재론을 호소하고 있다 할지라도, 나는 '실재론'이나 '실재'를 정의할 의도가 없다. 여기서 물리학의 실재론을 호소하면서, 나는 주로 아무것도 변화하지 않았다는 논증을 하고 싶다. 물리학에서 '관찰자'나 우리의 '의식'이나 우리 '정보'의 지위나 역할에 관심이 있었던 갈릴레오나 뉴턴이나 패러데이 이래로 아무것도 변하지 않았다. 동시에 나는 기꺼이 뉴턴 물리학에서도 '공간'이 '물질'보다 (비록 공간이 물질에 작용했다 할지라도, 공간은 작용을 받을 수 없기 때문에) 더 실재적이 아님을 지적하고자 한다. 그리고 아이슈타인의 특수 상대성 이론에서, 관성적인 틀이 두 사건의 시공간적 일치나, 두 사건 사이의 시공간적인 거리보다 더 실재적이 아니라는 지적도 나는 불사한다. 같은 방법으로, 물리적 체계의 자유도의 수치가 그 체계를 구성하는 원자들이나 분자들보다 더 추상적인 생각이며, 아마도 더 실재적이지 않다. 그러나 나는 여전히 체계의 자유 정도들은 실재적이지 않으며 그 자유 정도들은 단지 개념적 장치에 불과하고 실제로는 **그 체계의 물리적 속성**이 아니라고 하는 주장에 반대할 것이다. 하지만 나는, 비록 우리가 '발로 찰 수 있다(kickable)'는 (만약 우리가 그것을 찬다면, 그것은 다시 반작용할 수 있다는) 것을 물리적으로 실재라고 부른다는 란데의 주장을 대체로 내가 훌륭한 것이라 간주하고 있을지라도, 단어 '실재'를 포함하고 있는 용어들에 관해 논증할 작정은 아니다. 그렇지만 나는 찰 수 있음의 정도들이 존재한다고 생각하려 한다. 데이비드 봄이 우리가 퀘이사들(quasers)을 찰 수 없다는 것을 나에게 상기시켜 주기 때문이다.[29]

3. 13가지 논제

어쩌면 코펜하겐 해석의 중심적인 교리들을 우선 분석하여 비판하지 않고, 나중에 양자 이론에 대한 완전히 실재론적 해석이 가능

29) [『자아와 그 두뇌』, 1977, P1장, 4절을 보라. 편집자.]

함을 보여주어야 한다는 것을 나는 고민해 왔다. 나는 다르게 진행하기로 결정했다. 나는 13가지 논제들과 요약의 형식으로 나 자신의 실재론적인 해석을 자세히 설명할 것이다. 왜냐하면 그것은 가치가 있기 때문이다. 그리고 나는 계속해서 코펜하겐 해석을 비판해 보겠다. 또한 내가 네 번째 논제나 적어도 여섯 번째 논제에 도달한 후에, 이런 헛소리를 읽는 것을 멈춘 물리학자들에게 충격을 줄 것이라고 나는 확신한다. 내가 다르게 진행하기로 결정했던 것은 물리학자들의 시간을 허비하지 않도록 도와주기 위해서이다.

1. 나의 첫 번째 논제는 양자 이론을 이해하는 데 가장 중요한 것과 관련이 있다. 그것은 이론이 해결한다고 가정된 **문제들**의 종류이다. 내가 주장하는 것은 이것들이 본질적으로 **통계적인 문제들**이라는 점이다. (a) 1897-1900년의 복사 정식에 이르렀던 플랑크의 문제도 통계적인 것이었다. (b) 아인슈타인의 광자 가설과 플랑크 정식에 대한 도출도 통계적인 문제였다. (c) 1913년에 (적어도 부분적으로) 분광 방출들에 대한 이론에 이르렀던 보어의 문제도 그런 문제였다. 또한 뤼드베리-리츠 결합 원리에 대한 설명도 분명히 (특히 아인슈타인의 광자 가설이 제시되었던 후에) 통계적인 문제였다. 물론 보어가 기본적인 문제라고 생각했던 두 번째 문제가 있었다. 곧, **원자의 안정성** 문제 혹은 원자 속에서 방사하지 않는 전자들의 정지된 기저 상태의 문제이다. 보어는 이 문제를 ('양자 상태들' 또는 '선호된 궤도들'이란) 전제를 통해서 해결했다. 이런 문제에 대한 어떤 **설명적인** 해결책이 존재하는 한에서, 그 전제는 드브로이와 파동 역학에서 기인한다. 그것은 **보른이 해석한 관점에서** 역학적인 문제를 통계적 문제로 대체한 데서 연유한 것임을 의미

한다. (아래를 보라.) (d) 보어의 매우 유익한 '대응 원리'에 의해 처음 해결되었던 문제들의 집합도 또한 통계적인 문제였다. 이것들은 대체로 방출된 분광선들의 **세기(강도)** 문제였다. 그러나 보어의 대응 논증들은 대체로 질적이거나 기껏해야 근사치들이다. 새로운 양자역학에 이르렀던 중심적인 문제는 정확한 통계적인 결과들을 얻음으로써 이것에 관해 개선하는 것이었다.

그렇지만 이것은 보어와 그의 학파가 그 문제를 보는 방식이 전혀 아니다. 그들은 고전적 **통계**역학의 일반화를 찾았던 것이 아니라, 오히려 "작용하는 양자 존재를 허용하는 데 적합한 **고전적 [입자] 역학의 일반화**를 찾는 것이었다." 보어가 1948년 말에 다음과 같이 말했듯이,30) "**처음으로 양자역학의 발전에 박차를 가했던** … **원자적 안정성의 특징적인 모습들**을 … 설명할 만큼 충분히 넓은 틀을 제공할" 입자 역학의 일반화이다.

내가 발견할 수 있었던 양자역학의 문제들에 대한 대부분의 언급들은 다음과 같은 것들을 제외하고 유사하다.31) 아마도 실험에서 출발하고 마치 과학적인 실험은 그렇지 않았다고 언급했던 것처럼, 이론을 "과학적인 실험의 … 결과들을 분류하고 종합하는 시도"로, 다시 말해 대체로 오직 이론적인 문제들에 대한 결과들을 분류하고 종합하는 시도로 간주하며 그리고 오직 그 결과들이 어떤 이론과 충돌하거나 지지하기 때문에 중요한 것으로 여기는 귀

---

30) N. Bohr, "On the Notions of Causality and Complementarity", *Dialectica* 2, 1948, pp.312-319; p.316을 비교하라. (고딕체는 내가 한 것임.)

31) W. Heisenberg, *The Physical Principles of the Quantum Theory*, 1930, p.1; 그리고 "Uber quantentheoretische Kinematik und Mechanik", *Mathematische Annalen* 95, 1926, pp.683-705를 비교하라.

납주의자들의 언급들을 제외한다는 것이다. (이와 비슷한 귀납주의자의 태도가, 디랙이 「양자 이론의 필요(The Need for a Quantum Theory)」[32]를 논의했을 때 그의 출발점이었던 것 같다.)

하지만 나는, 원자 안정성의 문제를 해결하기 위해 입자 역학을 혁신하려는 보어의 (내 생각에 잘못인) 프로그램은 1924년과 1926년 사이에 성공적으로 수행될 어떤 전망이 있는 것으로 보았다. 물론 나는, 광자들은 파동들과 어떻게든 결합된다는 아인슈타인의 생각을 전자에 적용했던 루이 드 브로이의 1923-24년의 박사학위 논문을 말하고 있다. 그리고 그 논문은 보어의 양자화된 '선호 궤도들'(또한 그 궤도들이 가진 안정성)은 파동 간섭을 통해서 설명될 수 있음을 보여주었다. 이것은 전체가 발전하는 데 가장 대담하고 심오한 그리고 가장 영향을 미친 생각들의 하나임은 의문의 여지가 없었다.

드 브로이의 생각은 완전히 의식적으로 광양자나 광자를 광파와 결합하는 아인슈타인의 생각을 전도한 것이었다. 그래서 드 브로이의 모형이었던 아인슈타인의 이론에서, 빛은 '입자들'이나 '광양자'나 '광자들'의 형태로 방출되고 흡수된다. 그러므로 적어도 사물들이 방출되거나 흡수됨으로써 **물질과 상호작용**하는 동안에, 상당히 분명한 시공간적인 위치를 점유하고 있는 사물들의 형태로 빛이 방출되고 흡수된다는 것이다. 그러나 빛은 파동처럼 **전파된다**. 아인슈타인에 의하면, 이런 파동들 진폭의 제곱은 광자들의 밀도(즉, 통계적인 확률)를 결정하며 또한 원자나 자유 전자가 위치하고 있는 곳의 파동들의 진폭은 어떤 광자의 흡수 확률을 결정한다.

---

32) P. A. M. Dirac, *The Principles of Quantum Mechanics*, 4th edition, 1958, p.1 이하를 비교하라.

그렇지만 드 브로이의 전자 이론이 슈뢰딩거의 '파동 역학'으로 발전하는 데는 2년 이상이 흘렀다.[33] 막스 보른이 아인슈타인 덕분에 광자들과 광파들 사이의 관계에 대한 통계적 해석을 이런 새로운 파동 역학에 적용하기 전이었다. 막스 보른은 파동 역학의 통계적 해석에 관해 다음과 같이 말한다. "빛의 파동 이론과 광자 가설 사이의 연계에 관한 아인슈타인의 논평을 통해서 … 그 해결책이 제시되었다. 광파의 밀도는 [물론 진폭의 제곱이 의미하는 것은] 광자들의 밀도에 대한 척도 혹은 더 정확히 말해, 현존하고 있는 광자들의 확률에 대한 척도였다."

따라서 물질파들에 대한 보른의 통계적 해석 때문에, 심지어 통계적인 것 같지 않았던 양자 이론의 한 문제 — 원자적인 안정성 문제 — 도 통계적인 문제로 환원되었거나 대체되었다. 보어의 양자화된 '선호 궤도들'은 전자의 출현 **확률**이 0과는 상당히 달랐던 궤도들인 것으로 밝혀졌다.

이 모든 것은 **새로운 양자 이론의 문제들은 본질적으로 통계적 성격이거나 확률적인 성격을 띠고 있었다**는 나의 논제를 지지하고 있다.

2. 나의 두 번째 논제는, **통계적인 문제들은 본질적으로 통계적인 답변들을 요구한다는 것이다.** 그래서 양자역학은 본질적으로 통계적인 이론이어야 한다.

이 논증은 (그 논증의 타당성이 결코 일반적으로 인정되지는 않

---

33) M. Born, "Bemerkungen zur statistischen Deutung der Quantenmechanik", in F. Bopp, ed., *Werner Heisenberg und die Physik unserer Zeit*, 1961, pp.103-118; p.104를 비교하라.

을지라도) 지극히 단순하고 논리적으로 설득력이 있다고 나는 믿는다. (그 논증은 리처드 폰 미제스(Richard von Mises)[34]와 나의 『과학적 발견의 논리』로 거슬러 추적해 볼 수 있다. 그리고 그 논증은 알프레드 란데에 의해 아름답게 묘사되었다.[35])

통계적인 결론들은 통계적인 전제들 없이는 얻을 수 없다. 그러므로 통계적인 질문들에 대한 답변들도 통계적 이론 없이는 얻어질 수 없다.

그러나 대체로 이론의 문제들은 통계적인 것으로 (그리고 여전히 자주) 보이지 않는다는 사실 때문에, 그 이론에 대한 폭넓게 인정된 통계적 성격을 설명하기 위해 다른 이유들이 고안되었다.

그런 이유들 중 가장 중요한 것은 다음과 같은 논증이다. 우리로 하여금 확률적인 이론, 따라서 통계적인 이론을 채택하게끔 한 것은 우리 **지식의 (필연적인) 부족** — 특히 하이젠베르크에 의해 발견되어 자신의 '**미결정성 원리**' 혹은 '**불확실성 원리**'로 정식화된 우리 지식의 한계들 — 이라는 논증이다. (이 논증은 후술하는 나의 다섯 번째 논제에서 비판된다.)

3. 나의 세 번째 논제는 우리가 양자 이론의 확률적인 성격을 우리 문제의 통계적 성격이 아니라 (이른바 필연적인) 우리 **지식의 부족**으로 설명해야 함은 잘못된 믿음이라는 것이다. 이런 잘못된 믿음은 **양자 이론에 관찰자나 주관의 개입**을 이끌었다. 확률적인

---

34) R. von Mises, *Probability, Statistics and Truth*, 1939 (독일어 초판 1928; 3판 1951).

35) A. Landé, *Foundations of Quantum Theory*, 1955, p.3 이하; *New Foundations of Quantum Mechanics*, 1965, p.27 이하와 p.39.

이론은 우리 지식이 부족한 결과라는 관점은 불가피하게 **확률 이론에 대한 주관주의적인 해석**에 이르기 때문에 이런 개입을 이끌었다. 즉, 어떤 사건의 확률은 그 사건에 대한 누군가의 (불완전한) 지식이나 그 사건에 대한 누군가의 믿음의 정도를 측정한다는 관점이 그것이다.

그렇지만 수년 간 내가 보여주려고 애썼던 것처럼, 만약 우리가 무지에서 지식 — 통계적 지식 — 을 얻을 수 있다면, 그것은 순전한 마법(magic)일 것이다.[36]

4. 나의 네 번째 논제는 어떤 결과로서 내가 **거대한 양자 혼동**이라고 부른 것에 직면한다. (내가 보기에 이런 혼동에서 벗어나 — 아인슈타인이 경멸하는 생각들을 새로운 의복을 입고 거의 그대로 따르는 — 보어의 '상보성 원리'를 지지한 유일한 사람이 프리츠 봅(Fritz Bopp)[37]이다.)

이런 거대한 혼동을 설명하기 위해, 나는 통계적인 이론들에 관해 몇 마디 할 것이다.

모든 확률적인 이론이나 통계적인 이론은 다음을 가정하고 있다.

---

36) 나의 『과학적 발견의 논리』, 1959 (독일어 초판 1934; 재판 1966); "Probability Magic, or Knowledge out of Ignorance", *Dialectica* 11, 1957, pp.354-374; "The Propensity Interpretation of Probability", *British Journal for the Philosophy of Science* 10, 1959-60, pp.25-42; 그리고 "The Propensity Interpretation of the Calculus of Probability, and the Quantum Theory", in S. Körner, ed., *Observation and Interpretation in the Philosophy of Physics*, 1962, pp.65-70을 비교하라. 또한 『후속편』 I권, 『실재론과 과학의 목표』, 특히 II부를 보라.

37) 전술한 주석 10의 봅의 논문을 비교하라.

(a) 어떤 **실험적인 상황들**(주사위를 넣은 컵을 흔든 다음 탁자 위에 던지는)에서 어떤 **요소들**(주사위들)에 일어난 어떤 **사건들**(5가 나오는). 이런 것들은 우리의 통계학에 대한 '모집단'을 형성한다.

(b) 이런 사건들, 요소들, 그리고 실험적인 상황들의 어떤 물리적 속성들. 예컨대 주사위는 동질적인 물질로 이루어졌으며, 6면 중에 한 면은 '5'로 표시가 되어 있고, 그리고 실험적인 상황들은 변이의 어떤 폭을 허용한다.

(c) **가능한** 사건들의 집합은 (실험적인 상황들에서 **가능한**) **표본 공간**이나 **확률 공간**(리처드 폰 미제스에서 유래한 관념)에서의 점들이라 불렀다.

(d) 표본 공간의 각 점(또는 연속적인 표본 공간에서 각 영역)과 연결된 수는 분포 함수라고 불리는 어떤 수학적 함수에 의해 결정되었다. (이 수들의 합은 1과 같다. 이것은 어떤 '정상화'를 통해서 달성될 수 있다.) 연속적인 경우에서 분포 함수는 밀도 함수이다.

사례 : 우리의 표본 공간은 영국, 더 정확히 말하면 영국의 어떤 지역에 살고 있는 어떤 남자나 여자라는 사건들의 집합일 수 있다. 분포 함수가 (1에서 정규화되는) 모집단의 (연속적인) 밀도 함수를 통해서 주어질 수 있다. 즉, 영국의 전체 인구로 나누어짐으로써 '정규화되는' 어떤 지역에 살고 있는 사람들의 실제 수이다. 그러면 우리는 이런 **정보**가 다음 유형의 모든 물음에 답하는 데 도움을 준다고 말할 수 있다. 영국 남자가 어떤 지역(영역)에 살고 있을 확률은 얼마인가? 또는 영국 남자가 영국의 남쪽에 살고 있을 확률은 얼마인가? (여기서 우리는 북쪽과 남쪽 사이를 적절하게 나누고 있다고 가정한다.)

이제 통계적인 분포 함수는 (정규화되든지 안 되든지 간에) **표본 공간**— 우리 사례에서는 영국— 을 **특징화하는 어떤 속성**으로 간주될 수 있음은 분명하다. 그것은 **사건들**(5가 나오거나 헨리 스미스 씨— 영국 거주자—가 옥스퍼드에 거주하고 있는)을 특징짓는 어떤 물리적 속성이 아니다. 더구나 그것은 **요소들**(주사위나 스미스 씨)의 속성이 아니다.

이 점은 특히 스미스 씨에서 분명하다. 그는 통계적 이론을 위해 단지 검토 중인 요소에 불과하다. (사실, 그 통계적 이론은 다시 말해 스미스 씨의 침대나 손목시계를 우리에게 말해 주는 것과 거의 동일한 것을 우리에게 말해 줄 것이다. 이런 물리적으로 매우 다른 요소들의 통계적 분포는 거의 동일할 것이다.) 아마도 그것은 주사위의 경우에서는 덜 분명하다. 이 경우에서는 분포 함수가 물리적 속성들(주사위는 동질성의 물질로 이루어진 6개의 면들을 갖고 있음)과 **연관되어** 있다고 우리가 추측하기 때문이다. 그러나 이런 관계가 얼핏 보이는 것처럼 밀접하지 않다. 왜냐하면 분포 함수는 주사위가 크든 작든, 가벼운 플라스틱으로 만들어진 주사위든 우라늄으로 만들어진 주사위든 간에 동일할 것이기 때문이다. 그리고 5가 나올 확률은 단지 한 면만 5로— 다른 면이 (비록 이것들이 다른 확률들에 영향을 크게 미칠 수 있을지라도) 무엇으로 표시되었든 간에— 표시된 모든 주사위에 대해 똑같을 것이다. 그리고 한 면에 5가 표시된 것보다 더 많이 표시되었거나 더 적게 표시된 면을 갖고 있는 주사위에 있어서는, 혹은 동질적이지 않은 주사위에 있어서는 다른 확률일 것이다.

지금 내가 거대한 혼동이라 부른 것은 분포 함수, 즉 어떤 **표본 공간**(혹은 아마도 사건들의 어떤 '모집단')을 특징짓고 있는 통계적인 측정 함수를 생각하고, 표본 공간을 **모집단 요소들의 물리적 속성들**로 다루고 있다는 데 있다. 그것은 다음의 어떤 혼동이다. 표본 공간은 요소들과 전혀 관계가 없다. 그리고 어떤 대칭관계도 없으므로 입자들과 파동들 사이에, 혹은 입자들과 입자들이 결합된 장 사이에 '이중성'도 없다.

불행히도, 물리학자들을 포함한 많은 사람들은 마치 분포 함수(혹은 그것의 수학적 형식)가 검토 중인 모집단의 **요소들**의 속성인 것처럼 얘기한다. 그들은 완전히 다른 범주의 어떤 것들이나 다른 유형의 어떤 것들을 구별하지 못한다. 또한 그들은 '내가' 영국 남부에 살고 있을 확률이 '내' 나이 같은 '나의' 속성들 — 아마도 나의 물리적 속성들 — 중의 하나라는 매우 불안정한 가정에 의존하고 있다.

지금 나의 논제는 이런 혼동이 '입자와 파동의 이중성'이나 '파동 입자'에 대해 말하고 있는 사람들이 보여주듯이, 양자 이론 속에 널리 퍼져 있다는 점이다.

왜냐하면 소위 '파동' — ψ-함수 — 이 어떤 함수의 수학적 형식, 즉 **확률 분포 함수의 함수**인 $f(P, dP/dt)$와 동일시되어 있기 때문이다. 여기서 $f = \psi = \psi(q, t)$, 그리고 $P = |\psi|^2$은 밀도 분포 함수이다. (예로, 란데[38])의 견해에 대한 멜버그(H. Mehlberg)의 탁월한 논의에 관한 핀버그(E. Feenberg)의 언급과 함께 주석 6을 보라.) 다른 한편, 문제의 요소는 어떤 입자의 속성들을 갖고 있다. ψ-함수의 (배위 공간에서) 파동 형태는 이런 관점에서 보면 일종의 우

38) [H. Mehlberg, "Comments on Landé's 'From Duality to Unity in Quantum Mechanics' ", in H. Feigl and G. Maxwell, eds., *Current Issues in the Philosophy of Science*, 1961, pp.369-370. 편집자.]

연한 사건일 것이다. 이런 사건은 확률 이론에 어떤 문제를 부과하지만 입자들의 물리적인 속성들과 아무런 관계가 없다. 그것은 마치 영국 남부에서의 나의 생활의 분포 함수가 (적절한 표본 공간에서) 가우스적인 모습, 혹은 비가우스적인 모습을 갖고 있는지를 지적하기 위해서, 내가 '가우스-사람'이나 '비가우스-사람'이라 불리는 것과 같다.

5. 나의 다섯 번째 논제는 다음 하이젠베르크의 유명한 정식들[39)]

---

39) [*(1981년에 추가) $\Delta E\ \Delta t \geq h$ 관계들의 처음은 부정확하며, 부당하거나, t는 연산자가 아니기 때문에 아무것도 아니라고 지금 종종 주장된다. 그리고 심지어 'Δt'가 의미 없는 부호라고 (마치 내가 나의 사진기 셔터를 Δt = 1/100초 동안 열 수 없는 것처럼, 또는 동일한 시간 길이의 빛 신호를 방출할 수 없는 것처럼) 주장되어 왔다. 심지어 시간은 연산자가 아니라는 순수 형식적 논증도 더 이상 타당하지 않다. (I. Prigogine, *From Being to Becoming*, 1980, pp.206-231을 비교하라.) 그러나 대체로 이보다 많은 것이 존재한다.
하이젠베르크의 관계들은 (비결정성이나 불확실성 관계들 혹은 내가 그런 관계들을 '통계적 산포 관계들'(『과학적 발견의 논리』, p.215, p.225 이하를 보라)로 해석한 것처럼) 실제로 양자역학에 대한 형식의 일부이다. 그렇지만 하이젠베르크와 보어의 논증들에서, 특히 또한, *Physics and Beyond*, 1971, p.80 이하의 하이젠베르크와 P. A. Schilipp, ed., *Albert Einstein: Philosopher-Scientist*, 1949, pp.199-241의 보어가 아인슈타인과 벌인 논쟁들에서, 양자역학의 공리들에서 하이젠베르크의 정식들을 도출하는 것은 아무런 역할도 하지 못한다. (심지어 논의되고 있는 교환 관계들에 대한 논리적인 관계들도 아니다.) 논의된 것은 고전 물리학으로부터, 특히 파동 광학으로부터의 논증들이다. 이 논증들은 예컨대 고전 역학은 우리가 입자의 위치와 운동량, 혹은 빛줄기의 에너지(진동수)와 그 줄기의 시간 길이 Δt를 하이젠베르크가 허용한 것보다 더 정확하게 측정하지 못하게 한다는 것을 보여주는 데 사용되고 있다. 그리고 그 논증들은 양자역학에서 도출할 수 있지만, 고전 역학의 결론들로

과 관련이 있다.

$$\Delta E \, \Delta t \geqq h, \tag{1}$$

$$\Delta p_x \, \Delta q_x \geqq h. \tag{2}$$

이 정식들은 아무런 의심 없이 타당하게 도출할 수 있는 양자 이론의 **통계적 정식들**이다. 그러나 습관적으로 양자 이론가들은 그것들을 잘못 해석해 왔다. 즉, 그들은 이런 정식들이 **우리 측정들의 정확도**에 대한 몇몇 상한들(또는 부정확함에 대한 몇몇 하한들)을 결정하는 것으로 해석할 수 있다고 말했다.

나의 논제는 이런 정식들이 일련의 실험 결과들의 **통계적 분산이나 산포**에 대한 몇몇 하한들을 설정한다는 것이다, 그것들은 **통**

지지되고 있음을 보여주는 데 사용된다.

이것으로부터의 유일한 도출은 사용이 때때로 '입자 파동 이중성'으로 이루어져 있다는 점이다. 이것은 본질적으로 이전-양자역학적 형식에서 사용되고 있다. 그것은 빛은 광자들로 구성되어 있거나 사용은 슈뢰딩거 방정식에 대한 보른 해석으로 이루어져 있다고 가정된다. 단 광자들의 밀도 (통계적 확률)는 광학적인 파동의 크기에 의해 결정된다.

(물론 아인슈타인도 받아들였던) 입자-파동 이중성의 이런 사용은 때때로 고전적인 논증을 설득력 있게 만드는 데 요구된다. 나는 이것이야말로 보어가 이런 이중성에 그렇게 많은 강조를 했던 이유들의 하나라고 생각한다.

하이젠베르크의 정식들을 이렇게 다루는 배후의 이유는 무엇인가? 나는 그것이 미결정 관계들의 실재를 (오직 고전 물리학만이 물리적인 실재를 다룬다는 것을) 보여주므로 양자역학의 필요함을 보여주는 시도라고 주장한다. 그것은 양자역학의 정당화이다. 그것은 심지어 고전적인 실재 관점에서도 회피할 수 없는 것으로의 정당화이다. 더구나 그것은 고전적인 수단들을 갖고 있는 (그리고 대체할 수 없는 행렬 대수와 연산자 대수와 독립적인) 원자 이론에 필요한 확률적인 특징을 옹호하는 시도이다.]

계적인 산포 관계들이다. 이로 인해 그것들은 어떤 개별 예측들의 정확도를 제한하고 있다.

그렇지만 **이런 산포 관계들을 시험하기 위해, 우리는 산포의 영역이나 폭보다 훨씬 더 정확한 측정들을 할 수 있어야 한다**고 (그리고 할 수 있다고) 나는 또한 주장한다.

상황은 다음과 같다. 통계적 이론은 산업도시란 환경에서 모집단의 분포나 산포에 관해 무언가를 우리에게 말할 수 있다. 그것을 **시험하기** 위해, 예측된 산포 영역을 훨씬 능가하는 정확도로 사람들이 살고 있는 곳들을 고정할 필요가 있을 것이다. 우리의 통계적인 법칙들은 어떤 한계 이하로 산포를 감소시킬 수 없음을 우리에게 말해 줄 수 있다. 하지만 최소한의 통계적 산포보다 더 정확히 사람들이 살 수 있는 곳들의 위치를 우리가 측정할 수 없다고 결론을 내리는 것은 실수이다.

왜냐하면 적절한 여러 해석들에 대한 하이젠베르크의 정식들은 **통계적인 이론에서 도출할 수 있는 자연의 통계적인 법칙들**이기 때문에, 양자역학이 확률적이라거나 통계적이라는 이유를 설명하기 위해 우리가 그 법칙들을 사용할 수 없음은 매우 분명하기 때문이다. 더구나 통계적인 법칙들일 때, 그것들은 우리 지식에 **더해진다**. 그래서 그것들이 우리 지식의 한계들을 설정한다고 생각하는 것은 실수이다. 그것들이 한계들을 설정하는 것은 입자들의 산포 (더 정확히 말해, 입자들을 가지고 하는 일련의 실험들의 결과의 산포)이다. 그 법칙들은 이런 산포가 억압될 수 없다고 우리에게 말하고 있다. 우리 지식에 대해 단언된 한계가 양자 이론의 통계적 특징을 설명하는 데 타당하게 사용될 수 있다고 생각하는 것도 또한 실수이다. (후술하는 여덟 번째 논제를 보라.) 그리고 만약 하이젠베르크의 정식들이 입자들과 파동들의 '이중적인' 특징을 모순 없이 단언적으로 주장하는 데 요구되는 그런 **애매함**을 제공한다면, 결국 그것은 다시 동일한 실수가 된다. 즉 '파동 입자들(wavicles)'의 성격을 단언적으로 주장한다면 그렇다.

6. 나의 여섯 번째 논제는, 하이젠베르크의 정식 (1)과 (2)를 포함하고 있는 이론의 통계적인 법칙들이 주목할 만하더라도, 그 법칙들은 **입자들**(또는 **입자들**에 대한 실험들)의 모집단을 언급하고 있다. 그런데 입자들은 위치들과 운동량(그리고 질량-에너지와 스핀과 같은 다양한 여타의 물리적 속성들)이 아주 적절하게 부여된다. 산포 관계들은, 우리가 실험을 거듭할 때 (1) 만약 우리가 좁은 시간의 한계로 계획을 짠다면, 에너지의 산포를 회피할 수 있는 실험과 (2) 만약 우리가 좁게 제한된 위치로 계획을 짠다면, 운동량의 산포를 회피할 수 있는 실험을 준비할 수 없음을 말해 주고 있다. 그렇지만 이것은 우리의 실험적인 결과들의 **통계적인 동질성**에 대한 한계들이 존재한다는 점만을 의미한다. 하지만 정식 (1)과 (2)보다 더 큰 정확도를 허용하는 것처럼 보이는 에너지와 시간이나, 혹은 운동량과 위치를 **측정**할 수 있을 뿐만 아니라, **이런 측정들**은 바로 이 정식들을 통해서 **예측된 산포를 시험하는 데 필요하다**.

이제, 나는 마지막 두 논제에서 내가 말했던 것에 대한 몇몇 논증을 산출해 보겠다. 이 논증들은 부수적으로 하이젠베르크의 정식 (1)과 (2)는 양자역학의 대체 관계들보다 훨씬 더 오래된 이론들에서 도출될 수 있음을 보여줄 것이다.[40]

---

40) [『객관적 지식』, 1972, pp.301-304을 보라. 편집자.]

우리는 하이젠베르크의 정식

$$\Delta E \, \Delta t \geqq h \qquad (1)$$

을 1900년의 플랑크의 양자 조건

$$E = h\nu$$

으로부터 도출할 수 있다.

이것은 h가 불변인 관점에서, 즉각

$$\Delta E = h \; \Delta \nu$$

에 이른다. 이 공식에서 'Δ'는 다양한 방식들로 해석될 수 있다. 하이젠베르크의 정식 (1)을 얻기 위해서, 우리는 오직 마지막 정식과 광학의 원리, 즉 플랑크의 조건보다 훨씬 오래된 **조화로운 분해 능력**(resolving power)**의 원리**를 결합해야만 한다. (하이젠베르크와 보어 둘 모두의 비결정성 관계 도출은 직접적으로나 간접적으로 이 원리에 기초하고 있다.[41]) 이 원리에 의하면 만일 진동수 ν의 단색 파열이 지속 Δt의 한 구간이나 몇 구간으로 시간 차단기(time shutter)에 의해 나누어진다면, 분광선의 폭 $\Delta \nu$는 다음이 될 것이다.

$$\Delta \nu \geqq 1 / \Delta t$$

이것은 다양한 이유 때문에 주목할 만한 법칙이다. (그것은 중첩

41) W. Heisenberg, *The Physical Principles of the Quantum Theory*, 1930, p.21, p.27을 비교하라.

의 원리를 포함하고 있다.) 그것은

$$\Delta E = h\Delta v$$

에서 즉각

$$\Delta E \geq h / \Delta t$$

에 이른다. 따라서 정식 (1)에 이른다.

정식 (1)을 이렇게 도출함에 있어, 우리는 'Δ'를 다양한 방식으로 (예컨대, 측정의 부정확한 폭으로) 해석하는 데 더 이상 자유롭지 않다. 오히려 우리는 조화로운 분해 능력의 원리에 따라 'Δ'에 주어진 의미를 통해 해석해야 한다. 이 원리는 'Δv'를 분광선의 폭으로 해석한다. 따라서 플랑크의 원리(아인슈타인의 해석에서)는 우리로 하여금 이런 폭을 입자들(광자들)의 에너지 산포로 해석하게끔 한다. 이런 입자들은 분광선들(spectral lines)을 형성하고 있다. 왜냐하면 진동수 v의 분광선은 에너지 $E = hv$인 입사 광자들의 통계적 결과로 해석되어야 하기 때문이다. 그리고 결과적으로 분광선의 폭 Δv는 광자들의 에너지의 **통계적 산포** 영역 ΔE로 해석되어야 하기 때문이다. 여기서 광자들은 함께 분광선을 형성한다. 그래서 정식 (1)은 만약 우리가 임의로 셔터의 시간 Δt를 변화시키면, 우리가 들어오는 광자들의 에너지의 산포 ΔE에 역으로 영향을 미치는 법칙을 진술하고 있다.

이 도출은 (1)이 **통계적인 법칙**이며, 그리고 통계적인 이론의 일부임을 매우 분명하게 보여준다. 그것은 사진 필름이나 사진 건판에 들어오는 광자들의 분포를 확인함으로써 시험될 수 있다. 또한 이런 일을 하기 위해, 우리는 분광선의 폭 ΔE보다 훨씬 더 적은 부정확함으로, 즉 δE로 분광선에 부딪치는 곳들을 측정해야 한다.

$$\delta E \ll \Delta E$$

따라서 (1)에 의해 표현된 그 법칙의 시험과 그 법칙의 통계적 예측들에 대한 시험은, 우리가 다음을 만족하는 부정확도 δE로 들어오는 입자를 측정할 수 있음을 요구한다.

$$\delta E \Delta t \ll h$$

이런 종류의 일은 매일 행해지고 있으며, 그리고 그것은 하이젠베르크의 정식이 **수많은 입자들에 관해서**나 혹은 개별 입자들로 하는 **수많은 일련의 실험들에 관한** 통계적인 예측들에 대해 타당하다는 것을 보여준다. 그렇지만 그런 예측들이 개별 입자들에 대한 **측정**의 정확도를 제한하는 것으로 잘못 해석되었다.

두 번째 하이젠베르크 정식의 파생이 있다.

$$\Delta p_x \Delta q_x \geqq h \tag{2}$$

이것은 **시간 차단기**(time shutter)의 도움을 받는 파생과 유사하다. 우리는 다시 (평평한) 단색 파열 v로 시작하여 그것을 차단한다. 이번에는 변할 수 있는 폭 Δq_x인 (‘**하나의 슬릿 실험**’인) **하나의 슬릿을 갖고 있는** (주사선의 방향 z에 수직인) **화면**을 통해서 차단한다는 것이다. 슬릿이 매우 넓을 때, 파열에 미치는 한계 효과만이 존재할 것이다. 하지만 그것이 좁을 때, 우리는 산포 (회절) 효과를 얻는다. 슬릿 Δq_x가 좁을수록, 광선들이 원래 방향에서 벗어나는 각도가 점점 넓어질 것이다. 여기서 조화로운 분해 능력 원리의 다른 형식이 ($\bar{v}_x$는 파동수의 x축에서 투영, 즉 센티미터 당 파동 수들이) 적용된다.

$$\Delta \bar{v}_x \approx 1/\Delta q_x$$

가 적용되며, 양변에 h를 곱하면, 우리는 다음을 얻는다.

$$h\Delta \bar{v}_x \approx h/\Delta q_x$$

플랑크의 정식 $E = h\nu$ 대신에 형식 $p_x = h\bar{v}_x$에 드 브로이의 정식을 사용할 때, 우리는 $h\Delta \bar{v}_x$ 에 대해 'Δpx'로 쓸 수 있으며, 그래서 우리는 (2)에 도달한다.

슬릿 Δq_x가 매우 작을 때, 호이겐스의 원리에 따라, 그 슬릿에서 나오는 파동들을 우리는 얻는다. 이 파동들은 z 방향에서는 물론이고 x축의 양의 방향과 음의 방향에서도(원기둥 파동들이) 확산된다. 이것은 슬릿에 도달하기 전에, 입자들이 운동량 $p_x = 0$이면, 이제 x축의 양의 방향과 음의 방향에서 상당한 운동량의 산포 Δp_x를 갖고 있을 것임을 의미한다. (왜냐하면 그것들은 z 방향으로 진행하고 있기 때문이다.) 우리는 다시 이 산포를 시험할 수 있다. 그것은 다양한 위치들의 분광 사진으로 다양한 운동량을 측정하는 것이다. 원리적으로 다양한 방향에서 다양한 운동량의 측정 정확도 δp에 대한 제한이 거의 없다. 즉, 우리는 다시

$$\delta p_x \ll \Delta p_x$$

를 갖고 있으므로, 다음을 갖게 된다는 것이다.

$$\delta p_x \Delta q_x \ll h$$

또다시 더 정확한 측정들인 $\delta p_x \ll \Delta p_x$ 이 없다면, 우리는 이런 하나의 슬릿 실험에서 통계적인 법칙 (2)를 시험할 수 없다.

그런데, 분광 사진의 필름에 있는 **위치들에 의해** 들어오는 입자의 **운동량 p_x를 우리는 측정한다**. 그리고 이것은 전형적이다. 우리가 거의 항상 위치들에 의해 운동량을 측정한다는 것을 강조할 필요는 거의 없다. (예를 들면, 만약 우리가 도플러 효과를 측정한다면, 우리는 분광선의 도움을 받아서 측정한다. 즉, 사진 건판에 있는 선의 위치를 측정하다는 것이다.) 불행하게도 이런 점을 강조할 필요가 있게 되었다. 왜냐하면 위치 측정과 운동량 측정은 양립할 수 없다고 (그리고 상보적이라고) 보어가 거듭해서 주장했기 때문이다. 그는 "상보적인 물리적 성질들에 대한 … 모호한 정의를 허용하는 두 실험적인 절차의 상호 배제"[42] 때문이라고 한다. 보어가 운동량 측정은 **움직일 수 있는 화면**을 필요로 하기 때문에, 두 실험적인 절차는 서로 배제한다고 말한 것을 우리는 들었다.[43] (부수적으로, 보어의 움직일 수 있는 화면은 적어도 화면에 대한 두 **위치 측정**을 수반할 것이다.)

두 슬릿 (혹은 *n*슬릿) **실험**은 입자 이론에 대한 유명한 문제를 제기한다. 즉, 슬릿들 사이에 (주기적인) 거리 Δq_x인 두 개 (혹은

---

42) N. Bohr, "Discussion with Einstein on Epistemological Problem in Atomic Physics", in P. A. Schilpp, ed., *Albert Einstein: Philosopher-Scientist*, 1949, pp.201-231; 전술한 주석 14의 아인슈타인, 포돌스키, 로젠의 논문에 대한 자신의 답변("Can Quantum-Mechanical Description of Physical Reality be Considered Complete?", *Physical Review* 48, 1935, pp.696-705)으로부터 그가 인용한 p.234을 비교하라.

43) "Discussion with Einstein on Epistemological Problem in Atomic Physics", p.220에 묘사된 것처럼.

둘 이상의) 슬릿으로 이루어진 실험에서 문제가 제기된다. 알프레드 란데는 두 슬릿 실험에 관한 상황은 이른바 듀안-란데의 공간-주기성 정식의 도움을 받아 설명될 수 있다고 주장했다.[44]

$$\Delta p_x = n\,h\,/\,\Delta q_x \qquad (n = 1,\ 2,\ \cdots)$$

물론 양자역학 이전 시기에 연유된 이 정식이 이번에는 양자역학으로부터 도출된다.

두 슬릿 실험은 주기 Δq_x인 공간-주기성 실험이라고 판명되었다. 입자들은 화면(혹은 그리드)에 운동 다발 Δp 이나 다음이 되도록 그 곱을 이동시킨다.

$$\Delta p_x\ \Delta q_x = h$$

그 결과 (인용된 책에서 란데가 보여주었듯이), 우리는 파동을 닮은 가장자리를 얻는다.

"슬릿 1을 통과한 입자가 슬릿 2가 닫혀 있는 것이 아니라 열려 있음을 어떻게 '아는가'?"라는 통상적인 물음이 이제는 합리적으로 잘 해결될 수 있다. 장착된 주기성 q_x이 존재하는지 아닌지를 '아는' 것은 **화면**(또는 그리드(grid), 또는 결정체(crystal))이다. 그러므로 크기 $\Delta p_x = h\ /\ \Delta q_x$인 운동 다발을 흡수할 수 있는가 '아는' 것은 **화면**(또는 그리드, 또는 결정체)이다. 입자는 아무것도 '알' 필요가 없다. 운동량 보존 법칙과 공간 주기성의 보존 법칙에 따라, 입자는 단순히 ('알고 있는') 화면과 상호작용을 한다. 더 정확히 말하면, 입자는 전체 실험적 배열들과 상호작용한다. (후술하는 나

44) A. Landé, *New Foundations of Quantum Mechanics*, 1965, pp.9-12.

의 여덟 번째 논제와 특히 열 번째 논제를 보라.) [그런데 힐(E. L. Hill)은 1962년 가을 미네소타 센터에서 열린 과학철학을 위한 강연에서 이 수수께끼에 대한 유사한 해결책을 제시했다. 나는 운 좋게도 그때 거기에 참석할 수 있었다.]

나는 지금까지 입자들과 그것들의 (간접적인) 측정들에 관해 주로 말해 왔다. 그 예로, 위치 측정을 거친 운동량 측정을 들 수 있다. 그러나 물론 다른 방법들이 있다. 가이거 계측기들은 (매우 정확하지 않은) 위치와 시간을 측정할 수 있다. 따라서 윌슨 안개상자도 그런 일을 할 수 있다. 그리고 윌슨 안개상자의 위치 측정은 간접적인 운동량 측정일 수 있다. 그렇지만 들어오는 입자의 시간 측정은 우리에게 특별한 관심을 불러일으킨다. 배출 가스의 진동수(혹은 에너지의 진동수)가 매우 예리한 모든 경우에서 — 보어의 수소 원자에 대한 고전적인 경우처럼 — 우리의 관심을 끈다.

여기서 우리는 파동수인 뤼드베리(Rydberg) 상수 R을 갖고 있다. 그래서 Rc는 불변 진동수 v_R이며, 보어(1913)에 의하면 이것은 그 이론의 상수들에서 아주 정확하게 계산될 수 있다. (μ는 전자의 질량이며, e는 전자의 전하이다.)

$$v_R = Rc = 2\pi^2 e^4 \mu / h^3$$

그런 다음, 뤼드베리-리츠 결합 원리(보어의 수소원자 이론 5년 전인 1908년에 뤼드베리의 상수를 이용하여 리츠가 정식화한)는 방출이나 흡수의 진동수들 $v_{m,n}$에 대한 다음 관계를 주장하고 있다.

$$v_{m,n} = v_R / m^2 - v_R / n^2 \qquad (m,n = 1,\ 2,\ \cdots)$$

위 식에 h를 곱하면, 이것은 방출과 흡수에 대한 보어(1913)의 양화 규칙이 된다. [부분적으로 아서 하스(Arthur Haas)가 1910년에 예상했던 것이다. (그가 원자 모형에 근거하여 계산을 했던 것이다.)] 따라서 허용할 수 있는 진동수들 $v_{m,n}$ 과 보어의 다양한 대응 입자들의 에너지는 사실상 첫 번째 원리에서 계산될 수 있다. 입자들은 오직 어떤 별개의 값들에 (준-상수들로 기술될 수 있는, '고유 값들'에) 관해서만 생각할 수 있는 변수들이기 때문이다. 그에 따라, $\Delta v_{m,n}$는 극히 작을 수 있으며, 그리고 Δt는 조화로운 분해 능력 원리의 도움을 받아 계산될 수 있다.

하지만 (만약 시간 차단기에 의해 간섭을 받으면 그 예리함이 없어질 것인) 이런 예리한 분광선들은 광자들이 (또한 방출 시간을 알려주는) 도착하는 시간 정하기를 통해서 통계적으로 검사될 수 있다. 이런 도착 시간들은 윌슨 안개상자나 가이거 계수기들과 같은 수단들을 통해서 알려진다. (특히 여기서 인상적인 것은 콤프턴-사이먼 사진들이다. 이 사진들은 매우 정확한 진동이나 에너지의 고주파 X선 광자들에 대한 것이다.) 이런 도착 시간들에 대해 우리는 $\delta t \ll \Delta t$를 얻게 되고, 그래서 다음을 얻을 수 있기 때문이다.

$$\Delta E \ \delta t \ll h$$

7. 나의 일곱 번째 논제는 이 모든 것이 혹은 그것 대부분이 사실상 하이젠베르크에 (그리고 또한 부수적으로 슈뢰딩거에) 의해 인정을 받았다는 점이다.

우선 나는, 이론의 **예측들**이 하이젠베르크의 정식에 의해 주어진 산포를 갖고 있다는 점에서 통계적임을 거듭 말할 것이다. 산포보다 더 정확해야 하는 측정들은 (내가 지적했듯이) 이런 예측들에 대한 시험들로 활용될 수 있다. 물론 **이런 측정들은 추론적이다.**

하이젠베르크는 이런 상당히 정확한 추론적인 측정들이 가능함을 보았고 이에 대해 말했다. **그가 보지 못했던 것은 그 측정들이 이론에서 어떤 기능을 하고 있다는 것**, 다시 말해 **그것들은 이론을 시험하기 위해 필요하게 되었다는** (그리고 이번에는 그것들도 시험될 수 있다는) **것이었다.**

그래서 그는 냉담하지만 상당히 강하게 이런 추론적인 측정들은 **의미가 없다**고 주장했다. (후술하는 주석 48의 내용을 보라.) 그리고 이런 주장은 계속되었고, 코펜하겐 해석의 지지자들에 의해, 특히 힐베르트 공간에서 정식 (1)과 (2)보다 더 예리한 여하한 측정들에 대응하는 어떤 벡터(vector)도 존재하지 않는다는 것이 발견되었을 때, 독단으로 **변화되었다.**

그렇지만 이런 사실은 실제로 어떤 어려움도 창출하지 않는다. **힐베르트 공간에서의 벡터들은 통계적 이론의 통계적인 주장들에 대응하기 때문이다.** 그 주장들은 개별 입자들의 위치와 운동량이나 에너지와 시간의 결정에 따른 측정들에 관해서 혹은 통계적 주장들에 대한 시험들에 관해서 아무 말도 하지 않고 있다.

나는 이제 내가 기술했던 측정들이 이루어질 수 있다는 하이젠베르크의 인정과 관련해서 내 논제에 대한 어떤 증거 사례를 들어보겠다. 또한 측정들이 전혀 의미가 없는 것이 아니라면, 그것들은 단지 과거를 언급하고 있기 때문에, 기껏해야 논점이 없으며 재미없는 것이라는 그의 주장과 연관해서도 증거를 들어 볼 것이다. "전자의 미래 진행에 대한 어떤 계산에서도" 그 측정들은 초기 조건들로 결코 사용될 수 없다. 따라서 "실험적인 검증에 해당될 수 없는" 측정들은 물리적인 의미가 없다고 그는 말한다.[45] 그러나 이것은 이중의 실수이다. 왜냐하면 (a) 초기 조건들의 준비는 당연히 매우 중요하지만, 항상 과거를 탐구하는 시험 진술들도 또한 중요하며, 그리고 이번에는 그 진술들의 주된 기능이 '검증할 수 있는' (즉, 시험할 수 있는) 것이 아니라, '검증하는' (더 정확히 말하면 시험하는) 것이기 때문이다.

또한 (b) 이번에는 이런 시험 진술들이 비록 과거를 탐구하지 않을지라도, 검증할 수 있는 (더 정확히 말해 시험할 수 있는) 것이 아니라고 생각하는 것도 실수이다. 이와 정반대로, 모든 측정이 즉각적인 반복을 하더라도 동일한 결과를 산출할 것이라는 의미에서, 검증될 수 있다거나 시험될 수 있다는 것이 양자 이론의 원리들 중 하나이다. (그 저자가 폰 노이만으로 보이는 이 원리가 후술하는 아홉 번째 논제의 제목 하에서 설명되는 의미에서 사소하지 않다면, 일반적으로 타당하지 않다.) 그러므로 과거를 탐구하는 이런 측정들이 '실험적인 검증에 예속될 수 없다'고 말함은 단순히 잘못된 것이다. 하이젠베르크와 내가 동일한 진술들에 관해 말하고 있으며, 그리고 그 측정들이 불확실성 관계에 예속되지 않는다는 우리 견해가 일치함을 매우 분명하게 보여주기 위해, 위에서 설명했던 것처럼, 다양한 위치들에서 분광 사진(또는 수평적인 화면에 평행한 사진판)의 도움을 받은 p_x의 측정들은 사실상 위치 측정들이므로, **두 개의 위치 측정**을 거쳐 위치와 운동량에 관한 전체 정보를 우리가 획득한다는 것을 나는 독자에게 상기시키고 싶다. 첫 번째

45) W. Heisenberg, *The Physical Principles of the Quantum Theory*, 1930, p.20을 비교하라.

측정은 슬릿 Δq_x에 의해 제공되고, 두 번째 측정은 사진 건판 위의 입자 충돌을 통해 제공된다. (우리는 빛줄기의 진동수 — 혹은 에너지 — 를 알려지는 것으로 생각할 수 있다.) 그런데 하이젠베르크가 다음과 같이 말한 것은[46] 정확히 (우리로 하여금 첫 번째 측정 **후**에 그리고 두 번째 측정 **전**에 위치와 운동량을 계산하게끔 해주는) **두 위치** 측정을 구성하고 있는 이런 배열에 관해서이다. "속도[또는 운동량]를 측정하는 가장 … 기본적인 방법은 다른 두 시간의 위치 결정에 의존한다. … 두 번째 측정 전에 속도[또는 운동량]를 바라는 정확도로 결정할 수 있지만, 그러나 그것은 물리학자들에만 중요한 측정 후의 속도이다."

하이젠베르크는 운동량이 알려지는 (즉, 입자가 단색 빛줄기에 속하기 때문에 알려지는) 입자의 위치를 우리가 측정하는 실험과 관련해서 훨씬 더 다음과 같이 강조하고 있다. "… 불확실성 관계는 과거를 언급하고 있지 않다." 그는 또한 "만약 먼저 전자의 속도가 알려진 다음 그 위치가 정확히 측정된다면, 측정 이전의 시간들에 대한 위치는 계산될 수 있다. 그렇다면 이런 과거 시간들에 대한 $\Delta p\ \Delta q$는 통상적인 한계값보다 더 작다"고 쓰고 있다.[47] 지금까지는 우리가 동의할 수 있다. 그렇지만 지금 미묘하지만 중요한 불일치가 나타났다. 하이젠베르크는 계속해서 다음과 같이 말한다. "그러나 과거에 대한 이런 지식은 순수하게 사변적인 성격을 띠고 있다. 왜냐하면 그것은 … 전자의 미래 진행에 대한 어떤 계

46) W. Heisenberg, *op. cit.*, p.25를 비교하라. 고딕체는 내가 한 것이며, 그리고 나는 애매함을 피함으로써 가독성을 개선하도록 구절의 위치를 바꾸었다.

47) W. Heisenberg, *op. cit.*, p.26을 비교하라.

산에서도 초기 조건들로 사용될 수 … 없기 때문이다.” (나는 이것을 참이라 믿고 있다.) “따라서 실험적인 검증에 예속될 수 없다.” (내가 보여주듯이, 이것은 거짓이다.)

하이젠베르크는 다음과 같이 부연한다. “전자의 과거 역사에 관한 이런 계산이 어떤 물리적 실재에 속하는 것으로 생각할 수 있는지 없는지는 개인적인 믿음의 문제다.”[48]

하이젠베르크를 읽었던 거의 모든 물리학자는 ‘그렇게 생각할 수 없다는 것’을 선택했다.

하지만 그것은 개인적인 믿음의 문제가 아니다. 문제가 된 측정은 통계적인 법칙들인 (1)과 (2), 즉 산포를 시험하는 데 **필요하게** 된다.

하이젠베르크가 언급했듯이, 추론적으로 ‘측정 이전의 시간들에 대한 위치들은 계산될 수 있다’는 입자의 위치에 대해 문제가 된 특별한 경우는 물리학에서 **매우** 중요한 역할을 한다. 만약 어떤 분광의 사진 필름 위의 입자(광자나 전자) 위치를 우리가 측정한다면, 우리는 이론의 도움을 받아 입자의 진동수나 에너지를 계산하고, 따라서 입자의 운동량을 계산하기 위해 이런 위치 측정을 (알려진 실험적 배열과 함께) 사용한다. 그러나 물론 이것은 항상 추론적이다. 이렇게 확인된 ‘전자의 과거 역사가 어떤 물리적 실재에 속하는지 혹은 아닌지’의 물음은 필수적인 측정(물론 추론적인)의 표준 방법, 특히 양자역학을 위한 필수적인 방법에 대한 의미를 묻는 것이다.

하지만 우리는 하이젠베르크가 받아들인 것처럼, $\Delta p \, \Delta q \ll h$

---

48) *Loc. cit.*

에 대한 측정들을 물리적인 실재에 귀속시켰기 때문에, 전체 상황이 완전히 바뀌었다. 왜냐하면 양자 이론에 따라, 이제는 **전자가 동시에 정확한 위치와 운동량을 가질 수 있는지**의 물음이 전혀 없기 때문이다. **그것은 동시에 위치와 운동량을 가질 수 있다.**

그렇지만 끊임없이 거부되었던 것도 바로 이런 사실이었다. 설령 하이젠베르크가 그것을 '개인적인 믿음'의 문제로 만들었을지라도, 보어와 코펜하겐 해석은 (부분적으로는 힐베르트 공간에서 벡터들의 비존재 때문에) **전자는 동시에 예리한 위치와 운동량을 가질 수 없다**고 주장했다. 이런 독단이야말로 양자 이론이 완전하다는 보어 논제의 핵심이다. 아마도 그 이론은 (단언적으로) 측정되지 않는 속성들을 입자가 가질 수 없다는 의미에서 그렇다.

따라서 이른바 아인슈타인, 포돌스키, 그리고 로젠의 '역설'은 (전술한 주석 14를 보라) 역설이 아니라, 타당한 논증이다. 왜냐하면 그것은 다음과 같은 점을 확립했기 때문이다. 즉, 우리는 입자들에 정확한 위치와 운동량을 귀속시켜야 한다. 그런데 보어와 그의 학파는 그것을 (비록 봅은 이를 받아들였음에도 불구하고) 거부했다.

아인슈타인, 포돌스키, 로젠의 사고 실험은 그 이후 광자 쌍을 창출하는 입자 쌍의 창출과 입자 쌍의 소멸과 관련해서 실재적인 실험이 되었다. 쌍들의 시간들과 에너지들은 원리적으로 여하한 정확함의 정도로 측정될 수 있다. 물론 그 측정들은 추론적이며, 그것들은 이론에 대한 **시험들**이 된다.[49]

---

49) 예컨대, O. R. Frisch, "Observation and the Quantum", in M. Bunge, ed., *The Critical Approach to Science and Philosophy*, 1964, pp.309-315을 보라. [또한 이 책의 '1982년 서문'을 보라. 편집자.]

왜 보어와 그를 따르는 자들이 $\delta p_x \delta q_x \ll h$가 가능함을 거부하는가? 거대한 혼동, 즉 단언된 입자와 파동의 이중성 때문에, 두 '그림'인 **입자 그림**과 **파동 그림**이 존재한다고 말해졌다. 그리고 그것들은 동치이거나 '상보적'임을 보여주었다고들 했다. 다시 말해, 둘 다 타당하다고 말해졌다는 것이다. 그렇지만 만약 입자가 동시에 한 위치와 분명한 운동량을 갖고 있음을 우리가 허용한다면, 이런 '상보성'이나 '이중성'은 폐기되어야 한다고 말해졌다.

다음에 여기로부터, 그리고 확률의 주관적인 해석으로부터 우리가 돌아올 것이다. 양자 이론의, 거의 필연성의 주관적 해석이 일어난 것도 여기서부터이다.

8. 나의 여덟 번째 논제는, 변명은 아니라 할지라도, 소위 내가 말하는 거대한 양자 혼동을 설명하는 내 시도에서 도출된다. 내 논제는 **양자역학의 형식에 대한 해석은 확률 계산에 대한 해석과 밀접한 관련이 있다는 것이다.**

내가 확률의 계산이라 말한 것은 다음과 같은 형식적인 법칙들을 포함하고 있는 형식적인 계산을 의미한다.

$$0 \leqq p(a, b) \leqq 1$$

여기서 '$p(a, b)$'는 'b에 상대적인 a의 확률'(또는 'b가 주어졌을 때, a의 확률')이라고 읽힐 수 있다.

'확률'(함수 혹은 구조 함수 'p')이 **의미하는** 것과 논증 'a'와 'b'가 **상징하는** 것은 **해석**에 열린 채로 남아 있다.

그러나 실재들의 집합, 즉 변수 a, b, c, …가 언급하는 집합 S가 존재한다고 가정되어 있다. 그리고 만약 a와 b가 S에 속한다면,

$-a$('비-a'로 읽는) 또한 S에 속한다고 전제된다. 또한 만약 a와 b가 S에 속한다면, ab('a-그리고-b'로 읽는) 또한 S에 속한다고 가정된다. S에 관해 더 이상의 가정을 할 필요가 없다. (특히, 우리는 S가 부분적으로 순서를 매긴 쌍이라고 가정할 필요도 없다.) 하지만 이런 모든 기호들에 대해 허용할 수 있는 의미의 영역이 수많은 다른 해석들에 열려 있다 하더라도, 이런 기호들을 연결하는 몇 개의 형식적 규칙들에 의해 어느 정도 국한된다고 가정되고 있다. 여기서 말하는 규칙들은 p-함수에 적용되고 있다.[50)]

다음 정식들은 이런 형식적인 규칙들에 대한 사소한 사례들이다.

$$p(a, a) = 1$$

$$p(a, b) + p(-a, b) = 1 \quad \text{(만약 } b\text{가 } p(-b, b) \neq 0\text{이 아니라면)}$$[51)]

$$p(a, b) = p(aa, b) = p(a, bb)$$

$$p(a, c) \geqq p(ab, c) \leqq p(b, c)$$

$$p(ab, c) = p(ba, c)$$

$$p((ab)c, d) = p(a(bc), d)$$

$$p(a, a) = p(b, c) = p(c, b)\text{일 때는 언제나, } p(a, b) = p(a, c)$$

또한 우리는 '상대적 확률' $p(a, b)$에 의해 '절대적 확률' $p(a)$를 정의할 수 있다. 즉

50) 나의 『과학적 발견의 논리』, 1959, 새 부록 *iv과 *v를 비교하라. [또한 이 『후속편』 I권, 『실재론과 과학의 목표』, 2부를 보라. 편집자.]

51) 이런 약간 특이한 조건은 『과학적 발견의 논리』의 새로운 부록 *iv와 *v에 확률 계산에 대한 나의 형식적 공리화에서 상세히 설명되었고 논의되었다. 여덟 번째 논제에 연관해서 여기에서 주어진 모든 형식적인 규칙은 나의 공리들에서 도출할 수 있는 정리들이다.

$$p(a) = p(a, -((-a)a)$$

(반대 방향에서의 다음 정의가 더 널리 알려져 있다. 즉, 만약 $p(b) \neq 0$이면, $p(a, b) = p(ab) / p(b)$)

다른 모든 것을 도출할 수 있도록 해주는 몇 개의 이런 형식적인 **규칙들**을 선별하는 과제가 확률의 형식적인 계산에 대한 하나 이상의 적합한 공리들을 발견하는 과제이다. 내가 그것을 언급한 것은 그 과제를 하나 이상의 적합한 해석들을 발견하는 과제와 대조하기 위해서이다.[52][53]

두 주요 그룹, 즉 **주관적 해석**과 **객관적 해석**으로 나눌 수 있는 매우 다양한 해석들이 존재한다.

주관적 해석들은 수 $p(a, b)$를 (정보) b가 주어졌을 때, (주장) a에서 우리 지식이나 믿음과 닮은 어떤 것을 측정하는 것으로 해석하는 것들이다. 그래서 p-함수의 논증들, 즉 a, b, c, …는 이런 경우 믿음이나 의심의 항목들로 혹은 정보나 명제 또는 주장이나 진술 혹은 가설들의 항목들로 해석될 것이다.

오랫동안 그것은 확률적인 전제들에 대해 주관적으로 해석된 체계에서 우리가 출발한 **다음에 이런 주관적 전제들에서 객관적인 통계적 계산을 도출한다**고 (그리고 여전히 많은 저명한 수학자들과 물리학자들도 생각했듯이)[54] 생각하게 되었다. **그러나 이것은**

---

52) 나의 『과학적 발견의 논리』와 "Creative and Non-Creative Definitions in the Calculus of Probability", *Syntheses* 15, 1963, pp.167-186을 비교하라. 또한 *Syntheses* 21, 1970, p.107을 보라.

53) 나의 "Probability Magic, or Knowledge out of Ignorance", *Dialectica* 11, 1957, pp.354-374을 비교하라.

54) 이런 믿음에 대한 위대한 역사적인 의미가 이 책 '1982년 서문'의 II절에

심각한 논리적 실수이다.

실수[더 정확히 말해, 반 데르 베르덴(B. L. van der Waerden)이 나에게 말한 것처럼[55] 실수 자체가 아니라, 실수의 이전 역사]는 확률 이론의 몇몇 위대한 설립자로 거슬러 올라가 추적될 수 있다. 예컨대 제이콥 베르누이(Jacob Bernoulli), 그리고 특히 시메온 데니스 푸아송(Siméon Denis Poisson)을 들 수 있는데, 그들은 **큰 수의 법칙**에 대한 다양한 형식들을 유도하면서 일종의 논리-수학적

논의되었다.

55) [*(1980년에 추가) 현재 논문과 확률 이론 설립자들의 실수에 관한 나의 역사적인 주장을 제외하고 동의를 표현해 주었던 반 데르 베르덴(van der Waerden) 교수의 매우 친절한 편지에 나는 감사드리고 싶다. 과학의 역사 분야에서 (다른 모든 분야에서도 마찬가지라고 생각하지만) 내가 아마추어임을 매우 분명히 해야 한다. 그러나 다음과 같은 점은 나에게 상당히 명료해 보인다.

확률 계산은 (모두는 아니지만) 수많은 설립자들에 의해 다음과 같은 이론으로 해석되었다. 즉 확률 이론에는 객관적인 성질상의 비결정이 아니라, **불충분한 지식**에서 발생하는 필요와 적용(그리고 확률의 모든 적용은 통계적이다)이 존재한다는 것이다. 결정론을 '어마어마한 지성'(나중에 '라플라스의 악마'라고 부른)이라고 그의 *Philosophical Essay on Probabilities*에서 처음 정식화한 라플라스의 유명한 진술은 정확히 확률에 대한 어떤 객관적인 해석도 배제하고 따라서 확률 이론의 주관적인 특징을 주장하는 기능을 갖고 있다. 이렇게 확립된 전통은 적어도 하이젠베르크의 비결정 관계(1927)에 이를 때까지 물리학을 지배했다. 그리고 심지어 이런 관계들은 주관적이면서 객관적인 해석들의 이상한 혼합도 살아남도록 했다. 주요한 반대자들은 (논리학자인 존 벤과 수학자인 리처드 폰 모제스 같은) 도수 해석을 지지했다.

그렇지만 이런 실수의 역사적 기원에 대한 나의 이해가 부정확한 것으로 판명될지라도, 그것은 주관주의 전제들에서 객관적인 통계적 결론들을 도출하고자 노력하는 논리적인 실수가 있다는 나의 주된 논증에 영향을 미치지 못할 것이다.]

인 **다리**를 발견했다고 생각했다. 이 다리가 비통계적인 가정들로부터 통계적인 결론들, 즉 어떤 사건들의 **도수**에 관한 결론들에 이르게 한다고 그들은 생각했다

리처드 폰 미제스(Richard von Mises)56)와 또한 나 자신57)도 이런 논리적인 실수를 자세히 분석했다. 미제스는 기호들의 비통계적인 의미를 도출하는 이런저런 단계에서 기호들의 의미를 빼먹은 다음 암묵적으로 통계적인 의미로 대체시켰음을 보여주었다. 이런 일이 벌어진 것은 보통 1에 접근하는 확률을 '매우 강하게 믿었던'이나 아마도 '거의 알려진'이라는 의미에서 '거의 확실한' 대신에, '거의 항상 일어난다'는 의미에서 '거의 확실한'으로 해석했기 때문이다. 때때로 실수는 '거의 확실하게 알려진'을 '거의 확실하게 일어난다고 알려진'으로 대체한 데 있다. 이것이 어찌되었든 간에, 그 실수는 매우 분명하다. 왜냐하면 믿음의 정도들에 관한 전제들로부터 우리는 사건들의 도수에 관한 결론을 결코 얻을 수 없기 때문이다.

불확실성을 표현하고 있는 전제들에서 통계적인 결론들을 도출할 수 있다는 이런 생각이 양자 이론가들 사이에 여전히 매우 강하다는 것은 이상하다. 왜냐하면 그들 중 가장 영향력이 있는 한 사람인 존 폰 노이만58)은 자신의 유명한 책 『양자역학의 수학적 기초』에서 폰 미제스의 확률 이론을 받아들였기 때문이다. 그렇지만 이 이론에 대한 폰 노이만의 칭찬은 비통계적 전제들에서 통계적

---

56) R. von Mises, *Probability, Statistics and Truth*, 1939 (독일어 초판 1928; 3판 1951).

57) 나의 『과학적 발견의 논리』, 62절; 그리고 "Probability Magic"(전술한 주석 53)을 비교하라.

58) J. von Neumann, *Mathematical Foundations of Quantum Mechanics*, 1949, 1955, p.298, 주석 156을 비교하라.

인 결론들을 이끌어내는 **'다리'**의 존재에 반대하는 폰 미제스의 논증을 양자 이론가들이 조심스럽게 연구하도록 유혹했던 것 같다.

내가 대체로 폰 미제스의 이론을 받아들였음을 넌지시 나타내고 싶지는 않다. 하지만 이른바 비통계적인 전제들에서 통계적인 결론들의 **'다리'**에 대한 그의 비판은 답변을 할 수 없다고 나는 믿는다. 그리고 나는 심지어 그 비판을 논박하는 어떤 진지한 시도도 알고 있지 않다. 그럼에도 불구하고, '베이지안 확률(Bayesian probability)'이란 미명하의 주관적인 이론이 널리 그리고 무비판적으로 수용되고 있다.

이제 나는 확률 계산에 대한 **객관적인 해석들**을 진행해 보겠다. 여기서 나는 다음 세 가지 해석을 구별할 것이다.

(a) $p(a, b)$를 사건 a를 지지하면서 사건 b와 양립할 수 있는 똑같이 가능한 경우들의 비율이라고 여기는 **고전적인 해석**(드 모브레(de Moivre), 라플라스). 예를 들어, a를 '이 주사위를 다음에 던져 5가 나올' 사건이며, 그리고 b를 '6이 나오지 않을' (혹은 '6 이외의 던지기만이 던지기로 고려될') 가정이라고 하자. 그러면 $p(a, b) = 1/5$이다.

(b) $p(a, b)$를 사건들 b 중에서 사건들 a의 상대적인 도수로 생각하는 **도수 해석**이나 **통계적 해석**(존 벤(John Venn), 조지 헬름(George Helm), 폰 미제스). 이 해석은 내가 약 20년 동안 (대략 1930년부터 1950년까지) 지지했던 것이며, 비록 내가 항상 다른 해석의 존재를 강조했을지라도,[59] 그 해석의 난관 몇몇을 제거하려고 노력함으로써 발전시켰던 것이다.[60]

---

59) *Op. cit.*, 48절을 보라.

60) 나의 『과학적 발견의 논리』, VIII장 그리고 부록 *vi를 보라.

(c) 도수 해석의 내 형식에 대한 비판으로부터 발전시켰으며 그리고 동시에 고전 해석의 개선으로 간주될 수 있는 **성향 해석**.

나는 세 가지 객관적인 해석들 각각에 관해서 몇 마디 해보겠다.

고전적 해석인 (a)를 지지하는 과정의 문제로 그리고 명백하게 충분한 이유로 다음과 같은 상황에서 그 해석이 사용된다고 말해질 수 있다. 우리 앞에 '**똑같이 가능한 경우들**'과 비슷한 어떤 것을 우리가 가지고 있다고 추측하는 상황이 그것이다. 예를 들어 정다면체를 우리는 실험할 필요가 없다. 만약 그 정다면체가 동질의 물질로 이루어져 있고 *n*개의 면을 갖고 있다면, 어떤 던지기에서도 이런 면이 나올 확률은 1/*n*이기 때문이다.

다른 한편, 고전적 해석은 몇 가지 설명들 때문에 비판을 받아왔다. 그중에서 나는 단지 두 가지만을 언급해 보겠다. (1) 그 해석이 주장한 대로 편중된 주사위를 가지고 놀이하는 것과 같이 불평등한 가능한 경우들에는 어떤 것도 적용될 수 없다. (2) 그 해석은 주관적인 해석과 마찬가지로, 폰 미제스의 비판을 견디지 못한다. 즉, **가능성들**에 관한 전제들로부터 **상대 도수들**에 관한 통계적인 결론들에 이르게 하는 논리적이거나 수학적인 **다리**(존재한다고 가정되었던 큰 수의 법칙과 같은)가 존재하지 않는다는 비판을 견디지 못한다는 것이다. (미제스는 매우 상세하게 푸아송의 큰 수의 법칙 도출에 대해 이 점을 보여주었다.) 수많은 가능한 경우들을 지지할 수 있는 수많은 비율에 관해 말하는 것도 또한 전혀 의미가 없다. 그것이 1에 접근한다 할지라도, '거의 확실하게' 일어날 것이라고 우리에게 말해 주는 것은 전혀 의미가 없다. 분명히 여기서 가능한 전제들에서 통계적인 결론으로 진행하면서 의미의 변동이 일어났다.

도수 해석인 (b)에 관해 윌리엄 닐(William Kneale) 같은 저명한 철학자가 보았던 이른바 해결되지 않은 모든 문제를 제거하는 데 내가 성공했음을 확실하게 느꼈다.61) 그럼에도 불구하고,62) 나는 더 나아간 개혁이 요구되고 있음을 발견했으며, 그리고 이런 요구에 응하려고 노력했다.

그래서 나는 (c), 즉 **확률의 성향 해석**에 이르게 되었다. 확률의 의미를 정의하는 사이비 문제를 해결하는 시도 외에 나는 어떤 생각도 하지 않고 있다. '확률'이란 용어는 수십 가지의 의미로 완벽하게 그리고 적절하게 또한 정당하게 사용될 수 있음은 분명하다. 그런데 그것들 대부분이 확률의 형식적인 계산 규칙들에 일치하는 의미들에서 벗어나 있다.63) 나는 확률의 성향 해석이야말로 형식적인 확률 계산에 대한 가장 좋은 해석이라고 말하고 싶지는 않다. 단지 그것이 나에게 알려진 최선의 해석이라고 말하고 싶을 뿐이다. 특히 물리학에서 그리고 또한 내 생각에 실험 생물학과 같이 연관된 분야에서 **어떤 유형의 '거듭된 실험'에 확률 계산을 적용하기 위해** 가장 좋은 해석임을 말하고 싶다.

또한 성향 해석이 내기의 **모든** 경우에 적용할 수 있는지는 실제로 내 논증에서 중요하지 않다. 성향 해석은 경마에서 말들에 대한

61) W. C. Kneale, *Probability and Induction*, 1949를 비교하라. (또한 전술한 주석 53를 보라.)

62) 나의 『실재론과 과학의 목표』, 2부를 비교하라.

63) 이런 의미들과 매우 중요한 의미에 대해서는 특히 G. L. S. Shackle, *Decision, Order and Time in Human Affairs*, 1961을 보라. 그리고 C. H. Hamblin, "The Modal 'Probably' ", *Mind* 68, 1959, pp.234-240을 보라. (그런데 설명 이론에 대한 우리의 주관적인 '신뢰'나 '믿음'이 확률 계산의 규칙들과 일치한다고 나는 생각하지 않는다.)

돈 걸기에 적용될 수 없다고 주장되었다. 만약 이것이 그렇게 판명된다면, 단순히 이런 경우에는 다른 해석이 적용된다고 나는 추천할 것이다. 나는 경마에 관해서는 아무것도 알고 있지 않다. 그러나 내가 보기에 사람들이 어떤 말에 돈을 걸어야 할지 알고 싶어하는 것은 지구력, 속력(사실상 그보다 이전 경우들의 극대 속력과 극소 속력), 건강 상태와 같은 것들이며, 그리고 이와 유사한 것들, 즉 경주에서 (물론 경쟁 말들과 비교된 것으로) 잘 뛰는 그 말의 성향으로 함께 기술될 수 있는 것들이다. 누군가가 — 돈을 걸기에 앞서 — 마구간에서 정보를 얻고자 한다면, 이런 것이야말로 그가 얻기를 원하는 정보의 종류이다.

이것이 어찌되었든 간에, 형식적인 확률 계산은 분명히 광범위한 종류의 '운에 맡기는 놀이들'에 적용될 수 있다. 그렇지만 '있을 것 같은'과 '확률'이란 용어들에 대해 보편적으로 만족스러운 의미나, 심지어 보편적으로 적용될 수 있는 형식적인 계산에 대한 해석을 내가 제시하려는 것은 아니다. 나는 **임시변통**이 아닌, 그리고 **양자 이론의 해석** 문제들 중 몇몇을 해결하는 확률 계산에 대한 해석을 제시하고자 한다.

나는 성향 해석을 고전적 해석의 발전으로 설명할 것이다. 후자는 $p(a, b)$ — 즉, b가 주어졌을 때 a의 확률 — 를 사건 a를 지지하면서 b를 만족시키는 똑같이 가능한 경우들의 비율로 설명한다는 것을 상기시킬 것이다.

나는 첫 단계로 '똑같은'이란 용어를 생략하고, '비중(weight)'이란 용어를 도입함으로써 '경우들의 수들'에 대해 말하는 대신에 '경우들의 비중의 합'이라 말하자고 제안한다. 그리고 두 번째 단계로 이런 '가능성들의 비중들'(또는 가능한 경우들의 비중들)을

성향이나 경향의 척도들로 해석하자고 나는 제안한다. 곧, **반복에서 그 자체를 실현하는 가능성의 척도들**로 해석하자는 것이다.

따라서 나는 다음과 같은 것에 이른다.

정식 $p(a, b)$ 또는 '*b*가 주어질 때 *a*의 확률(이나 성향)'은 조건 *b*를 만족시키면서 *a* 또한 지지하는 — *b*를 만족시키는 가능한 경우들의 비중의 합으로 나누어진다면 — '가능한 경우들의 비중의 합'으로 해석될 수 있다.

이런 해석의 주요한 생각은 또한 다음과 같이 말해질 수 있다. 나는 당분간 통계적 진술들(혹은 상대 도수의 진술들)과 **확률 진술들**을 구분할 것을 제안한다. 그리고 **확률 진술들**을 특징이 잘 드러난 실험들의 **가상적**인 (유한한) 연속 사건들에서 도수들에 관한 진술들로 간주하고, 또한 **통계적 진술들**을 이런 실험들의 **실제적**인 (유한한) 연속 사건들에서 도수들에 관한 진술들로 간주하자고 제안한다. 확률 진술들에서 가능성들에 부여된 '비중들'은 이런 (추측적인) 가상적인 도수들에 대한 척도들인데, 이런 가상적인 도수들은 **실제적인 통계적 도수들을 통해 시험된다**.

사례를 사용: 만약 우리가 납을 함유하고 있는 커다란 주사위를 갖고 있는데, 이 주사위의 위치를 우리가 조절할 수 있다면, (대칭이라는 이유로) 중력의 중심이 6면에서 동일한 거리를 계속 유지하는 한에서, 여섯 가지 **가능성의 비중들**(즉, 성향들)이 **똑같다**고 우리는 **추측할** 수 있다. 또한 만일 우리가 이런 위치에서 중력의 중심을 움직인다면, 그 비중들은 **똑같지 않게** 된다고 추측할 수 있다. 예컨대, 우리는 숫자 '6'을 보여주고 있는 면에서 다른 곳으로 중력의 중심을 이동시킴으로써 6이 나오는 **가능성의 비중**을 증가시킬 수 있다. 그리고 여기서 우리는 '비중'이라는 용어를 '실험을 거

듭함에 따라 나오는 성향이나 경향에 대한 척도'를 의미한다고 해석할 수 있다. 더 정확히 말하면, 우리는 성향에 대한 척도로서 실험을 거듭하는 (가상적인 그리고 가상적으로 유한인) 연속인 사건에서 그 면이 나오는 (가상적인) **상대 도수**라고 생각하는 데 동의할 수 있다.

그런 다음 우리는 실제적으로 실험을 반복하는 연속 사건을 통해서 우리의 추측을 시험할 수 있다.

성향 해석을 제안하면서, 나는 확률 진술들을 반복할 수 있는 **전체 실험적 배열**의 속성(대칭이나 비대칭에 비교할 수 있는 물리적 속성)에 대한 어떤 척도로, 좀 더 정확히 말해 **가상적인 도수**에 대한 척도로, 간주하자고 제안한다.[64] 또한 나는 대응하는 **통계적 진**

---

64) [*(1980년에 추가) '실험들'이란 용어에 관한 나의 성향 이론은 항상 완전히 객관적인 물리 이론으로 의도되었다. 성향들은 여하한 물리적인 상황을 언급하고 있다. 그렇다면 성향들은 입자의 속성들이 아니라, 예컨대 실험적인 상황의 속성들, 즉 객관적인 물리적 상황의 속성들이다. 물론 객관적인 상황은, 설령 그 상황이 인간에 기인한 것일 수 있으며, 그리고 아마 심지어 어떤 장치를 구축한 물리학자에게 연유할 수 있을지라도, 인간의 개입 없는 물리적 세계에서 **정상적으로** 일어나는 상황일 것이다. 이 후자의 경우에서 우리는 '실험적 배열'에 관해 말한다. 본문에서 이런 구절을 약간 우연적으로 사용하게 되었는데, 나의 비판자들 몇몇은 인간이 만든 이런 실험적 배열에 상대적일 뿐인 성향들에 관해 내가 말하고 있다고 가정하기에 이르렀다. 그리고 그들은 이로부터 '관찰자'를 쫓아내는 내 시도가 성공하지 못했다고 결론을 내린다. 또한 내 이론은 본질적으로 보어의 이론과 동치라는 결론도 내렸다. 그래서 심지어 파이어아벤트와 번지 — 그리고 파이어아벤트를 따르고 있는 막스 야머(Max Jammer) — 는 내가 주관주의자인 것으로 보이게 하는 실험적인 장치에 관한 강조(또는 '주장')를 나에게 귀속시켰다. 야머는 (*The Philosophy of Quantum Mechanics*, 1974, p.450에) 다음과 같이 쓰고 있다. "포퍼의 해석과 보어에 반대하는 그의 논쟁은 상보성의 해석에 대

술들을 대응하는 **실제적인 도수**에 관한 진술들로 간주하자고 제안한다.

이런 식으로 우리는 고전 해석에 대한 폰 미제스가 제기한 반대를 쉽게 극복한다. 즉, 단지 가능성들을 유사한 조건들이나 상황들의 반복에 따라 상대 도수를 산출하는 경향들로 해석하는 성향들로 단순히 대체함으로써 그 반대를 극복한다는 것이다.

더 나아간 다음 두 가지 논점은 매우 중요하다.

첫째로, 확률 분포는 단 한 번의 실험 속성으로 그리고 확률 법칙(혹은 확률 진술)은 다른 실험의 반복으로, 어떤 상황이나 어떤 실험을 수용하기 위한 조건들을 명시하는 어떤 규칙에 상대적인

해 포괄적인 지지를 펴는 파이어아벤트에 의해 치열한 비판을 받았다. … 왜냐하면 전체 물리적인 장치의 실험적인 조건들이 확률 분포를 결정한다는 포퍼의 주장은 파이어아벤트의 관점에서 보면, 정확히 보어가 염두에 두고 있었던 것이기 때문이다. 그것은 보어가 전체 실험적 배열에 대한 설명을 포함하기 위해 '현상'이란 관념을 사용했을 때였다." (Feyerabend, "On a Recent Critique of Complementarity", *Philosophy of Science* 35, pp.309-331, 그리고 *Philosophy of Science* 36, pp.82-105를 비교하라.) 이것은 문맥과 내가 성향들에 관해 쓴 모든 것을 무시하는 거의 우연적인 정식을 사람들의 비판의 기초로 생각하고 있다. 내가 부른 것처럼 성향들이 완전히 객관적이라는 것은 나의 초기 저작과 또한 이 책(특히 '형이상학적인 맺음말'과 후술하는 III장 18절)을 통해서 보면 분명하다. 그리고 성향들은 우리의 실험 장치에 의존하는 것이 아니라, 어떤 경우이든 단순히 실험적으로 통제될 수 있는 물리적 상황에 의존한다는 것도 분명하다. 인간이 만든 실험적인 장치는 객관적인 물리적 사실, 곧 객관적인 물리적 상황인 한에서, 그것은 **다른 어떤 물리적인 상황과 똑같은** 성향들에 이른다. (또한 논제 후술하는 10과 11을 보라.) 그런데 내가 보어에 동의하지 않는 것이 여기가 아니라는 것은 완전히 참이다. 그러나 이것은 내가 보어에 동의하고 있음을 말하고 있는 것이 아니다.]

것으로 취급된다.[65] 예를 들면 주사위 던지기에서 주사위가 든 컵을 흔드는 데 걸리는 최소 시간은 이런 규칙이나 이런 조건들 혹은 이런 명시들의 일부를 형성할 수 있거나 형성하지 않을 수도 있다.

두 번째로, 우리는 확률을 **구체적으로 독특한 물리적인 어떤 상황의 실재적인 물리적 속성**으로, **따라서 또한 단 한 번의 물리적 실험**에 대한 실재적인 물리적 속성으로 간주할 수 있다. 좀 더 정확히 말하면, 그 실험의 (가상적인) **반복**을 위한 조건들을 정의하는 규칙에 의해 정해진 실험적인 조건들의 실재적인 물리적 속성으로 간주할 수 있다는 것이다.

따라서 성향은 어느 정도 추상적인 종류의 물리적 속성이다. 그럼에도 불구하고 그것은 실재적인 물리적 속성이다. 란데의 용어를 사용하면, 우리가 **그것을 찰 수 있고, 그리고 그것은 다시 반작용할 수 있다**(it can be kicked, and it can kick back).

그 사례로 일상적인 대칭인 핀 보드를 들어 보자. 그 보드는 만약 우리가 일정 수의 작은 공들이 굴러 떨어지도록 한다면, 그 공들이 (이상적으로) 정규 분포 곡선을 형성하도록 구성되어 있다. 이 곡선은 어떤 가능한 정지하고 있는 곳에 부딪치는 각기 단 하나의 공을 가지고 하는 각기 단 하나의 실험에 대한 **확률 분포**를 표현할 것이다.

이제 이 보드를 '움직인다'고 하자. 다시 말해, 이 보드의 왼쪽

---

65) 이 문장에서 '그리고 확률 법칙(혹은 확률 진술)은'이라는 단어들을 나는 첨가했다. 그것은 (물리학에서) 확률 진술들은 법칙과 닮았다는 (왜냐하면 그것들은 가상적인 반복들에 상대적이기 때문에) 점을 강조하기 위해서이다. 나는 후술하는 열 번째 논제 세 번째 단락에서 유사한 변화를 꾀했다. 나는 거기서 '그것들(성향들)이 있다'를 대체하여 '물리학에서 성향 진술들이 기술하고 있다'는 구절을 첨가했다.

편을 약간 들어 올린다고 하자. 그러면, 우리는 또한 성향들 — 확률 분포들 — 을 움직인다. 왜냐하면 하나의 공은 어떤 것도 보드 바닥의 오른쪽 끝을 향해 어떤 점에 부딪칠 수 있는 일이 약간 더 있을 법하기 때문이다. 그리고 성향은 다시 움직일 것이다. 그것은 만약 우리가 공들이 굴러 떨어지는 일이 늘어나도록 한다면, 그 공들에 의해 형성된 상이한 형태의 곡선을 산출할 것이기 때문이다.

혹은 그 대신에 **핀 하나**를 제거해 보자. 이것은 모든 개별 공을 가지고 하는 모든 개별 실험에 대한 확률을 변화시킬 것이다. **우리가 핀을 제거했던 곳 가까이에 그 공이 실제로 오든지 오지 않든지 간에 그럴 것이다.** (이것은 두 슬릿을 가지고 하는 실험과 유사하다. 우리가 여기서 진폭들의 어떤 중첩도 갖고 있지 않더라도 그렇다.[66]) 왜냐하면 우리는 다음과 같이 물을 수 있기 때문이다. "만약

---

66) [이 논평은 파이어아벤트가 포퍼에 반대하기 전 이 논문을 조심스럽게 읽지 않았음을 분명하게 해준다. 즉, 핀 보드 확률들은 부가적(additive)인 반면에 진폭의 중첩이 존재하는 양자 이론에서의 상황은 부가적이 아니다. 후술하는 아홉 번째 논제에서 포퍼는 또한 핀 보드에 관해 다음과 같이 쓰고 있다. "진폭들의 어떤 간섭도 존재하지 않는다. 만약 우리가 두 슬릿 Δq_1과 Δq_2를 갖고 있다면, 두 확률들 자체는 (슬릿들의 진폭이라기보다는) 더해져야 하며 정규화되어야 한다. 왜냐하면 우리는 두 슬릿 실험을 모방할 수 없기 때문이다. 그러나 이것은 이 단계에서 우리의 문제가 아니다." 파이어아벤트 또한 포퍼가 간섭 유형들을 설명하는 시도를 하지 않고, 그 대신에 '확률들의 관계적 특징을 거듭해서' 강조한다며 반대하고 있다. **그것은** 양자 이론의 과제이다! 오히려 포퍼는 코펜하겐의 양자 이론 해석을 비판하는 데 관심을 두고 있다. 물론 포퍼는 핀 보드 사례로 간섭을 설명하지 않는다. 그는 핀 보드에서 확률은 여기의 원소에 귀속시킬 수 없는 어떤 체계의 성질이라고 지적하고 있다. 그러므로 확률들의 전 체계는 조건들의 변화로 변경할 수 있다. 포퍼는 실제로 이것은 파동의 환원에 (현재는 종종 '상태 벡터의 붕괴'라 불리는) 포함된 모든 것이라고 주장했다. 포퍼는 자신의 주장을 펴기 위해 파이

그 공이 그곳 가까이 오지 않았다면, 핀이 제거된 것을 그 공이 어떻게 '알' 수 있는가?" 그 대답은 이렇다. 그 공은 '알지' 못하지만, 그 보드는 대체로 '알고' 있으며, 또한 **모든** 공에 대한 확률 분포나 **성향**을 바꾼다. 이것은 통계적인 시험들을 통해서 시험될 수 있는 사실이다.)

따라서 우리는 실험 조건들에서 어떤 변화들(점차적인 변화나 갑작스러운 변화)을 일으킴으로써 확률 분야를 '찰' 수 있다. 그리고 그 분야는 성향들을 변화시킴으로써 '다시 반작용할' 수 있다. 이것은 변화된 조건들 하에서 실험을 반복함으로써 우리는 통계적으로 시험할 수 있는 결과이다.

그렇지만 우리가 다시 핀 보드의 도움을 받아 예시할 수 있는 성향 해석의 더 중요한 측면들이 있다.

일상적인 (대칭적인) 상태의 핀 보드를 벗어나 보자. 그러면 우리는 **일정한 핀에 부딪치는** (그렇지 않다면, 일정한 핀에 부딪친 다음 보드의 왼쪽을 지나가는) **조건을 만족시키는 그런 공들의 다양한 최종 위치에 도달할 확률 분포**를 요구할 수 있다.

새로운 이 분포는 물론 원래의 분포와 전혀 다를 것이다. 그것은 첫 번째 원리에서 (주어진 대칭인 보드에서) 계산될 수 있다. 그리고 우리는 그 계산들을 다양한 측면들에서 **시험할** 수 있다. 예컨대, 우리는 공들을 평상시처럼 굴려 떨어뜨릴 수 있지만, 그러나 선택

어아벤트가 언급하는 것을 빠트린 한 단계로 더 나아간다. 그는 듀안(Duane)의 세 번째 양자 규칙을 파동 간섭 유형들을 설명하기 (혹은 설명하는 가능성을 보여주기) 위한 란데의 적용을 소환하고 있다. 나의 "Critical Study: The Philosophy of Karl Popper, Part II: Consciousness and Physics", *Philosophia* 7, July 1978, pp.675-716, 특히 p.695을 보라. 또한 후술하는 열세 번째 논제를 보라. 편집자.]

된 핀에 부딪친 (혹은 그 핀에 부딪친 다음 왼쪽으로 지나가는) 공들의 최종 위치들을 별도로 목록화할 수 있다. 그렇지 않다면, 우리는 즉각 새로운 조건을 만족시키지 않는 그런 모든 공들을 **제거할** 수 있다. 첫 번째 경우에서 우리는 단지 그 공의 새로운 '위치 측정'에 주목한다. 두 번째 경우에서, 우리는 어떤 미리 결정된 위치를 지나가는 공들을 **선택한다**.

두 경우 모두에서 우리는 계산된 새로운 분포에 대한 시험들을 얻을 것이다. 즉, '위치 측정'(어떤 '상태 준비'와 유사한 경우)을 겪었던 그런 공들의 분포가 그것이다.

물론 핀 보드 이론은 우리로 하여금 첫 번째 원리에서 우리가 선택한 어떤 핀에 대한 새로운 분포를 계산하게끔 해준다. 실제로, 이런 새로운 모든 분포는 원래의 정규 분포를 계산하는 데 함축되어 있다. 왜냐하면 이런 계산은 공이 이러 이러한 확률로 이러 이러한 핀에 부딪칠 것임을 가정하고 있기 때문이다.

9. 아홉 번째 논제. 핀 보드의 경우에서 원래의 분포에서 (여기서 기술된 것처럼) '위치 측정'을 가정하고 있는 분포로 — 실제적인 분포든 혹은 가정된 분포든 또는 상상의 분포든 간에 — 전이하는 것은 양자역학에서 **'유명한 파동 다발의 환원'**과 (또는 '상태 벡터의 붕괴'와) 유사할 뿐만 아니라 **동일하다**.[67] 따라서 '파동 다발의 환원'은 양자 이론의 특징적인 결과가 아니다. 그것은 일반적인 확률 이론의 결과이다.[68]

---

67) 특히 성향 해석에 비추어 아홉 번째 논제를 강화하는 몇몇 중요한 논증들이 후술하는 4절에 발견될 것이다.

68) 나의 『과학적 발견의 논리』, 76절을 비교하라.

다시 핀 보드의 사례를 들어보자. 그 보드의 지형뿐만 아니라, 그 기울어짐 및 몇 가지 이상의 사실들이 주어지면, 우리는 확률 분포를 일종의 하강하는 파면(wave front)으로 볼 수 있다. 즉, 입자가 슬릿 Δq를 통해서 들어올 때 하강하기 시작하는 파면으로 간주할 수 있다. 진폭의 어떤 간섭도 없을 것이다. 만약 우리가 두 슬릿 Δq_1과 Δq_2을 갖고 있다면, 두 개의 확률 그 자체로 (진폭보다는 오히려) 더해질 것이며 정규 분포가 될 것이다. 우리는 두 슬릿 실험을 모방할 수 없다. 그렇지만 이런 단계에서 이것은 우리 문제가 아니다. 내가 보여주고자 하는 것은 이렇다. 우리는 그 보드의 바닥으로 하강하고 있으며, 그리고 거기서 파동 다발과 매우 유사한 정규 분포 곡선을 형성하고 있는 확률 파동을 계산할 수 있다.

이제 만일 우리가 하나의 실제 공을 굴려 떨어뜨린다면, 우리는 다양한 관점에서 그 공을 볼 수 있다.

(a) 실험은 대체로 어떤 확률 분포를 결정하며 그리고 공이 부딪치는 특정한 핀과 관계없이 그 분포를 (반복에 대해) 계속 유지한다고 우리는 말할 수 있다.

(b) 그 공이 실제로 어떤 핀에 부딪칠 때마다 (혹은, 왼쪽으로 지나갈 때마다) **객관적인 확률** 분포가 '갑자기' 바뀐다고 우리는 말할 수 있다. 물론 누군가 그 공을 주목하든 그렇지 않든 간에 그렇다. 하지만 이것은 다음과 같이 말하는 느슨한 방식일 뿐이다. 만약 우리가 **실험**을 공이 특정한 핀에 부딪침(혹은 왼쪽으로 지나감)을 명시하는 **다른 실험**으로 대체한다면, 우리는 어떤 다른 실험을 하는 것이며 그에 따라 다른 확률 분포를 얻는다고 우리는 말할 수 있다.

(c) 위치 측정이 일어났다는 **지식**이나 **정보**, 혹은 **의식** 또는 **인**

식은 '**원래 파동 다발의 붕괴나 환원**'에 이르며 또한 그 파동 다발이 새로운 파동 다발로 대체된다고 우리는 말할 수 있다. 그렇지만 이런 식으로 말할 때, 앞서 (b)에서 우리가 말했던 것과 동일한 것을 말하는 것에 불과하다. 우리가 지금 주관주의적 언어(혹은 주관주의적 철학)를 사용하고 있다는 것을 제외하고 그렇다.

분명히, 만약 그 공이 부딪친 핀이 어느 것인지 우리가 **알지** 못한다면, 이런 특정한 경우에 새로운 실험 조건들의 어떤 집합으로 옛날 조건들의 집합을 대체할 수 있는지를 우리는 **알지** 못한다. 하지만 우리가 이것을 알든 그렇지 못하든 간에, 우리는 출발할 때부터 그 공이 이러이러한 핀에 부딪치는 이러이러한 확률이 존재함을 **알지 못했다**. 이로 인해 다른 핀들에 부딪치고 또한 결국 보드 바닥의 어떤 핀 (혹은 어떤 열) a에 도달하는 성향이 변하는 확률이 존재함을 알지 못했다는 것이다. 우리가 원래 확률 분포(파동 다발)를 계산하는 데 토대를 둔 것이 바로 이런 지식이다.

우리의 원래 핀 보드 실험의 명세서를 'e_1'이라 하고, 새로운 명세서(이 명세서에 따라 오직 어떤 핀 x에 부딪쳤던 공들만을 새로운 실험의 반복으로 생각하거나 선택하는 것)를 'e_2'라고 부르자. 그러면, a에 착륙하는 두 확률 $P(a, e_1)$와 $P(a, e_2)$는 일반적으로 똑같지 않다. 왜냐하면 e_1과 e_2에 의해 기술된 두 실험은 동일하지 않기 때문이다. 그렇지만 이것은 조건 e_1이 어떤 식으로든 인식된다고 우리에게 말하는 새로운 정보가 $P(a, e_1)$를 변경시킴을 의미하지 않는다. 우리는 처음부터 다양한 a에 대한 $P(a, e_1)$를 계산할 수 있으며, $P(a, e_2)$도 계산할 수 있다. 그리고 우리는 다음을 알았다.

$$P(a, e_1) \neq P(a, e_2)$$

그 공이 실제로 핀 x에 부딪쳤다는 통지를 우리가 받았다면, **만약 우리가 그것을 원한다면** $P(a, e_2)$를 이런 경우에 적용하는 것에 우리가 자유롭다는 것을 제외하고, 달리 말해서 우리가 자유롭게 실험 e_1 대신에 실험 e_2의 사례로 그 경우를 간주할 수 있음을 제외하고, 아무것도 변화하지 않는다. 하지만 우리는 물론 그것을 실험 e_1의 사례로 계속 간주할 수 있으므로, 우리는 계속해서 $P(a, e_1)$으로 작업을 할 수 있다. 확률들은 (그리고 또한 확률 다발, 즉 다양한 a에 대한 분포는) **상대적 확률들**이다. 그것들은 **우리가 실험의 반복으로 간주하려고 하는 것에 대해 상대적**이다. 달리 말하면, 그것들은 실험들이 **우리의 통계적 시험에 적절한 것으로 간주**될 것인지 아닌지에 상대적이다.

다른 사례, 즉 아인슈타인에서 연유되어 하이젠베르크[69]와 내[70]가 논의했던 매우 유명한 사례를 들어보자. 곧 반투명 거울을 생각하고 또한 빛이 그 거울에 반사될 확률은 1/2이라고 가정한다. 따라서 빛이 통과할 확률 또한 1/2일 것이며, 그리고 만약 '통과하거나' '전송된' 사건이 a이고 실험적 배열이 b라면, 우리는 다음 식을 갖게 된다.

$$P(a, b) = 1/2 = P(-a, b)$$

여기서 '$-a$(비a)'는 '반사'라는 사건을 의미한다.

이제 단 하나의 광자로 실험이 수행되었다고 하자. 그러면 파동

---

69) W. Heisenberg, *The Physical Principles of the Quantum Theory*, 1930, p.39를 비교하라.

70) 나의 『과학적 발견의 논리』, 76절의 말미(영어판 p.235 이하)를 비교하라.

다발이 이 광자와 연합되었던 확률은 쪼개질 것이며, 우리는 두 개의 파동 다발인 $P(a, b)$와 $P(-a, b)$를 갖게 될 것인데, 이런 파동 다발들에 대해 우리의 등식

$$P(a, b) = 1/2 = P(-a, b)$$

이 유효하다. '충분한 시간 후에 두 부분은 우리가 바랐던 어떤 거리로 분리될 것'이라고 하이젠베르크는 쓰고 있다.[71] 이제 사진 건판의 도움을 받아 광자가 (볼 수 없는) 반사되었음을 우리가 '발견한다'고 가정하자. (하이젠베르크는 오해의 소지가 있는 비유인 '파동 다발이 반사된 일부 속에' 광자가 있다고 말한다.) 그는 다음과 같이 말한다. "그렇다면 파동 다발의 다른 일부에서 광자의 발견 확률은 **즉각 0이 된다**. 그래서 반사된 파동 다발의 위치 실험은 전송된 파동 다발에 의해 점유된 멀리 떨어진 점에서 일종의 작용(파동 다발의 환원)을 행한다. 그리고 이런 작용이 빛의 속도보다 더 빠른 속도로 퍼져 나감을 우리는 본다."

지금 이것은 거대한 양자 혼동을 맹렬하게 불러일으켰다. 무슨 일이 일어났는가? 우리는 상대적인 확률들을 갖고 있었으며 그리고 여전히 가지고 있다.

$$P(a, b) = 1/2 = P(-a, b)$$

만약 우리가 정보 $-a$(입자가 반사되었다고 말하는)를 다룬다면, 이런 정보에 상대적인 다음을 얻는다.

$$P(a, -a) = 0, \quad P(-a, -a) = 1$$

71) W. Heisenberg, *op. cit.*, p.39을 비교하라. 고딕체는 내가 한 것임.

이런 확률들이나 파동 다발들 중 첫 번째는 실제로 0이다. 그러나 '**즉각 0이 되는**' 것이 원래 파동 다발의 변형된 형식의 종류라고 주장하는 것은 완전히 잘못이다. 원래 파동 다발 $P(a, b)$은 1/2과 똑같이 남아 있다. 그런데 이것은 만약 우리가 원래의 실험을 반복한다면, 전송된 광자들의 가상적인 도수가 1/2일 것임을 의미하는 것으로 해석되어야 한다.

그리고 0인 $P(a, -a)$는 전혀 다른 상대적인 확률이다. 왜냐하면 그것은 **전혀 다른 실험**을 언급하고 있기 때문이다. 비록 그 실험이 첫 번째처럼 시작한다 할지라도 **그 명세서에 따라** 광자가 반사되었음을 우리가 발견할 때만 (사진 건판의 도움으로) **끝나는** 실험이기 때문이다.

파동 다발 $P(a, b)$에 대해서는 원거리의 작용이나 다른 어떤 작용도 영향을 미치지 못했다. 왜냐하면 $P(a, b)$는 원래 실험적인 조건에 상대적인 광자 상태의 성향이기 때문이다. 이것은 변화하지 않았으며, 그리고 그것은 원래 실험을 반복함으로써 시험될 수 있다.

이 모든 것을 반복할 필요는 없다고 생각할 수 있다. 그렇지만 좀 더 최근에, 하이젠베르크는 파동 다발의 환원은 양자 도약과 어느 정도 비슷하다고 주장했다.72) 왜냐하면 한편으론 "파동 다발의

72) [*(1980년에 추가) 상태 벡터의 붕괴와 양자 도약의 비교는 매우 좋지 않다. 우리가 후술하는 4절에서 보듯이 실재적인 불연속이 분명히 존재할 수 있을지라도, 그것이 항상 나타나는 것이 아니기 때문이다. 예컨대, 반투명 거울에 의해 반사되거나 반사되지 않는 광자의 불연속이 존재할 수 있다. 통상 이른바 양자 도약이라 한 것은 실제로 다음 두 사실에 의해 특징지어진다. 하나는 그 도약은 다소 있을 법하며 그리고 확률 함수를 갖고 있지만 반드시 일어날 필요는 없다는 사실이다. 다른 하나는 양

환원을" 그는 "파동 함수가 불연속적으로 … 변하는 사실에 관해" 말하고 있으며, "파동 다발의 환원은 **가능한 것**에서 **실제적인 것**으로의 전이가 완성될 때", 즉 "실제적인 것이 가능한 것으로 **'관찰자'**에 의해 … 선택될 때, 코펜하겐 이론에 나타난다고 잘 알려져 있다"고 덧붙이고 있기 때문이다. 다른 한편, 그는 다음 쪽에서 "원자 물리학의 모든 곳에서 발견되는 세계 [속의] 불연속의 원소에 … [그리고] 통상적인 양자 이론의 해석[에서] **가능한 것에서 실제적인 것으로의 전이 속에 포함되어 있는** 불연속의 원소"[73]에 관해 말하고 있다.

그러나 파동 다발의 환원은 분명히 양자 이론과 전연 관계가 없다. 왜냐하면 그것은 a가 무엇이든, $P(a, a) = 1$이며 또한 (일반적으로) $P(-a, a) = 0$이라는 확률 이론의 사소한 특징이기 때문이다.

우리가 동전을 던졌다고 가정하자.[74] 가능한 상태들 각각의 확률은 1/2이다. 우리가 던진 결과를 보지 않는 한에서도, 우리는 여전히 그 확률은 1/2일 것이라고 말할 수 있다. 만약 우리가 허리를

자 도약의 기제를 보지 못한다는 사실이다. 양자 이론의 관점에서 양자 도약 자체는 해명할 수 없다. 단순히 그 도약을 하게끔 하는 확률이나 성향이 존재할 뿐이다. 그 반면에 반투명 거울 사례에서는 반사나 투과의 기제와 유사한 어떤 것을 가지고 있다. 이 경우 두 기제 모두가 작용할 필요가 없고 그 둘 중 어느 하나가 작용할 수 있다는 것이 정확하다. 그리고 그것은 불연속에 이른다.]

73) W. Heisenberg, "The Development of the Interpretation of the Quantum Theory", in W. Pauli, ed., *Niels Bohr and the Development of Physics*, 1955, pp.12-29를 비교하라; p.23 이하를 보라(고딕체는 내가 한 것임).

74) 이 사례는 나의 논문, "The Propensity Interpretation of the Calculus of Probability, and the Quantum Theory", in Stephan Körner, ed., *Observation and Interpretation in the Philosophy of Physics*, 1957, pp.65-70과 p.88 이하에서 발췌되었다.

굽혀서 본다면, 그 확률이 갑자기 '변한다', 즉 하나의 확률은 1이 될 것이고 다른 하나는 0이 될 것이다. 우리의 봄 때문에, 양자 도약이 있었는가? 동전은 우리의 관찰에 의해 영향을 받았는가? 분명히 아니다. (동전은 '고전적인' 입자이다.) 심지어 확률(혹은 성향)도 영향을 받지 않았다. 여기에는 사소한 원리 외에는 아무것도 포함되어 있지 않거나, 어떤 파동 다발로 포함되어 있을 뿐이다. 만일 우리 정보가 어떤 실험의 결과를 함축하고 있다면, (실험 명세서의 일부로 간주된) **이런 정보에 상대적인** 결과의 확률은 항상 사소하게 $P(a, a) = 1$일 것이다.[75)]

이것은 또한 전술한 나의 논제 7에서 언급했던 폰 노이만의 원리 속에 있는 타당한 것을 설명하고 있다. 즉, 만약 우리가 즉각 측정을 거듭한다면, 그 결과는 확실하게 동일할 것이라는 원리가 그것이다. 실제로 만일 우리가 동전을 두 번째 본다면, 그 동전은 이전처럼 여전히 놓여 있을 것이라는 점은 매우 진부하다. 그리고 좀 더 일반적으로, 만약 우리가 '도착한 광자에 대한 것과 같은 측정을 **실험 조건들을 정의하는 것**으로' 생각한다면, $P(a, a) = 1$라는 진부한 사실과 더불어 그 실험의 명세서 때문에, 이런 실험의 반복 결과는 확실하다.

다음 논제를 진행하기 전에, 나는 당분간 핀 보드로 돌아갈 것이다.

$$P(x, e_1) = r$$

을 원래 실험에서 공이 핀 x에 부딪칠 확률이라고 생각하자. 그리

75) [*(1980년에 추가) 이 논증이 개정되어 개선되었기를 내가 바란다는 것을 후술하는 4절을 보라.]

고 핀에 부딪치지 않고 x를 지나가는 공을 우리가 본다고 가정하자. 그러면, 이것은 정확히 하이젠베르크가 반투명 거울 실험을 해석한 것처럼 해석될 수 있다.[76] 우리는 (이것은 매우 오해의 소지가 있는데) 파동 다발 $P(x, e_1)$이 붕괴한다고 말할 수 있다. 즉 그 파동 다발은 초광속으로 0이 되므로 붕괴한다는 것이다. 나는 그 논점을 더 이상 정교히 할 필요가 없기를 바란다.

10. 나의 열 번째 논제는 성향 해석이 입자들과 그것들의 통계 사이의 관계 문제를 해결하며, 그리고 이로 인해 입자들과 파동들의 관계 문제도 해결한다는 점이다.

디랙은 다음과 같이 썼다. "양자역학을 발견하기 전 언젠가 사람들[아인슈타인, 폰 라우에]은 빛 파동들과 광자 사이의 연관이 통계적인 특징을 띠어야 함을 인식했다. 그렇지만 그들이 분명히 인식하지 못한 점은 파동 함수가 특정한 곳에 있는 광자 하나의 확률에 관한 정보를 주고 있지만, 그곳에 있을 법한 광자들의 수에 관한 정보를 주지 못한다는 것이다."[77] 그는 위에서 논의되었던 사례와 매우 닮은 사례로 **하나**의 광자와 상호작용하는 반투명 거울 사례를 계속해서 쓰고 있다.[78]

---

76) 전술한 주석 71을 보라.

77) P. A. M. Dirac, *The Principles of Quantum Mechanics*, 4th edition, 1958, p.9을 비교하라.

78) 디랙은 분명히 (성향) 파동은 또는 파동들은 모든 개별 입자를 동반하고 있다는 중요한 쟁점에서는 옳았다. (파동은 자동적으로 주변 상황의 모든 가능성을 고려한다.) 그러나 그가 동일한 입자에 속하는 파열들만이 서로를 간섭할 수 있다고 생각한 것은 잘못이었다. 이런 독단은 (코펜하겐 해석의 비합리성에 미친 그 영향을 과대평가할 수 없는) 레이저의 발

이제 확률 이론을 단 하나의 경우에 적용하는 것이야말로 정확히 성향 해석이 성취하려는 것이다. 그러나 성향 해석은 입자들이나 광자들에 관해 말하는 것으로는 그 일을 성취하지 못한다. 왜냐하면 **성향들은 입자들이나 광자들 혹은 원소들이나 동전들의 속성이 아니기 때문이다.** 물리학에서 성향 진술들은 상황의 속성들을 기술하고 있다. 그리고 만약 상황이 전형적이라면, 즉 상황이 (빛의 방출 경우처럼) 자체로 반복한다면, 성향 진술들은 시험될 수 있다. 그러므로 그것들은 또한 **반복할 수 있는 실험적 배열들의 속성**이다. 그것들은 통계적으로 시험될 수 있는 (또한 핀 보드의 경우에 공들의 물리적 배열이란 실제적인 특징에 이르는) 한에서 물리적이며 구체적이다. 그리고 **특정한 어떤 실험적 배열**이 '그 배열의' 반복을 위한 하나의 명세서 이상의 사례로 간주될 수 있는 한에서는 추상적이다. (동전을 던지는 사례를 생각해 보자. 그 동전은 9피트 높이로 던져질 수 있다. 만약 그 동전이 10피트 높이로 던져졌다면, 우리는 이런 실험이 반복되었다고 말할 것인가, 아닌가?) 성향들을 비실재적으로 보이게 하는 것이 바로 성향들의 이런 상대성이다. 성향들은 하나의 경우들에 그리고 그 성향들의 가상적인 반복들 모두를 언급하고 있다는 것은 사실이다. 또한 어떤 하나의 경우도 많은 속성들을 갖고 있기 때문에 그저 검사를 통해서 그 성향들 중 어느 것이 그 명세서들에 포함되어야 하는지를 우리는 말할 수 없다. 명세서들이란 무엇을 '우리의' 실험과 '그것의' 반복으로 생각해야 하는지를 정의하고 있기 때문이다.

그렇지만 이것은 모든 성향이나 (고전 역학이나 양자역학적인)

명으로 반박되었다.

확률에 대해서는 물론이고, **모든 물리적이나 생물학적인 실험**에 대해서도 참이다. 그리고 그것은 이론이 없다면 실험이 불가능한 이유들 중의 하나이다. 하나의 실험 e_1의 완전히 부적절한 양상이나 실험을 반복하면서 인위적으로 변할 수 있는 것처럼 보이는 것은 '다른' 실험 e_2(그렇지 않다면 구별할 수 없는 실험)가 가장 중요한 명세서들의 일부인 것으로 판명될 수도 있다. 모든 실험가는 셀 수 없이 수많은 사례를 제시할 수 있다. 이른바 '우연적인 발견들' 몇몇은 원하지 않았거나 예상치 못했던 결과들을 통해서 만들어져 왔다. 그리고 그 결과들은 어떤 실험이 반복된 다음 그 결과에서의 변화가 이전에 부적절하다고 추측했던 몇몇 요인들에 의존했으므로 그 요인들이 그 실험의 명세서 속에 포함되지 않았음(배제되지도 않았음)을 알아차렸을 때 일어난다.

따라서 우리가 말해 왔던 명세서의 **상대성**은 양자 실험의 특징을 띠지 않으며 심지어 통계적인 실험의 특징도 띠지 않는다. **그것은 모든 실험의 영구한 모습이다.** (그리고 성향 관계는 '인과적' 관계의 일반화로 간주될 수 있으며 또한 직관적으로 이해될 수 있다. 우리가 '인과성'을 무엇으로 해석하든 그렇다.) 이런 이유 때문에 내가 보기에 통계적 법칙들, 통계적 분포들 및 다른 통계적 실재들을 비물리적이거나 실제적이지 않은 것으로 간주함은 잘못인 것 같다. 확률 장들은 물리적이거나, 심지어 그 장들은 특정한 실험 조건들에 의존한다 할지라도, 특정한 실험 조건들에 상대적이다.[79]

11. 나의 열한 번째 논제는 이렇다. 입자들과 확률 장들이 모두

79) 나의 『추측과 논박』, 1963, p.213 이하를 비교하라. 또한 전술한 주석 64의 경고를 보라.

실제적일지라도, (란데가 옳게 주장했듯이) 그것들 사이의 '이중성'에 대해 말하는 것은 오해의 소지가 있다. 왜냐하면 입자들은 실험의 중요한 **대상들**이기 때문이다. 확률 장들은 성향 장들이며 그리고 그 자체로 처음 사례에서 명시된 조건들의 **실험적 배열의 중요한 속성들**이다. 물론 그것들이 이번엔 입자의 운동량 같은 다른 물리적 속성들처럼 연구 대상들이 될 수 있다. 우리가 본 대로, 그것들은 심지어 사람들이 찰 수 있고 다시 반작용할 수 있는 대상들일 수 있다. 그러나 우리가 입자나 파동 어느 하나에 대해 말할 수 있지만, 한꺼번에 모두 말할 수 없다는 의미에서 어떤 이중성도 없다는 것, 즉 우리가 동시에 둘 다 말하지 못하는 입자와 입자의 운동량 사이엔 어떤 이중성도 존재하지 않는다는 것과 정확히 똑같다.

단순한 사례는 우리가 성향을 오직 입자만의 단순한 속성으로 다루는 것이 아니라, 입자와 전체 상황의 속성으로 다루어야 함을 예시해 줄 수 있다. 또한 비록 인간이 전문적인 연구를 위해 마련한 상황일 수 있을지라도, 인간의 활동이 없이 일어날 수 있는 상황이다. 특히 다음과 같은 문제들을 연구할 때의 상황이다.[80] 우리는 쉽사리 확률 1/2을 어떤 것의 속성, 즉 입자라는 종류의 속성으로 간주하는 유혹을 받는다. **그렇지만 우리는 이런 유혹에 저항을 해야 한다**. 왜냐하면 동전이 회전하지 않고 수직의 형태를 취할 수 있도록 몇 개의 구멍이 뚫려 있는 탁자에 떨어지는 방식으로 던져지는 실험적 배열을 가정하자고 했기 때문이다. 그러면 우리는 **세 가지** 확률들을 구별할 수 있다. 곧, 앞면이 나올 확률, 뒷면이 나올

---

80) 이 사례는 내 논문, "The Propensity Interpretation of the Calculus of Probability, and the Quantum Theory", *op. cit.*, p.89에서 발췌한 것이다.

확률, 그리고 아무것도 나오지 않을 확률이다. 혹은 심지어 네 가지 가능성들도 구별할 수 있다. 만약 구멍이 모두 북쪽-남쪽 방향에 있다면, 동전들의 앞면이 마주하는 (동쪽이나 서쪽) 방향에 의해 수직으로 선 동전들을 우리는 구별할 수 있다. 이것은 동전(또는 입자)의 구조와는 다른 조건들이 확률이나 성향에 크게 영향을 미치고 있음을 보여주고 있다. 전체 실험적 배열은 '표본 공간'과 확률 분포를 결정한다. (우리는 또한 쉽게 명세서들을 생각할 수 있다. 그 명세서들에 따라 실험적인 조건들이 어쩌면 심지어 그 실험이 진행되는 동안에도 '무작위한' 어떤 방식으로 변한다.)

따라서 성향이나 확률은 모집단(인간, 입자)의 성원에 대한 (대담함이나 전하 같은) 속성이 아니라, 어떤 상표의 초콜릿에 대한 인기와 (결과적으로 판매 통계와) 약간 더 닮아 있다. 이런 인기는 모든 종류의 조건들(광고, 판매 조직, 다양한 종류의 초콜릿에 대한 선호 상태의 모집단 통계 분포)에 의존하고 있다. 그리고 파동과 닮은 확률 분포(혹은 확률 진폭)는 사실상 모집단(인간, 초콜릿 바, 입자)의 성원에 대한 대안적인 '그림'으로 사용될 수 없는 어떤 것이다. 초콜릿 바와 내일 팔릴 성향에 대한 분포 곡선 형태 사이의 '**이중성**'(**대칭적**인 관계)을 말하는 것은 어리석은 일이다.

[원자 물리학에서 가장 오래되고 잘 알려진 사례는 물론 방사능이다. 이것은 각기의 방사능 핵이 해체될 성향으로 해석된다. 이런 성향은 '차기(kick)'가 지극히 어렵다. 그리고 오랫동안 이 성향은 원리적으로 찰 수 없다고 생각해 왔다. 즉, 성향은 모든 실험적인 조건들에 독립적이라는 것이다. 그 견해가 변하게 되었던 것은 핵 공명 이론에서만이었으며, 또한 하나의 원자와 대량의 원자 모두 해체될 핵 성향은 실험적인 조건들에 영향을 받을 수 있음을 우리

가 알게 된 것도 그 이론에서만이었다. (이 단락을 삽입한 것은 내가 신세를 많이 진 헤르만 본디 경(Sir Hermann Bondi)을 상기시키기 때문이다.)]

12. 나의 열두 번째 논제는 입자와 파동의 이중성이라는 잘못된 생각은 부분적으로 입자들의 구조에 대해 파동 이론을 제안한 드브로이와 슈뢰딩거가 제시했던 희망들 때문이라는 것이다.

파동 역학의 시작과 1926년에 처음 발표되었던 ψ-함수에 대한 보른의 통계적인 해석에 대한 시험들처럼 실험의 성공적인 분석과 해석 사이에는 2년의 기간이 있었다.[81] 이런 기간에 통계적인 문제가 원자의 안정성 문제(그리고 양자 도약의 문제)를 고전적인 방법을 통해 해결하는 것보다 덜 중요한 것으로 보였다. 그것은 매우 훌륭한 방법이었으며, 또한 의욕을 고취시키는 바람이었다. 즉, 그 바람은 장 개념에 의해 물질과 그 구조를 설명하는 것이었다. 슈뢰딩거와 에크하르트가 나중에 파동 이론과 하이젠베르크의 입자 이론이 (완전하지는 않을지라도 커다란 영향력을 미칠) 동치임을 보여주었을 때, 입자와 파동 사이의 대칭이나 이중성이란 생각과 더불어 두 그림 해석이 태어났다. 그러나 동치가 존재하는 한에서 보면, 그것은 **두 통계적인 이론들** — 입자의 통계적 행태에서 시작했던 통계적 이론('행렬 역학')과 어떤 확률 진폭의 파동과 닮은 형태에서 출발했던 통계적 이론 — 사이의 하나였다. (그 사건 이후에 현명하게 되었을 때) 슈뢰딩거가 발견했던 것이 물질 구조에 대한

81) M. Born, "Bemerkungen zur statistischen Deutung der Quantenmechanik", in F. Bopp, ed., *Werner Heisenberg und die Physik unserer Zeit*, 1961, pp.103-118을 비교하라; p.104를 보라.

파동 이론이었다는 그의 바람은 파동 이론에 대한 보른의 통계적인 해석의 성공적인 시험들을 견뎌내지 못할 것이라고[82] 말할 수 있다.

13. 나의 열세 번째이면서 마지막 논제는 다음과 같다. 고전 역학과 양자역학 모두 비결정론적이다.[83] 양자역학의 독특함은 파동 진폭들의 중첩 원리이다. 파동 진폭들의 중첩이란 외견적으로 고전적인 확률 이론과 전혀 유사함이 없는 (란데가 '상호 의존'이라 불렀던) 일종의 **확률적인 의존**이다. 나의 사고방식으로 보면 이것은 성향들은 (파인만이 역설한 대로 **가상적**이라 할지라도) 물리적이며 실제적이라고 말하는 것을 지지하는 요점인 것 같다. 왜냐하면 중첩은 우리가 찰 수 있기 때문이다. 다시 말해, 실험적 배열은 정합(국면)을 무너뜨릴 수 있기 때문이다.

알프레드 란데는 수학적으로 다음과 같이 보여줌으로써 이런 독특함을 설명하는 매우 흥미로운 시도를 했는데, 그것은 적어도 부분적으로는 성공한 시도인 것처럼 보인다.[84] "왜 **확률들이 개입하**

82) E. Schrödinger, "The General Theory of Relativity and Wave Mechanics", in *Scientific Papers Presented to Max Born*, 1953, pp.65-74를 비교하라.

83) 내 논문, "Indeterminism in Quantum Physics and in Classical Physics", *British Journal for the Philosophy of Science* 1, 1950, pp.117-133과 pp.173-195; 그리고 『후속편』 II권, 『열린 우주: 비결정론을 위한 논증』을 비교하라; A. Landé, "Probability in Classical and Quantum Theory", in *Scientific Papers Presented to Max Born*, 1953, pp.59-64; M. Born, "Bemerkungen zur staistischen Deutung der Quantenmechnik"(전술한 주석 81)을 비교하라.

84) A. Landé, *New Foundations of Quantum Mechanics*, 1965, p.82를 비교

느냐 하는 물음은 답변될 수 있다. 만약 그것들이 적어도 **일반적인 상호 의존 법칙을 준수하고자 한다면**, 그것들은 어떤 선택권도 갖고 있지 않다." 란데가 대칭이라는 비양자적인 원리들에서 양자 이론을 훌륭하게 도출한 것이 비판적인 분석을 견뎌냈다고 가정하자. 심지어 그런 때에도, 내가 보기에 란데 자신의 논증은 진폭들이 개입할 수 있는 이런 확률들(성향들)이 **물리적이고 실제적이며, 또한 단순한 수학적인 장치가 아니라고** 추측되어야 함을 보여주고 있는 것 같다. 확률들의 수학적인 '그림들'은 배위 공간(configuration space)에서만 '파동들'의 형태를 가질 수 있다 할지라도, 성향들처럼 확률들도 물리적이며 실제적이다. 확률들은 파동 그림이나 파동 형태를 띤 함수를 통해서, 혹은 실제로 어떤 그림이나 적어도 어떤 형태를 통해서 표현될 수 있는지 없는지의 물음과는 전혀 관계가 없다. 따라서 파동 그림은 오직 수학적인 의미를 가질 수 있을 뿐이다. 하지만 이것은 실제 확률적인 의존을 표현하고 있는 중첩 법칙에 관해서는 참이 아니다. 그러므로 나는 양자역학이 근본적으로 고전 역학과 다른 방식이야말로 — 즉, 성향 파동들의 개입에서 — 성향 파동들이 상호작용할 수 있으므로 그것들이 실제적임을 보여준다고 생각한다. 이것은 성향 장의 존재에 대한 강력한 논증이며, 그리고 만약 그 논증이 받아들여진다면, 우리는 양자 이론의 가장 특징적인 독특함을 설명할 수 있다.

다른 한편, 내가 보기에 콤프턴-사이먼의 사진들로부터 우리가 **광자들을 찰 수 있고 그것은 다시 반작용할 수 있는 것은 분명해 보인다.** 그러므로 (광자들의 존재에 대한 란데의 회의적인 견해에

하라. 고딕체는 부분적으로 내가 한 것임.

도 불구하고) 란데 스스로 그 용어에 부여했던 정확한 의미에서 광자들은 '실제적'이다. [물론 그것들은 예컨대 전자들보다는 덜 실제적이다. 왜냐하면 광자 수들은 보존이 되지 않는 반면에 적어도 '일상적인' 과정들이라 불릴 수 있다는 점에서 전자 수들은 보존되기 때문이다(물론 쌍 소멸에서는 보존되지 않는다).[85] 하지만 결국 탁자들과 의자들 및 인간의 신체들 어느 하나도 보존되지 않는다(특히 그것들의 수가 보존되지 않는다). 원자들도 또한 보존되지 않는다.]

항상 그렇듯이, 어떤 것도 말에 의존하지 않지만, '입자와 파동의 이원론'에 관해 말하는 것은 란데가 옳게 강조한 대로, '이원론'이란 용어를 포기하자는 그의 주장을 내가 지지하고 싶을 정도로 많은 혼동을 불러일으켰다. 그 대신 나는 (아인슈타인이 했듯이) 입자와 그 입자와 **관련된** 성향 장들(복수형은 장들이 입자에 의존할 뿐만 아니라 또한 다른 조건들에도 의존함을 지적하고 있다)에 관해 말함으로써 대칭적인 관계의 주장을 회피하도록 우리가 말할 것을 제안한다.

이 같은 용어 몇몇을 확립하지 않고 용어 '이원론'은 그와 연관된 잘못된 생각과 함께 살아남았다. 왜냐하면 그것은 중요한 어떤 것, 즉 입자들과 성향 장들 사이의 결합('힘들', 붕괴 성향들, 쌍 산출 성향들 등)을 지적하고 있기 때문이다.

그런데 '관찰할 수 있는'이란 용어가 그 이론에 대해 오해의 여지가 있는 유행어들 중에 있다.[86] 그것은 존재하지 않는 어떤 것을

---

85) [『자아와 그 두뇌』, 1977, p.7을 보라. 편집자.]

86) D. Bohm and J. Bub, "A Proposed Solution of the Measurement Problem in Quantum Mechanics by a Hidden Variable Theory",

제시하고 있다. 즉, 모든 '관찰할 수 있는 것들'은 관찰되었다거나 측정되었다는 것이 아니라, 이론적인 근거에 따라 **계산되었거나 추론되었다**는 점이다. 따라서 '관찰할 수 있는 것들'은 항상 우리가 사용하는 이론에 의존한다. 그렇지만 여기서 다시 우리는 용어들에 관해 싸움을 하지 않아야 한다. '실제적'이란 용어보다는 '관찰할 수 있는'이란 용어에 관해 더 이상 싸우지 말자는 것이다. 평상시처럼 정의들은 어떤 곳에도 이르지 못한다. 그러나 코끼리들이나 전자들 혹은 자기장들 (관찰할 수 있는 것들) 또는 인력 성향이나 이해 성향 혹은 비판 성향이나 어떤 명시된 결과를 산출하는 성향 같은 (관찰하기 매우 어려운) 성향들이 존재한다고 말할 때 우리 대부분은 그 말이 무엇을 의미하는지 알고 있다.

요약하면. 입자와 파동에 대해 단언된 이원론과 이것과 밀접히 연관되어 있는 확률의 주관적인 해석은 양자 이론에 대한 주관적이고 반실재론적인 해석의 원인이다. 그리고 이것은 비그너(E. P. Wigner)의 특징적인 진술들에 대한 원인이 된다. "양자역학의 법칙들 자체는 의식이란 개념에 대한 논의가 없다면 … 정식화될 수 없다"고 그는 말한다.[87] 이 말은 또한 그가 폰 노이만과 하이젠베르크의 다음 진술로 귀속시킨 견해이다. "따라서 객관적 실재란 생각은 … 더 이상 입자들의 행태를 표현하는 것이 아니라, 이런 행

Reviews of Modern Physics 38, 1969, pp.453-469를 비교하라; 특히 p.465 이하를 보라.

87) E. P. Wigner, "The Probability of the Existence of a Self-Reproducing Unit", in M. Polanyi, *The Logic of Personal Knowledge*, 1961, pp.231-238을 비교하라; p.232를 보라.

태에 대한 우리 지식을 표현하는 수학의 투명한 명료성으로 증발되었다."[88] 혹은 만약 관찰자가 내쫓겼고, 또한 물리학이 객관적이라면, ψ-함수는 "어떤 물리학도 결코 포함하고 있지 않다"[89]는 하이젠베르크의 주장도 귀속시킨 견해이다.

나는 종종 의식에 대한 진화론적인 의미를 지지하는 논증을 펼쳐왔다. 그리고 생각들을 파악하고 비판하는 의식의 생물학적인 지대한 역할을 논증해 왔다.[90] 그렇지만 양자역학의 확률 이론에 대한 그 의식의 침범이야말로 내가 보기에 나쁜 철학과 몇 가지 매우 단순한 실수들을 토대로 하고 있는 것 같다. 이런 실수들을 저지른 위대한 물리학자들이 물리학에 기여한 경탄할 만한 공헌들, 다시 말해 어떤 철학자도 열망할 수 없는 물리학의 의미와 깊이에 대한 공헌들이 영원히 기억된다 할지라도 이런 실수들은 곧 망각되길 나는 바란다.

4. 관찰 없는 파동 다발의 붕괴

*(1980년에 추가되었음) 논제 9의 논증은 본질적으로 1934년의 나의 『과학적 발견의 논리』에 있는 논증이다. 그것은 특히 소위 말하는 '파동 다발의 환원' 혹은 동일한 것, 즉 '상태 벡터의 붕괴'를 다루고 있다. 그리고 그 논증은 훨씬 강화될 수 있다.

---

88) W. Heisenberg, "The Representation of Nature in Contemporary Physics", *Daedalus* 87, 1958, pp.95-108을 비교하라.

89) W. Heisenberg, "The Development of the Interpretation of the Quantum Theory", in W. Pauli, ed., *Niels Bohr and the Development of Physics*, 1955, pp.12-29를 비교하라; p.26을 보라.

90) [『객관적 지식』, 1972; 그리고 『자아와 그 두뇌』, 1977을 보라. 편집자.]

그것이 주장한 대로, 그 논증은 새로운 어떤 정보가 확률에 미친 영향을 언급하고 있다. 그것은 확률 $p(a, b)$가 새로운 정보 c에 따라 $p(a, bc)$로 대체될 수 있음을 보여준다. 또한 그것은 만약 a가 핀 보드에 있는 공의 마지막 위치라면, 그 공이 실제로 어떤 핀에 부딪친 정보 c는 물론 a의 확률을 상당히 바꿀 수 있음을 보여주고 있다. 예를 들어 그것은 그 확률을 0으로 축소할 수 있다.

이 논증에서 '정보'라는 용어는 상당한 역할을 한다. 그리고 이런 이유 때문에, 사람들은 정보라는 말이 어떤 주관주의의 정취를 띤다고 말할 수 있다. '관찰자'를 완전히 몰아내지 못했던 것 같다. 현재 절의 주된 목적은 확률에 대한 성향 해석(내가 1953년 초까지도 발전시키지 못했던)의 도움을 받아,[91] '관찰자'를 몰아내는 일이 전면적임을 보여주는 것이다.

그렇지만 이것을 보여주는 일을 진행하기 전에, 나는 논제 9에 있는 논증을 옹호하는 몇 마디 말을 하고 싶다. 그 절에서 부분적인 역할을 했던, 그리고 '파동 다발'의 환원에 이른 정보는 **객관적인** 사실들에 관한 정보이다. 여기서 말하는 사실들은 어떤 '관찰자'와도 완전히 독립적이다. 다시 말하면, 공이 핀 보드의 어떤 핀에 부딪쳤는지 아닌지의 사실이라는 점이다. 따라서 정보를 말함으로써 내가 관찰자를 불법적으로 도입한다고 반대하는 것은 거의 지지될 수 없다. 그럼에도 정보나 지식 혹은 여하한 주관주의의 풍취

---

91) 나의 1953년 강의 "Philosophy of Science: A Personal Report"를 비교하라. 이 논문은 다음 책에 수록되었다. C. A. Mace, ed., *British Philosophy in the Mid-Century*, 1957, 특히 p.198 이하; 『추측과 논박』, 1963에 재수록. 또한 나의 "The Propensity Interpretation of the Calculus of Probability, and the Quantum Theory", in Körner, ed., *Observation and Interpretation*, *op. cit.*를 비교하라.

를 띤 어떤 것에 대한 직접적인 또는 은근한 어떤 언급도 우리는 제거할 수 있다.

다시 핀 보드의 사례를 생각해 보자. 내가 여기서 사용하고 있는 '규칙적인 핀 보드'는 일련의 핀들의 줄들로 이루어져 있다. 그리고 각각의 줄 안에 있는 각각의 핀은 그 줄 안의 모든 다른 핀과 일정한 거리를 두고 있다. 핀들을 줄마다 엇갈리게 설치함으로써 핀들이 앞 줄 핀들의 중간에 위치를 잡게 된다. 각각의 공은 핀들 사이의 일정한 거리를 지나갈 수 있는 크기이다.

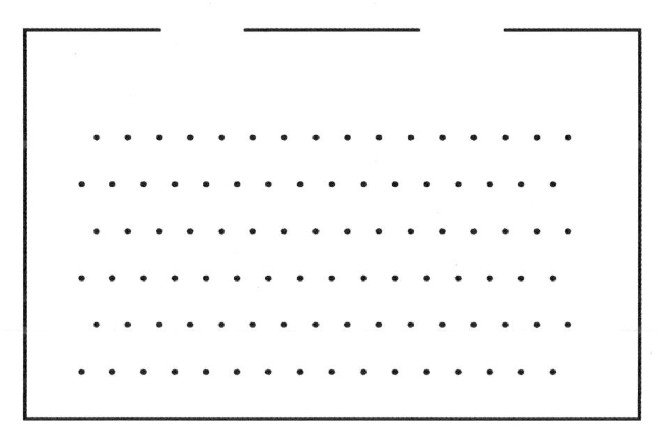

[그림 3]

규칙적인 핀 보드는 상당히 중요하다. 왜냐하면 그것은 확률 세계의 극히 단순한 모형으로 쓸 수 있기 때문이다. 곧, 그 세계에서는 모든 발생 — 즉 공이 핀에 부딪치는 것 — 은 확률 1/2로 그 발생의 확률적인 선택을 일으킨다. 다시 말해 각각 동일한 성격을 갖고 있는 두 가지 가능한 상태들과 두 가지 동일한 정도의 확률을 표현하는 파동 다발이나 상태 벡터이며, 따라서 우리가 원하는 한

'마지막 줄'까지 핀을 선택한다. 이 핀에 부딪치는 것은 우리의 발생 a이다. 그래서 $p(a, x)$는 상황이 x일 때, 이렇게 선택된 핀 a에 부딪칠 확률이다.

그런데 성향 해석은 성향들을 검토 중인 물리적인 상황에 대한 객관적인 물리적 속성들로 간주하고 있다. 그리고 궁극적으로는 전체 물리적인 세계의 객관적인 물리적 속성들로 생각한다. 따라서 발생 a — $p(a, x)$로 기술된 파동 다발이나 상태 벡터 — 의 객관적인 성향은 공이 어떤 핀의 왼쪽으로 움직일 때마다 변한다. x가 모든 발생과 함께 객관적으로 변하기 때문에 그것도 변한다.

우리에게 (x의 값의) 그 발생이 '알려지는지' 아닌지는 관계가 없다. 그것은 우리가 지식을 갖고 있든 없든 간에 0이 될 수 있는 a의 객관적인 성향이다.

그래서 여기서 그것은 변화하는 물리적 세계 자체 — 성향 — 이다. 그리고 세계의 변화는 '상태 벡터의 붕괴'로 기술된다. 또한 이것은 바로 확률적인 세계를 어떤 대안도 없는 결정론적 세계와 구별하는 특징이다. 달리 말해서 결정론적인 세계에서는 모든 객관적인 확률이나 성향이 1이거나 0이다.

이런 사소한 모형 세계인 핀 보드는 많은 측면에서 양자역학이 묘사하는 세계와 매우 유사하다고 나는 생각한다. 대체로 단지 하나의 차이만 존재할 뿐이다. 곧, 모형 우주에서는 어떤 국면도 우리는 갖고 있지 않으며 또한 국면의 어떤 일관성도 갖고 있지 않다는 점이다. 따라서 우리는 확률의 어떤 개입도 갖고 있지 않다. 전술한 나의 여덟 번째 논제에서 강조되었듯이, 우리 확률들은 더할 수 있지만, 그것들의 진폭들은 더할 수 없다.

물론, 우리는 두 슬릿 실험에 대한 모의 실험을 시도할 수 있다.

즉, 공들이 두 슬릿 A와 B를 지나 핀 보드 아래로 떨어지도록 실험할 수 있다. 그러나 이것은 단순히 확률 파동들의 진폭의 중첩이 아니라 두 개의 가우스 분포들의 첨가 중첩에 이를 것이다. 그 이유는 명백하다. 왜냐하면 우리는 모형에서 국면과 일관성 같은 어떤 것도 모의 실험을 할 수 없기 때문이다.

우리 모형이 매우 분명하게 보여주고 있는 하나는 시간 대칭이다. 다시 말해 시간 방향을 우리 모형 세계에서 전도시킬 수 있다는 사실이다. 만약 우리가 어떤 특정한 발생 — 어떤 공이 특정한 어떤 핀에 부딪침 — 을 고려하고 있다면, 우리는 그 공의 진행에 대한 확률들의 분포가 필요할 뿐만 아니라, 그 공의 과거 과정에 대한 확률들의 분포도 필요할 수 있다. 우리는 즉각 이 두 가지 문제가 정확히 대칭임을 안다. 핀 *c*에 부딪쳤던 공 *B*가 다음 줄의 핀들 중 가장 가까운 두 핀들의 어느 하나에 부딪칠 확률이 1/2인 것과 똑같이, 핀 *c*에 부딪치기 전에 공 *B*가 이전 줄의 핀들 중 가장 가까운 두 핀들의 어느 하나에 부딪칠 확률도 1/2이다. 따라서 이런 식으로 순행하는 작업을 할 때, 역행하는 작업에서 우리가 얻는 (가우스) 분포와 정확히 대칭인 분포를 우리는 얻게 된다.

이것은 슈뢰딩거 방정식의 유명한 시간-전도를 훌륭하게 예시하고 있다고 나는 생각한다.

5. 에버렛의 '다-세계' 해석

*(1981년에 추가되었음) 이런 결과들은 양자역학에 대한 유명한 '다-세계 해석'의 논의에 적용될 수 있는데, 이 해석은 본질적으로 휴 에버렛(Hugh Everett, III)에서 연유한 것이다. 그리고 존 아치볼

드 휠러(John Archibald Wheeler), 닐 그래함(Neill Graham) 및 브라이스 드위트(Bryce S. DeWitt)가 이런 결과들을 흥미롭게 논의했다.[92]

내 생각에 에버렛의 공헌들은, 비록 내가 그런 공헌들이 행하는 것으로 — 특히 드위트와 그래함이 편집해 출판한 책에서 — 상정했던 것을 달성한다고 생각하지 않는다 할지라도, 훌륭하다.

내가 보기에 에버렛의 주요한 세 가지 공헌은 다음과 같다.

(1) 에버렛의 공헌은 양자역학에 대해 완전히 **객관적인** 논의를 폈다는 점이다.

(2) (코펜하겐 해석과는 반대로) 에버렛의 접근에서 측정 기구와 같은 '고전적인' 물리 체계들과 기본 입자들과 기본 입자들의 (작은) 체계들(예컨대 분자들이나 분자들의 집단들) 같은 양자역학적인 체계들 사이를 구분할 필요가 없으며 또한 구분할 이유도 없다. 그 대신 모든 물리적 체계는 양자역학적 체계들, 특히 측정에 사용된 기구로 간주되며 또한 사실상 우주로 간주된다.

(3) 에버렛은 상태 벡터의 붕괴 — 에버렛 이전에 슈뢰딩거 이론의 외부로 간주되어 왔던 어떤 것 — 는 그가 이른바 '보편적인 [슈뢰딩거의] 파동 함수 이론'이라 부른 것의 내부에서 일어남을 보여준다.

이 논점들 중 세 번째 것은 에버렛의 이론에 대한 나 자신의 해석에서 제기된다. (예컨대, 그것은 '상태 벡터의 붕괴'가 슈뢰딩거

---

92) Bryce S. DeWitt and Neill Graham, eds., *The Many-Worlds Interpretation of Quantum Mechanics*, 1973을 보라. 여기에 휴 에버렛의 다음 논문이 포함되어 있다. "'Relative State' Formulation of Quantum Mechanics", *Reviews of Modern Physics* 29, 3, July 1957, pp.454-462.

방정식으로부터 따라 나오지 않는다고 주장하는 드위트에 의해 모순이 된다.[93] 그렇지만 드위트는 아마도 우리가 에버렛의 논증과 같은 어떤 것을 채택하지 않는다면, 그것이 따라 나오지 않는다고 말하고 싶을 뿐이었다.)

나의 세 논점들 중 처음 두 논점에 관해, 나는 그 논점들이 에버렛 논의의 중요한 양상들이라는 것에 모든 사람들이 동의할 것이라고 기대한다.

에버렛 논의나 드위트가 그 논의를 해석한 몇 가지 다른 양상들은 내가 보기에 오해들에 기인한 것 같다. 나는 이런 오해들 중 약간을 언급할 수 있다.

우선 소위 '양자역학의 다-세계 해석'이나 세계가 양자역학적인 상호작용에서 많은 세계들로 나누어진다는 약간 선풍적인 주제가 있다. 나는 아래에서 이것이 지지될 수 없음을 보여주겠다.

두 번째로, 에버렛의 해석은 (드위트가 "그 세계는 체계들과 기구들로 분해할 수 있을 정도로 충분히 복잡해졌다"[94]고 말한 '복잡성의 전제'를 제외하고) 어떤 부가적인 가정이 없는 수학적 형식의 직접적인 결과라는 주장이 있다. 에버렛의 해석이 '형이상학적 가정들에서' 자유롭다는 것은 이런 주장의 일부이다. 이 주장 또한 지지될 수 없음을 보여줄 것이다.

그러나 내 비판이 에버렛의 성취나 그의 독창성을 무시한 것으로 생각되지 않아야 한다.

에버렛의 논증은 단순하며 또한 독창적이다. 그는 우리 세계의 나머지와 (충분하게) 분리된 것으로 간주되는 다소 복잡한 체계들

---

93) DeWitt and Graham, eds., *op. cit.*, p.159, 왼쪽 열의 마지막 단락.
94) *Ibid.*, p.160.

의 양자역학을 고려하고 있다. 그렇다면 이런 체계들에 적합한 것은 전체 우주로 확장될 수 있다.

에버렛이 특별하게 연구한 물리적인 체계들 *X*는 하부 체계 *A*를 포함하고 있는 체계들이다. 하부 체계 *A*는 *X*의 하부 체계 *B*에 대한 이른바 몇몇 '관찰할 수 있는 것들'을 측정할 수 있는 기구(컴퓨터)로 구성되어 있다. 그리고 그 측정을 *A*의 물리적인 하부 체계 속에 기록한다. 이를 비유적으로 '*A*의 기억'이라고 부른다.

*A*에 의해 그 진화가 기록된 하부 체계 *B*는 (단순성을 위해) 우리의 규칙적인 핀 보드라고 간주될 수 있다. 그리고 *A*는 공이 보드 아래 가능한 경로들 중의 하나로 나아갈 확률을 측정하여 기록하는 것으로 간주될 수 있다. 이런 확률들은 '파동 다발'이나 '상태 벡터'로 표현될 것이다. 그리고 '측정'(공의 위치)은 공이 어떤 핀에 부딪쳐 발생한 것일 수 있거나 아닐 수도 있다.[95] 만일 그것이 발생한 것이라면, 전술한 아홉 번째 논제와 4절에 기술했던 의미에서 '측정'은 이전 상태 벡터의 '붕괴'에 이른다.

물리적인 체계 *A*가 상태 벡터의 붕괴를 기록하는 한에서, 그것은 이런 붕괴의 물리적인 객관성을 보여준다. 즉, 에버렛이 보여준 붕괴는 객관적인 양자역학 이론의 일부라는 것이다.

지금까지는 좋다.

하지만 에버렛은 내가 확실하게 형이상학적이라고 간주한 자신의 결과들에 관한 해석을 했다.[96] 이런 해석의 동기는 매우 단순하다. 슈뢰딩거 방정식의 형식으로 말하는 양자역학 이론은 그 체계

---

95) 나의 『과학적 발견의 논리』, 23절, pp.88-91의 '발생(occurrence)'과 '사건(event)'에 관한 논의를 비교하라.

96) 전술한 주석 92에 인용된 1957년의 그의 논문에서.

가 가능한 경로 중 어느 것을 선택할 것인지를 (모든 확률적인 이론처럼) 예측하지 못한다. 그는 — 오직 이런 방식으로만 이론의 객관성이 보존될 것이라고 믿었기 때문에 — 그 체계의 상태는 "연이은 각개의 관찰과 더불어 수많은 다른 상태들로 분화한다. 각각의 분지는 가능한 상이한 측정 결과[들]의 하나와 그리고 대상-체계의 [*B*의] 상태에 대해 **대응하는** 고유한 상태를 표현하고 있다. 모든 분지는 주어진 일련의 관찰들 후에 … 동시에 존재한다"라고 말한다.

에버렛의 견해는 관측하고 기록하는 컴퓨터 *A*를 통해서 강화된 핀 보드 모형으로 예시될 수 있다. 그것은 다음과 같은 주장과 일치한다. 즉, (**객관적으로** '측정된' 어떤 상태 후에 다음의 두 가능한 상태를 결정하는 상태 벡터가 두 상태들을 결정하는 것으로) 두 체계들로 나누어진 우리 체계 *X*의 분열(핀 보드 *B* + 컴퓨터 *A* 혹은 *A* + *B*)이 존재할 것이다. 두 체계는 *X*' = *A*' + *B*' 그리고 *X*" = *A*" + *B*"인데 이들은 각기 예측된 객관적인 가능성들 중 하나를 실현하고 있다. 물론, *X*'에서 *A*'는 *B*'의 상태(미래 가능성들)를 표현하는 상태 벡터를 기록하는 반면에, *X*"에서 *A*"는 *B*"의 상태(미래 가능성들)를 표현하는 상태 벡터를 기록할 것이다.

달리 말해서, (공이 어떤 핀에 부딪치는) 모든 발생에서 우리 체계 *X*(즉, 보드 + 컴퓨터)는 복제된다. (상호작용을 통해서 열린 두 가지 가능성보다 더 많은 가능성이 있는 더 복잡해진 체계에서, 체계 *X*는 *n* 체계들로 분리될 것이다. 여기서 *n*은 *B*에서의 발생을 통해서 열린 가능성들의 수이다.)

분리(발생)가 뒤따르는 다 세계들(체계들) 각각은 가능 세계들의 하나를 표현하고 있다. 곧, 분리에 이르렀던 발생(예컨대 측정) 후에는 가능한 것으로 남아 있는 세계들의 하나를 표현한다.

분명히 이 세계들 각각은 실제로 상식에 의거해 일어날 수 있었던 세계들의 하나와 동일하기 때문에, 그 세계들 사이엔 어떤 상호작용도 존재하지 않는다. 다시 말하면, 그 세계들 중 하나의 거주자들은 다른 세계들에 관해 어떤 것도 알아채지 못하거나 상식 세계에서 일어나지 않는 어떤 것도 알아채지 못한다.

그러므로 에버렛의 해석은 우리가 (우리 자신들을 계속적으로 분리시킴을 의미하는) 우리 세계의 계속적인 분리를 경험하지 못한다는 사실에 의해 불가능한 것으로 되지 않는다. 에버렛이 지적했듯이, 지구가 공전한다는 이론이 우리가 그 운동을 경험하지 못하기 때문에 모순되지 않듯이, 에버렛의 해석은 우리가 그런 분리를 경험하지 못하기 때문에 모순되지는 않는다.

그럼에도 불구하고, 나는 에버렛의 다-세계 해석은 아마도 지지될 수 없다고 생각한다. 그 이유는 그것이 직접적인 경험이나 상식과 충돌하기 때문이 아니라, 자신은 충실하게 따르고 있다고 에버렛이 생각하는 물리적 이론과 충돌하기 때문이다.

이런 충돌은 많이 있다. 아마도 어떤 것들은 특별한 변론과 매우 유사한 어떤 것을 통해서 해결될 수 있다. 그렇지만 내 생각에 어떤 것들은 에버렛의 이론에 극도로 치명적이다.

특별한 변론을 통해서 해소될 수 있는 충돌들 중에는 보존 법칙들 — 에너지(에너지-질량) 보존, 운동량 보존, 각 운동량 보존 등 — 과 연관된 충돌들이 있다. 이런 법칙들은 모든 분화에 의해 철저하게 훼손될 것이 매우 명백하다.

탈출구는 이런 법칙들이 분화 체계들의 하나하나 안에서 유효하지만, 분화 체계들의 체계들에서는 유효하지 않다고 말하는 것이다.

이 점을 확실하게 말할 수 있지만, 그러나 이런 탈출구에 대해 강력한 반대가 있다. 분화들과 다-세계를 도입하는 유일한 이유는 **물리적인 이론의 일부** — 어떤 체계가 채택할 수 있는 가능성들을 언급하는 이론 — 가 문자 그대로, (핀 보드의 경우처럼) 그 체계가 선택할 수 있는 대안적인 가능성들에 대한 기술보다는 실제적인 전체 물리적 실재에 대한 기술로 간주될 수 있기 때문이다. 그러나 그렇다면, 언급된 탈출구는 보존 법칙들 — 심지어 에버렛 이론의 토대와 동일한 슈뢰딩거 방정식에 의해 함의된 법칙들에 대한 것들 — 이 문자 그대로 간주되지 않아야 한다는 것을 말하고 있다.

나는 이런 탈출구가 용납될 수 없다고 생각하지 않는다.

(부수적으로, 이런 단계에서도 다-세계 해석이 주장된 대로 물리적인 형식에서 직접적으로 따라 나오지 않는다는 것을 우리는 매우 분명하게 안다.)

하지만 훨씬 더 강력한 비판이 존재한다.

슈뢰딩거 방정식은 시간 방향의 전도에 관해 — 4절 말미에 설명되었던 우리의 핀 보드와 똑같이 — 대칭적이다.

그러나 이것은 만약 우리가 에버렛의 분화 이론을 받아들인다면, 즉 미래에 관한 모든 가능성의 실재를 받아들인다면, 우리는 또한 반대인 것 — 모든 발생 시간에 끊임없이 일어나는 **실제 세계들의 무한한 융합** — 도 받아들여야 함을 의미한다.[97] 에버렛의 이론에서 이것은 필수 불가결하다. 왜냐하면 그것은 에버렛 이론이 해석

---

97) 그런데 에버렛의 이론에 관한 '다' 세계의 수가 무한이며, 그리고 그 무한은 심지어 연속체의 지수라는 것도 쉽게 보인다. 설령 객관 체계 *B*가 단지 수소 원자라 할지라도 그렇다.

한다고 전제되었던 형식적인 이론의 가장 중요한 대칭들 중의 하나는 보존해야 하기 때문이다.

우리가 상태 마련을 하거나 관찰하는 시간의 순간을 t_1이라고 하자. 슈뢰딩거 방정식의 일상적인 용도는 ($t_1 < t_2$인) t_2에 무슨 일이 일어났느냐고 묻는 것이다. 에버렛의 해석에 따라, 만일 각기 확률 1/2로 예측된다고 말하게끔 한 두 가능성이 존재한다면, 세계는 두 개로 분화할 것이며 또한 각각의 확률은 세계들의 하나 속에서 실현될 것이다.

그렇지만 우리는 또한 슈뢰딩거 방정식을 t_0에서 어떤 상태들이 일어날 수 있는지, t_1에서는 어떤 상태가 일어날 수 있는지를 묻는 데 사용할 수 있다. 다시 답변은 '각각의 상태에서 확률 1/2을 갖고 있는 두 상태들'일 수 있다. 에버렛의 해석은 이런 경우 대칭이라는 이유들 때문에, t_1에서 그 상태가 t_0에서의 상태들과의 융합에서 일어남을 필요로 할 것이 분명하다고 나는 생각한다. 왜냐하면 형식이 대칭적이므로 그 해석 또한 대칭적이어야 하기 때문이다.

에버렛과 그의 주석가들은 이것에 관해 한마디도 하지 않는다. 그리고 실제로 세계에 대한 이런 견해를 옹호하기 위해 어떤 말을 하는 것은 매우 어렵다. 특히 다-세계 해석은 양자역학적인 형식의 결과가 아니라 (따라서 필수적인 부분이 아니라) 그 형식에 대한 **다소** (그러나 물론 전적으로는 아닌) 인위적인 해석이며, 그리고 (또한 핀 보드의 상식적인 세계나 나의 성향 해석을 내가 자유롭게 인정하는 것처럼) 확실히 형이상학적인 해석이기 때문이다.

그러나 시간의 가역적인 상황 때문에 제기된 좀 더 어려운 점들이 존재한다. 그중 하나는 이렇다. 슈뢰딩거의 파동은 형식적으로 결정론적인 성격을 띠고 있다. 그것은 우리의 해석(핀 보드의 상식적 해석에 대응하는 보른의 해석)을 통해서만 확률적이게 된다. 에버렛이 자신의 다-세계 해석을 지지하면서 언급한 하나의 논점은 그것이 슈뢰딩거의 파동 해석에 대한 결정론적인 성격을 보존하고 있다는 것, 곧 파동이 연 모든 가능성이 실현된다면, 사실상 실재는 파동 방정식의 해결을 통해 기술된 어떤 상태에 의해 미리 결정되어 있다는 것이다.

이것은 어떤 상태 마련 실험을 통해서, 예컨대 좁은 슬릿이 선택한 입자들의 빛줄기에 의해서 생생하게 예시될 수 있다.

산포하는 빛줄기 각각의 입자는 분화하는 에버렛 세계들의 하나와 유사한 것으로 간주될 수 있다. 그리고 에버렛의 실재 — 사람들이 여기서 보는 많은 세계들 — 와 유사한 것으로서 전체 빛줄기는 많을 뿐만 아니라, 서로에 상대적인 무작위적인 방식으로 산포하고 있다.

이제 시간의 방향을 전도시켜 보자. 그러면 우리는 과거의 많은 세계들은 무작위 산포이지만, **비록 그 세계들이 융합 이전에 그 사이에 어떤 상호작용도 없다 할지라도**, 그 세계들이 융합할 때 상호 연관되도록 배열되는 것을 보게 된다.[98]

이제 나는 다음과 같은 것을 덧붙일 수 있다. 만약 우리가 기억

---

98) 만약 우리가 슈뢰딩거 방정식을 어떤 방사성 물질 1그램에 적용하고 시간의 화살을 돌려서 물질을 붕괴시키는 대신에 통합시킨다면, 우리는 유사한 불합리성을 얻는다. 그런 상황은 가능하지만, 극히 있을 법하지 않다. 시간의 화살(Arrow of Time)에 대해서는 *Nature*에 실린 나의 글들을 보라. (*Nature* 177, 1956, No.4507, p.538; *Nature* 178, 1956, No.4529, p.382; *Nature* 179, 1957, No.4573, p.1297; *British Journal for the Philosophy of Science* 8, 1957, No.30, pp.151-155; *Nature* 181, 1958, No.4606, pp.402-403; *Nature* 207, 1965, No.4994, pp.233-234; *Nature* 213, 1967, No.5073, p.320; *Nature* 214, 1967, No.5085, p.322.)

들의 융합을 고려한다면, 그 상황은 분명히 불합리하게 되며, 또한 기술하기가 매우 어렵게 된다.

이런 이론의 배후의 실재적인 경향은 비교적 덜 불합리한 형태로 달성될 수 있음은 분명하다. 사실상 그것은 물론 에버렛의 해석과 마찬가지로 형식주의로부터는 연역할 수 없는 성향 해석에 의해 달성된다. 그러나 성향들을 (그러나 부수적으로 시간의 방향이 부여된) 물리적으로 실재하는 것으로 간주하고 있기 때문에, 우리는 슈뢰딩거의 방정식이 물리적인 실재를 기술하고 있으며, 그리고 상태 벡터의 붕괴는 에버렛의 독창적인 논증을 통해서 그 이론 내에서 정당화될 수 있다고 말할 수 있다.[99]

99) [포퍼의 성향 해석은 『실재론과 과학의 목표』(『후속편』 I권), 그리고 『열린 우주: 비결정론을 위한 논증』(『후속편』 II권)은 물론 이 책 전체에 걸쳐 제시되어 있다. 그것은 1953년에 처음으로 제시되었으며, 이 강연은 C. A. Mace, ed., *British Philosophy in the Mid-Century*, 1957, p.188 이하로 출판되었다(『추측과 논박』, 1963, 1장으로 재출간). 또한 H. D. Lewis, ed., *Contemporary British Philosophy*, 1956, p.388(『추측과 논박』, 1963, 3장으로 재출간)을 보라. 편집자.]

양자 이론과 물리학의 분열

I 장
양자 이론의 이해와 그 해석

양자 이론의 보어-하이젠베르크 해석에 대한 비판자들은 대체로 좋은 시절을 갈망하는 반동분자들이라고 묵살되었다. 이 시절은 고전 물리학의 시절로, 이론들이 추상적이 아니라, 역학 모형들의 도움을 받아 쉽게 시각화할 수 있는 시절이며 결정론의 시절이었다. 이로 인해 특히 물리학에서 성공을 이루지 못했던 생각들도 포함하고 있는 새로운 생각들을 열렬히 찬미하는 일을 거듭 말해야 한다고 나는 생각한다. 또한 새로운 이론의 '추상적'인 특징은 그 이론에 반대할 것이 전혀 없으며, 그리고 '추상적'인 것으로 한 세대의 물리학자들에 충격을 준 것은 더 이상 다음 세대에게는 그럴 수 없다고 나는 확신한다. (이것을 예증하는 많은 사례들이 주어질 수 있다.) 또한 내가 비결정론자라는 것을 다시 강조해야 한다.[1]

---

1) [『과학적 발견의 논리』에 대한 『후속편』 II권, 『열린 우주: 비결정론을 위한 논증』을 보라. 편집자.]

『과학적 발견의 논리』의 대부분은 양자 이론의 문제들에 할애되었다. 그렇지만 양자 이론은 또한 내 생각들이 발전되어 약간 변했던 영역이다. 그리고 다음에 이어지는 페이지들에서 이런 쟁점들에 대해 내가 현재 생각하고 있는 것을 표현하고자 한다.[2] 상세한 항

2) [1950년대 중반『후속편』의 이 책을 쓴 이래로, 포퍼는 양자역학에 관한 자신의 생각들을 전개하는 다수의 논문들을 출간했다. "The Propensity Interpretation of the Calculus of Probability, and the Quantum Theory", in *Observation and Interpretation*: Proceedings of the Ninth Symposium of the Colston Research Society, Bristol, ed. S. Körner, 1957, pp.65-70, pp.88-89; "The Propensity Interpretation of Probability", in *The British Journal for the Philosophy of Science* 10, 1959, pp.25-42; "Philosophy and Physics", *Atti del XII Congresso Internazionale di Filosofia*, Venice, 1958, 2, 1960, pp.367-374; "Quantum Mechanics Without 'the Observer' ", in *Quantum Theory and Reality*, ed. Mario Bunge, 1967, pp.7-44, 이 글은 이 책 서론으로 재출간; "Birkhoff and von Neumann's Interpretation of Quantum Mechanics", *Nature* 219, 17 August 1968, pp.682-685; "Quantum Theory, Quantum Logic, and the Calculus of Probability", in *Akten des XIV. Internationalen Kongresses für Philosophie* III, Vienna, 1969, pp.307-313; "A Realist View of Logic, Physics, and History", in Wolfgang Yourgrau and Allen D. Breck, eds., *Physics, Logic, and History*, 1970, pp.1-30, pp.35-37; "Particle Annihilation and the Argument of Einstein, Podolsky, and Rosen", in Wolfgang Yourgrau and Alwyn van der Merwe, eds., *Perspectives in Quantum Theory: Essays in Honor of Alfred Landé*, 1971, pp.182-198; 그리고 "A Realist View of Logic, Physics, and History",『객관적 지식』, 1972, 8장이 포함된다. 또한 포퍼의 지적인 자서전과 P. A. Schilpp, ed., *The Philosophy of Karl Popper*, 1977, pp.71-77, pp.101-105, pp.108-110, pp.121-133, pp.1053-1058, pp.1125-1144의 그의 비판자들에 대한 답변을 보라. 포퍼의 지적인 자서전은『끝나지 않는 물음』, 1976으로 재출간되었으며, 참고문헌들은 보통 마지막판에 있을 것이다. 지금 인용된 그 논문들 중 둘—"Birkhoff and von Neumann's Interpretation of Quantum Mechanics", 1968과 "Particle Annihilation and the Argument

목들에 들어가기 전에, 나는 양자 이론에 관한 나의 현재 생각들이 이전의 생각들과 어떻게 비교되는지를 지적하고 있는 다섯 가지 논점을 간략하게 진술하고 싶다.

(1) 내가 『과학적 발견의 논리』의 본문 — 77절에 기술된 상상 실험 — 에서 크게 강조하고 있는 양자 이론에 관한 논증은 부당하다. 그리고 나는 그 논증을 철회하고 싶다.[3)]

(2) 그럼에도 불구하고 양자 이론의 하이젠베르크의 해석과 보어의 해석 — 지금 코펜하겐 해석이라 불리는 — 에 대한 나의 초기 비판은 타당하다. 그 비판은 그 자체로 견지되고 있다. 더구나 나 자신의 부당한 실험은 타당한 다른 실험 — 아인슈타인, 포돌스키, 그리고 로젠의 상상 실험 — 으로 대체될 수 있다.

(3) '코펜하겐 해석'에 대한 나의 옛날 비판은 물론 **양자 이론을 해석하는 문제는 확률을 해석하는 문제와 연관된다는 적극적인 논제**를 나는 옹호한다. 따라서 양자 이론도 만약 확률 이론이 그렇게 해석되어야 한다면 합계들(혹은 '집단들')에 관한 통계적인 이론으로 해석되어야 할 것이다.

(4) 그러나 만일 확률 이론이 성향들 — 이 『후속편』 I권과 II권의 의미에서 — 의 이론으로 해석될 수 있다면, 양자 이론 또한 그렇게 해석될 수 있다. 더구나 만약 우리가 양자 이론을 물리적인 성향들의 이론으로 해석한다면, 우리는 코펜하겐 해석에서 제기되

---

of Einstein, Podolsky, and Rosen", 1971 — 은 포퍼가 더 이상 지지하지 않는 몇몇 논점들과 논증들을 포함하고 있다. 이 책의 '1982년 서문'과 또한 J. S. Bell, "Quantum Mechanical Ideas", *Science* 177, September 8, 1972. 편집자.]

3) [포퍼의 상상 실험과 아인슈타인, 포돌스키, 로젠의 논증과 그것의 관계에 대한 논의는 이 책의 '1982년 서문'을 보라. 편집자.]

었던 모든 난관을 해결할 수 있다.

(5) 1930년대 초에 내가 처음으로 지금 코펜하겐 해석이라 불리는 것을 공격했을 때, 나는 그 해석에 내재하고 있는 반합리적인 경향들에 관심을 두고 있었다. 그 당시에 확률의 주관적인 해석은 다음과 같은 원인 때문이라고 주장했다. 실제로 주관적인 해석은 그 중독자들을 (훨씬 더 자기도취적이기 때문에) 훨씬 더 위험한 지적인 마약, 즉 확률의 주관주의 해석과 객관주의 해석의 **혼합물**을 복용하도록 유혹한다. 그 이래로 나는 많은 것을 배웠고 그리고 성향 해석을 위해 도수를 포기함으로써 근본적인 논점에 관한 내 마음을 바꾸었다. (『후속편』 I권, 2부를 보라.) (이 둘은 모두 **객관적인** 해석이다.) 그렇지만 나는 확률의 주관적 해석과 객관적 해석의 치명적인 혼합물은 다음과 같은 비합리주의의 모든 징후를 창출했다는 것을 이전보다 더 확고하게 확신하고 있다. 그 징후는 지식 대상에 주관이 간섭한다는 양자 이론의 꿈과 같다.

내가 20년 전에 보지 못했던 것은 이런 혼합물과 고전 물리학의 결정론 사이의 밀접한 연관이었다.[4] 마지막 분석에서 결정론에 대한 무의식적인 편견들은 확률의 주관주의 이론과 그 이론의 결과 — 물리학에 신비주의가 침투함 — 때문에 비난을 주로 받아야 한다고 판명될 것이다.

1. 물리학의 분열

내가 『과학적 발견의 논리』를 처음으로 출판했던 때인 1934년

4) [『후속편』 II권, 『열린 우주: 비결정론을 위한 논증』의 포퍼의 결정론에 대한 논증을 보라. 편집자.]

가을 이래로 **양자 이론의 형식을 해석하는** 문제에 대해 많은 논의가 있었다. 그러나 나는 아래 17절에서 검토될 아인슈타인, 포돌스키, 그리고 로젠의 근본적으로 중요한 논문을 제외하고 많은 발전이 성취되었다고 생각하지 않는다.

이런 논의들 중 주목할 만한 하나의 양상은 물리학에서 분열의 발전이었다. 양자 정통파로 기술될 수 있는 어떤 것, 예컨대 일종의 학파 혹은 단체의 출현이었다. 하이젠베르크와 파울리의 매우 적극적인 지지와 함께 닐스 보어가 이 파를 이끌었다. 적극적이지 않은 공감자들로 막스 보른과 요르단 그리고 심지어 디랙이 있었다. 달리 말하면, 강력하고 일관되게 반대했던 두 명의 위대한 사람인 아인슈타인과 슈뢰딩거를 제외하고, 원자 이론에서 모든 위대한 이름들이 정통파에 속한다. 루이 드 브로이는 파일럿 파동 이론인 비정통파 이론을 제시한 후 잠시 동안 정통파에 가담했던 것 같다. 그러나 그 후에 데이비드 봄이 이런 파일럿 파동들을 재발견한 것에 의해 자극을 받아 그는 다시 정통파에 반대했다. 그리고 수년 동안 보어의 견해에 가담했던 알프레드 란데 또한 나중에 전혀 다른 이유 때문에 반대했다. 이것은 실제로 이해하려는 단호한 노력의 결과에 불과했다.

정통파와 달리, 반대자들은 결코 단합을 하지 못했다. 그들 중 어떤 두 사람도 (아마도 드 브로이와 봄을 제외하고) 일치하지 않았다.

심지어 세 번째 집단의 물리학자들 — 아마도 다수를 차지하는 — 이 존재한다. 이 집단은 이런 논의들을 외면했던 사람들로 이루어져 있다. 그들은 옳게도 그 논의들을 철학적인 것으로 간주하기 때문에 외면했으며, 그리고 철학적인 논의들은 물리학을 위해 중요하지 않다고 그들은 잘못 믿었기 때문에 외면했다. 지나친 단순화 시대에 그리고 새롭게 발전하고 있는 편협한 숭배의 전통에서 성장했던 더 젊은 많은 물리학자들이 이 집단에 속한다. 또한 이들은 비전문가인 나이 많은 세대(그들에게는 매우 진부하게 보인 구성원들)를 경멸하는 전통과 그리고 쉽게 과학의 종말에 이를 수 있으며 또한 과학을 기술로 대체하는 전통에서 성장했다.

이런 불화의 의미는 무엇인가? 두 가지 밀접하게 연관된 쟁점이 있다. 파울리는 다음과 같이 쓰고 있다. "… 모든 물리학자가 전기의 원자적인 본성과 그리고 … '기본 입자들'의 질량 값을 설명하는 데 충분치 못한 현재 양자 이론은 … 한정된 적용 영역을 갖고 있을 뿐이라는 것에 동의한다."[5] 달리 말하면, 모든 물리학자는 양자 이론의 신기한 성공에도 불구하고 새로운 이론이 필요하다는 데 동의한다는 것이다. 몇몇은 마지못해 그것을 인정하는 반면에 몇몇 반대자들은, 비록 그 논박이 명백하다 할지라도, 현재 이론은 사실상 약간의 상이한 요점에서 논박되었다고 지적한다. (논박들이 완전히 명백한 것은 아니다. 우리는 수성의 근일점 운동을 상기할 수 있다.) 몇몇 반대자들은 정통파에 속하는 사람들이 이런 요점들의 의미를 무시하거나, 그 요점들을 재해석함으로써 완전히 덮으려는 경향이 있었다고 느낀다. 이것은 쟁점들 중의 하나이다.

2. 해석의 의미

아마도 두 번째 쟁점이 더 중요하다. 파울리가 말한 대로 모든

5) "Editorial", *Dialectica* 2, 1948, p.311; 또한 *Les Prix Nobel en 1946*, p.146을 비교하라.

물리학자는 그 이론의 개혁을 바라기 때문에 이론을 탐구하는 방법의 문제가 존재한다. 주로 두 가지 방법이 있다. 하나는 수학적 형식을 보고 그것을 바꾸고자 노력하며, 그리고 가능하다면 그 형식을 일반화하여야 한다는 것이다. 다른 하나는 그 형식을 해석하려고 하며, 그 형식의 물리적인 난관들과 결점들에 대한 더 좋은 이해를 획득하려는 바람에서 그것을 물리적으로 이해하고자 노력해야 한다는 것이다.

이 두 방법은 (만약 그렇게 불릴 수 있다면) 반드시 충돌하는 것은 아니다. 그러나 위태로운 주된 쟁점은 분명히 그 방법들 사이의 쟁점이다. 왜냐하면 정통파는 오직 첫 번째 방법과 양립할 수 있는 견해를 채택하고 있기 때문이다. 다시 말해, 정통파는 형식에 손을 대고 있다는 것이다. 이와 정반대로 모든 반대자들 각각은 물리적인 상황을 **이해하는** 시도로 새로운 물리적인 해석을 제안했다.

만약 우리가, 이런 마지막이면서 내가 가장 중요하다고 믿는 쟁점 — 우리 이론들을 이해하는 문제 — 을 좀 더 면밀하게 살펴본다면, 정통파는 양자 이론을 향한 태도에서 과학의 본성에 대한 철학적인 이론을 표현하고 있다는 것을 우리는 알아차릴 수 있다. 즉, 과학에 대한 철학적인 이론은 그 이론을 이해하려는 반대자들의 시도가 무용함을 함축하고 있다는 것이다. 그것은 거기에 이해되어야 할 것이 전혀 없다는 견해이다. 그리고 그것은 우리가 **수학적인 형식을 숙달하는 것**, 그리고 **그 형식을 적용하는 방법**을 배우는 것 외에 할 수 있는 것이 전혀 없다는 견해이다. 보어와 정통파의 다른 구성원들이 확립하려고 애를 썼던 이 견해는 실제로 오늘날 세 번째 집단에 의해 당연한 것으로 간주되었다. 나는 이런 견해를 '**도구주의**'라고 부른다. 좀 더 충실하게 말하면 '**과학적 이론들에**

대한 도구주의적인 해석'이라고 할 수 있다.[6] 그것은 모든 혹은 몇몇 과학적 이론들은 **단지** 수학적인 형식들에 불과하다는 견해이다. 특히 실험들의 결과들에 대한 예측을 위해 유용한 적용이라는 것이다. 여기서 '**단지**'를 강조했다. 왜냐하면 누구도, 심지어 가장 열렬한 실재론자도, 이론들은 또한 형식들이며, 그 이론들은 예측과 다른 적용을 위해 경이로운 도구들이라는 것을 당연히 인정하고 있기 때문이다.

따라서 도구주의 견해는 오늘날 널리 당연한 것으로 간주되고 있다. 그러나 도구주의의 승리는 보어의 양자 이론에 대한 해석을 통해서 마련되었다.

모든 사람이 이런 상황에 만족하는 것은 아니다. 특히 물리학에서 예측이나 다른 실제 적용을 위한 도구로 보는 것이 아니라, 우리가 사는 세계를 이해하기 위한—이 세계를 설명하기 위한 (만약 그 상황이 도구여야 한다면) 도구로 보는 사람들에게는 불만족스러운 것이다. 이것은, 예컨대 1927년부터 1949년까지[7] 행해지고 아인슈타인에 의해 1953년까지[8] 계속된 보어와 아인슈타인의 오랜 논의에서 매우 분명하게 되었다. 아인슈타인과 슈뢰딩거 같은

---

6) [『후속편』 I권, 『실재론과 과학의 목표』, 10-16절; 또한 『추측과 논박』, 3장을 보라. 편집자.]

7) Niels Bohr, "Discussion with Einstein on Epistemological Problem in Atomic Physics", in P. A. Schilpp, ed., *Albert Einstein: Philosopher-Scientist*, 1949를 비교하라.

8) A. Einstein, "Elementare Ueberlegungen zur Interpretation der Grundlagen der Quantenmechanik", in *Scientific Papers Presented to Max Born*, 1953. 이것이 만약 마지막이 아니라면, 아인슈타인의 마지막 논문들 중의 하나임에 틀림없다.

실재론자들은, 이론들은 도구일 뿐만 아니라 물리적인 실재를 기술하는 시도라고 생각했다. "내가 극도의 사변적인 방식으로 파악하고자 노력하는 객관적으로 존재하는 세계를 나는 (믿는다)"라고 아인슈타인은 언젠가 보어에게 보낸 편지에 썼다.9) 물론 아인슈타인은 '극도의 사변적인' 자신의 이론들이 엄밀하게 시험되어야 하며, 그리고 이런 이유 때문에 이론들은 예측을 위한 도구여야 한다고 믿었다. 그러나 그가 추구했던 것은 (비록 그가 세계를 거의 파악하지 못할 것임을 알았다고 할지라도) 그가 참된 기술을 하기 바랐던 실재 세계였다.

이런 종류의 진술들을 형이상학적이라거나 철학적이라거나 무의미하다고 비난하는 것보다 더 쉬운 일은 없다. 우리는 "우리가 원하는 것은 사실과 수치이지, 철학적인 논의가 아니다"라고 말하는 것을 사방에서 듣는다. 현 세대의 몇몇 강경한 물리학자들은 이런 논의에 전혀 흥미가 없는 것 같다. 그렇지 않다면 그들은 그 논의들을 보어에게 맡기고 있다. 그들이 관심을 쏟고 있는 것은 (i) **형식론**과 (ii) **형식의 적용**이며, 그 외의 것에는 아무런 흥미가 없다. 그렇지만 완강하면서 어떤 무의미도 주장하지 않는 이런 인기가 있는 태도인 도구주의는, 그것이 우리에게 아무리 현대적인 것처럼 보일지라도, 그 자체로 옛날의 철학적인 이론이다. 왜냐하면 오랫동안 교회가 신흥 과학에 반대하는 무기로 과학에 대한 도구주의 견해를 사용했기 때문이다. "당신들은 도구들인 장치들을 구축할 수 있지만, 자신의 이성에 비추어 이 세계의 숨겨진 비밀들 어떤 것도 발견할 수 없다"는 것은 벨라르미노 추기경이 코페르니쿠스

9) 1944년 11월 7일 자 편지. 막스 보른의 *Natural Philosophy of Cause and Chance*, 1949, p.122에서 인용.

체계에 대한 갈릴레오의 가르침에 반대하는 간략한 논증이었다. 그리고 이것은 버클리 주교가 뉴턴에 반대한 논증이었다.

나는 이런 이야기를 다른 곳에서 조금 말했다.[10] 나는 또한 그곳에서 도구주의 철학은 방어적인 형식으로 사용될 수 있는 교리임을, 다시 말해 **논박을 피하려는** 시도로 사용될 수 있다는 것을 보여주려고 노력했다. 왜냐하면 도구는 진리에 대한 어떤 주장도 제기하지 않고 있으며, 따라서 이런 주장들을 제기한 이론은 반증될 수 있다는 의미에서는 반증될 수 없기 때문이다.

그래서 도구주의는 오직 상당히 오래된 고대의 철학을 부활시킨 것에 불과하다. 그러나 현대의 도구주의자들은 자신들이 철학하고 있음을 당연히 모른다. 따라서 그들은 심지어 유행하고 있는 철학이, 내가 확신하고 있는 것처럼, 사실상 무비판적이고, 비합리적이고, 그리고 불쾌한 것일 수 있는 가능성을 알지 못한다.

그러나 나는 실재론 대 도구주의에 대한 문제라는 관점에서 양자 이론이나 물리학의 분열을 논의할 의도가 전혀 없다. 첫째로 나는 다른 곳에서 이런 측면을 다루었으며, 둘째로 나는 여기서 다른 측면에서의 문제, 즉 확률 이론의 문제를 다루고 싶기 때문이다. 물론 이 두 가지 측면은 연관되어 있다. 형식들에 손대는 것을 반대하는 것으로서 물리적인 해석에 대한 관심은 확률의 객관적인 해석과 심지어 물리적인 해석의 문제에 관한 공격으로 이어진다.

---

10) 나의 논문, "Three Views Concerning Human Knowledge", in *Contemporary British Philosophy* 3, edited by H. D. Lewis, 1956을 비교하라. 또한 나의 "A Note on Berkeley as a Precursor of Mach", *British Journal Philosophy of Science* 4, 1953, p.26 이하를 보라. [두 논문은 모두 『추측과 반박』, 1963에 재출간되었다. 편집자.]

오해를 받지 않기 위해, 물리적인 이해와 물리적인 해석이란 말에서 내가 의미하지 않는 것을 명료하게 해야 한다. 나는 확실하게 그 말에서 모형의 구축을 뜻하지 않는다. 그리고 (역학적인 모형들 같은) 대체된 이론에 관한 모형들의 구축을 의미하지 않는다. 또한 내가 그림들이나 비유들로 작업하는 것도 의미하지 않는다. 비유들은 친밀하거나 편안한 느낌을 우리에게 줄 수 있다. **힘들**이 뉴턴과 그와 동시대인들에 의해 쉽게 직관되지 않았음을 우리는 상기해야 한다. 그리고 오랫동안 물리학자들은 패러데이와 맥스웰의 힘들의 장들이 이해하기가 매우 어려운 것임을 발견했다는 것도 우리는 상기해야 한다. 내가 추구하는 것은 직관적인 용이함이 아니라, 몇몇 난관들을 명료히 하고 **합리적인 측면**에서 비판받기에 충분할 정도로 확실한 관점이다. (보어의 상보성은 그렇게 비판받을 수 없다고 나는 생각한다. 그것은 오직 받아들일 수 있거나 **비난**을 받을 수 있을 뿐이다. 아마도 임시변통적인 것으로, 혹은 비합리적인 것으로, 혹은 대단히 모호한 것으로 **맹렬한 비난**을 받을 수 있을 뿐이라는 것이다.[11])

그러나 양자 이론에 대한 물리적 해석을 통해서 내가 의미하는 것을 추상적인 용어로 설명하려고 애쓰는 것은 별 의미가 없다. 왜냐하면 『과학적 발견의 논리』(IX장)에서 내가 하나의 의미 — 비판을 받을 수 있었고 비판을 받아 왔던 것 — 를 제안했기 때문이다.

---

11) 아인슈타인은 그것에 대해 "내가 쏟았던 모든 노력에도 불구하고 성취할 수 없었던 … 날카로운 정식인 보어의 상보성 원리로" 말한다. (P. A. Schilpp, *op. cit.*, p.674.) 아인슈타인이 이 원리를 충분히 이해할 만큼 영리하지 못했다거나 혹은 너무 구식이었다는 ('진부한' 그리고 '퇴행적' 또는 '과거 퇴보적'은 그에게 적용된 인기 있고 진보적인 용어이다) 이론은 내가 보기에 다소 임시변통인 것 같다.

그리고 지금 나는 확률의 성향 이론의 측면에서 다른 하나의 의미를 제시할 것이다. 그것은 임시변통이 아닌 해석이다. 왜냐하면 그것은 양자 이론은 물론이고 동전 던지기와 고전 물리학에 적용하기 때문이다. 그리고 그것은 또한 비판을 받을 수 있다. 비판받기를 나는 바란다.

3. 주관적 확률, 통계적 확률, 그리고 결정론

내가 『과학적 발견의 논리』를 쓸 당시, 나는 성향 해석의 확률을 몰랐다. 나는 물리학에서 유일하게 받아들일 수 있는 확률 해석은 '도수 해석'이나 '통계적 해석'이라고 믿었다. 그것은 벤(Venn)이나 폰 미제스가 제시한 유형의 해석이었기 때문에 충분한 이유가 없는 것도 아니었다. 그리고 이 『후속편』 도처에서, 나는 이런 의미에서 '통계학'과 '통계적 해석'이란 용어들을 계속해서 사용해왔다. 통계적 해석의 관점에서 보면, **단칭** 확률 진술들은 **형식으로만 단칭**(또는 '**형식적으로 단칭**'. 『과학적 발견의 논리』, 71절을 비교하라)이라고 말해져야 한다. 단칭 확률 진술들은 사실상 모집단들이나 어떤 종류의 집단들에 관한 **통계적 진술들**의 도움을 받아 해석되어야 한다.[12)]

물론 많은 물리학자들이, 심지어 '통계학'에 대해 말하는 중에도 규칙적으로 단칭 확률 진술들을 항상 사용하고 있었음을 나는 인식했다. 그러나 이런 사실은 단칭 확률 진술들이 오직 '형식적으로 단칭'일 뿐인 것으로 해석되어야 하는 한에서, 내 분석을 확인해

12) [『후속편』 I권, 『실재론과 과학의 목표』, 2부의 확률에 관한 포퍼의 논의를 보라. 편집자.]

주었다고 나는 생각했다.

지금은 내가 잘못이었다고 생각하며, 그리고 단칭 확률 진술들을 사용하면서, 적어도 몇몇 물리학자들은 다소간 의식적으로 일종의 성향 해석을 암중모색하고 있었다고 나는 생각한다. 그러나 직관적으로 결정론자들이었던 물리학자들은 결정론에 대한 믿음 때문에 성향 해석에 관한 명료성에 도달하지 못했다. 왜냐하면 내가 논증했듯이,[13] 결정론을 포기했을 때만 성향들은 (힘들과 유사한) 물리적인 실재들로서 받아들여질 수 있기 때문이다.

나는 또한 다른 측면에서도 잘못이었다. 내가 충분히 명료하게 양자 이론에 대한 통계적 해석을 도입할 때, 막스 보른이 단칭 확률 진술들을 사용했음을 나는 보지 못했다. 그 진술들이 단지 '형식적으로 단칭'일 뿐이라고 해석할 수 있을지라도, **그가 진지하게 의도했던 것은 그 진술들을 단칭으로**, 즉 단칭 **주관적인** 확률 진술들로, 우리의 무지에 관한 진술들로 해석했다는 점이다. 나 자신은 결코 결정론자가 아니었기 때문에 (비록 내가 지금 '외견상' 결정론이라 부르는 성격의 이론들은 상당히 정보적이며 상당히 시험할 수 있다는 것을 내가 항상 알았다고 할지라도) 나는 여전히 결정론자 — 그리고 심지어 이전의 결정론자 — 가 모든 확률 진술들을 주관적으로 (혹은 논리적으로) 즉, **우리의 부분적인 무지에 대한 진술들**로 해석하는 유혹을 얼마나 심하게 받았는지를 몰랐다. 그럼에도 불구하고 보른이 그 진술들을 '통계적'이라고 부를 수 있음을 나는 인식하지 못했다. 보른은 베르누이 방식으로 이런 단칭 확률 진술들로부터 자신의 통계적인 결론들을 도출할 수 (또는 **'거의 연**

13) [『후속편』 II권, 『열린 우주: 비결정론을 위한 논증』, 27-30절을 보라. 편집자.]

역할' 수) 있다고 믿었기 때문이다.

이런 도출들은 『과학적 발견의 논리』, 62절에서 설명했듯이 명백히 부당한 것이었음을 나는 알았다. 처음에 나는 단순히 이런 경우들을 주관적 확률 해석의 배후 동기들을 이해하려는 충분한 노력 없이 통계적인 의미에서 재해석했다. 객관적인 통계적 진술들의 어떤 것도 무지에 대한 주관적인 이론(예컨대, 제프리의 이론이나 케인즈의 이론)에서 도출될 수 없다는 것을 거듭 지적하는 것으로 나는 만족했다.

요즘에 왜 고전 물리학의 결정론적인 특징을 믿었던 그렇게 많은 결정론자들이 그리고 이전의 결정론자들도 진지하게 주관적인 확률 해석을 믿는지 나는 알 수 있다. 어떤 측면에서 그들이 받아들일 수 있는 것은 **오직 합리적인 가능성**일 뿐이다. 왜냐하면 객관적인 물리적 확률들은 결정론과 양립할 수 없기 때문이며, 그리고 만약 고전 물리학이 결정론적이라면, 그것은 고전적인 통계역학에 대한 객관적인 해석과 양립할 수 없기 때문이다.

(나는 여기서, 분자적인 혼돈이란 객관적 가설을 사용하고 있는 『열린 우주: 비결정론을 위한 논증』, 29절에 인용된 구절에서 란데가 단언했던 다른 가능성을 무시할 수 있다. 왜냐하면 이것이 — 앞면과 뒷면이 나올 확률들이 상수임을 유지하는 — 예정 조화나 혹은 대안적으로 — 혼합 과정들의 효과를 설명하는 — 일종의 목적론 원리를 가정하고 있다는 것이 인식될 때, 누구도 그런 가설을 생각할 것 같지 않기 때문이다.)

주관적 확률 해석은 주관적인 해석에서 객관적인 도수들에 이르는 '다리'의 부당성을 사람들이 보지 못할 만큼 오랫동안 작동된 것 같다. 물론 이런 다리는 큰 수의 법칙이거나 큰 수의 강한 법칙이다. 그러나 이런 법칙들은 주관적인 이론에서 도출될 수 없다. 왜냐하면 법칙들의 도출은 (케인즈가 보았듯이) 주관적인 해석과 모순인 독립이라는 가정을 토대로 하고 있기 때문이다.[14)]

그리고 실제로 **우리가 초기 조건들을 모르기 때문에**, 무작위 형태로 동전들이 떨어지거나 분자들이 충돌한다고 믿는 것은 분명히 불합리하다. 그리고 만약 어떤 악마가 우리에게 그런 것들의 비밀을 그냥 주었다면, 그런 일들이 다른 식으로 되었을 것이라고 믿는 것도 불합리하다. 객관적인 통계적 도수들을 주관적인 무지에 의해 설명하는 것은 불가능할 뿐만 아니라, 불합리하다.

때때로 불합리함은 그 자체로 느껴진다. 불합리함이 느껴지는 그 때, 물리학자는 대체로 객관적인 견해를 채택할 것이다. 따라서 우리는, 많은 물리학자들이 흔들리는, 주관적인 해석과 객관적인 해석 사이에서의 특징적인 오락가락을 관찰한다. 이런 흔들림의 결과로 그들은 (어쨌든 철학적이라고 느꼈던) 이런 쟁점들에 대해 자신들의 민감성을 잃어버린다. 그리고 객관적인 이론에 속하는 대담한 주장들은 똑같이 주관의 대담한 주장들과 — 사실상 같은 페이지에서 — 나란히 발견될 수 있다.

이런 체계적으로 흔들리는 태도 — 즉, 그 두 방식 모두를 가지려는 시도 — 는 코펜하겐 해석에서 발견될 것이다. 그러나 양자 이론으로 돌아가기 전에 나는 먼저 고전적인 통계역학이 처한 상황을 간략히 논의하겠다.

14) 『후속편』 I권, 『실재론과 과학의 목표』, 2부, 3절, 4절, 그리고 7절을 보라.

4. 통계역학의 객관성

통계역학은 객관적으로 (순수하게 통계적으로나 성향 해석의 의미에서의 어느 하나로) 해석되어야 하는 확률 진술들이 얼마나 종종 우리 무지에 대한 주관적인 이론의 의미에서 오해되었는가 하는 많은 충격적인 예증들을 제공한다.

우리가 공기로 차 있는 조그만 약병을 놓았던 커다란 진공 플라스크를 생각해 보라. 그런 다음 우리는 그 병의 마개를 딴다. 모든 경우에서 어떤 일이 — 객관적으로 — 일어날지 우리는 모두 알고 있다. 즉, 공기가 그 병에서 빠져나갈 것이고, 곧 바로 플라스크 전체에 평균적으로 공기가 분포될 것이다.

우리는 또한 우리가 오랫동안 기다린다 할지라도, 그 역의 과정 사례를 발견하지 못할 것임을 알고 있다. 곧, 공기가 자발적으로 그 병 속으로 돌아오지 않을 것이다. 우리는 비가역적인 과정에 봉착한다.

이런 단순한 사실은 해결할 길이 없는 논의들을 야기해 왔다. 그 주된 이유는 물론 공기가 돌아오는 것이 물리적으로 불가능할 수가 **없기** 때문이다. 만약 어떤 분자가 한 방향으로 움직인다면, 그 분자가 또한 반대 방향으로 움직이는 것도 물리적으로 가능해야 한다. 그러나 만일 모든 분자의 방향이 뒤집어진다면, 그 분자들은 병 속으로 철수해야 한다.

이런 사건의 물리적인 가능성은 의심을 받을 수 없기 때문에, 그 병 속으로 자발적인 전도가 **있을 수 없다**고 함으로써 그 과정이 비가역적일 수 있다는 실험적인 사실을 우리는 설명한다. 그리고 설명된 그 사실 — 과정의 비가역성 — 은 객관적인 실험적 사실이기 때문에, 개연성들과 비개연성들 역시 객관적이어야 한다.

기술된 종류의 비가역적인 과정들에 대한 객관적인 확률적 설명은 분명히 플랑크에 의해 개괄적으로 서술되었다. 그는 다음과 같이 지적했다. "압도적인 대부분의 경우들" 혹은 더 정확히 말해 모든 가능한 **초기 상태들**(각각의 '초기 상태'는 모든 분자에 대한 모든 초기 조건으로 구성된)의 압도적인 대부분이 "그 초기 조건들에서 생기는 사건들은 평균값에서 (모든 상세 항목들에서는 아니라고 할지라도) 완전히 일치하는 종류였으며, 반면에 [언급된 평균값에서] 현저한 일탈에 이르는 경우들은 … 희소 수들 속에서만 일어날 뿐이다. 왜냐하면 어떤 특별한 … 조건들 — 특수한 방식들로 분자들의 위치와 속도가 연관되는 조건들 — 이 얻어지는 경우에만 일어나기 때문이다."[15] 즉, 정상적인 행동에서 현저한 일탈들을 산출하는 매우 특수한 초기 조건들은 희박한 확률을 갖고 있다는 것이다.

정상 상태들을 산출하는 초기 상태들의 집합의 척도는 1과 같으며, 그리고 비정상인 상태들을 산출하는 초기 상태들의 척도는 0과 같음을 보여줄 수 있는 방법은 근본적으로 베르누이가 생각했던 방법과 동일하다. 앞면(0)과 뒷면(1)의 가정된 같은 확률(가능성에 대한 동일한 척도)과 연이은 던지기들의 독립으로부터 충분히 오랜 거의 모든 연속들에 대한 평균(그 평균은 1/2과 거의 똑같을 것이다)의 안정성을 우리가 연역하는 것과 똑같이, 가능한 상태들의 동일한 확률에 관한 단순한 가정에서 거의 모든 상태가 '평균값에서 완전히 일치할' 것임을 연역할 수 있다. 다시 말하면, 플랑크가

15) M. Planck, *Theorie der Wärmestrahlung*, 5th ed, 1923, §116, p.114 이하를 보라.

언급한 대로 그 상태들은 분자들의 위치들과 속도들의 분포에 관해 안정한 평균을 갖고 있다는 것을 연역할 수 있다는 것이다.

우리는 분자들의 위치들과 속도들(운동량)이 어떤 거시적인 변동들도 존재하지 않도록 분포된 어떤 상태에 '정상적'이라거나 '개략적으로 같은 확률'이라는 표지를 붙일 수 있다. 더 정확히 말하면 작지만 거시적인 하위 부피에 대한 그런 위치들과 속도들의 평균이 전체 부피에 대한 평균과 눈에 띨 정도로 다르지 않다는 것이다. 그렇다면 정상 상태들의 집합에 대한 측정이 1에 접근하며, 그리고 비정상적인 상태들은 0에 접근하는 것이 보일 수 있다. 더구나 만약 분자들의 운동 때문에 그 측정에 속하는 다양한 상태들이 다른 상태들로 변할지라도, 그 측정이 변하지 않기 때문에, 우리는 모든 상태들이 다음과 같아야 한다는 것을 발견한다. 즉, 이런 운동들의 결과로서 그 상태들은 다시 정상 상태들로 변한다는 것이다. (그래서 거의 모든 상태들의 시간 평균은 다시 정상이 된다.[16]) 변동들은 물론 일어날 것이지만, 그러나 그 변동들은 너무 드물고 짧기 때문에 시간 평균에 (0인 측정의 집합을 제외하고) 영향을 미칠 수 없다.

이런 방식으로 우리는 0과 구별할 수 없는 확률, 즉 만약 거대한 진공 속에서 마개가 따진다 하더라도 공기가 빠져나가지 않는 조그만 병을 발견할 확률이 존재함을 발견한다. 그리고 그 역인 분자들이 자발적으로 조그만 병으로 되돌아가는 경우를 발견할 확률이 0임을 발견한다.

물론 이런 모든 고찰은 확률에 대한 엄격히 객관적인 (도수나 성

16) E. Hopf, *Ergodentheorie*, in *Ergebnisse der Mathematik*, Springer, 1936을 비교하라.

향) 이론과 함께 작동한다. 그것들은 설명되어야 하는 비가역적인 과정만큼 객관적이며, 그리고 포함된 분자들의 실제 상세한 초기 조건들에 관해 우리 자신의 지식 상태나 무지한 상태와 관계없이 유지된다. 그것을 훨씬 더 분명하게 말하면, 그것들은 사실 항상 그렇듯이 모든 분자의 초기 조건들에 대해 우리가 무지하든지, 아니면 악마가 이런 초기 조건들에 관해서 완전한 정보를 우리에게 제공하고 따라서 기체의 정확한 상태에 관한 완전한 정보를 우리에게 제공하든지 간에 유지된다.

5. 통계역학에 대한 주관적인 해석

그러나 그 문제의 통상적인 견해는 이렇지 않다. 3절에서 지적했듯이 많은 물리학자들—그들 중 가장 유명한 몇몇 물리학자들—은 확률에 대한 주관적인 이론의 관점에서 이런 문제들을 설명하려고 노력했다. 그들은 비가역성이란 기체 상태의 상세함에 대한 우리의 무지의 결과라고 주장한다.[17]

그들은 그 체계의 '**무질서**'('**엔트로피**')를 증가시키는 체계의 경향이나 성향—베르누이의 노선에 따라 통계적인 이론이 설명하고자 하는 경향—을 우리의 **무지**를 증가시키는 경향으로 해석한다. 즉, 체계의 '엔트로피'를 그 체계의 객관적인 무질서 상태나 무작위로 해석하는 대신, 그들은 그것을 그 체계에 대한 우리 자신의 주관적인 무지 상태의 척도로 해석한다. 이런 해석은, 우리가 분자

17) [또한 P. A. Schilpp, ed., *The Philosopher of Karl Popper*, 1974; 그리고 『끝나지 않는 물음』, 1976에 수록된 포퍼의 지적인 자서전 36절을 보라. 편집자.]

들에 관한 모든 것을 알지 못하기 때문에, 그리고 우리의 지식이 우선 완벽하지 않다면 우리의 무지가 증가할 수밖에 없기 때문에 분자들이 병에서 빠져나간다는 불합리한 결과에 이른다.

이것은 분명히 불합리한 것이며, 그리고 필요한 무지를 제공할 수 있는 사람은 아무도 없다 할지라도, 뜨거운 공기가 계속해서 빠져나갈 것이라고 나는 믿는다.

그럼에도 불구하고 이런 불합리한 견해들은 양자 이론에 매우 중요한 공헌을 해왔던 몇몇 유명한 물리학자들의 이론들 속에 함축되어 있다. 나는 먼저 파울리의 '확률과 물리학'에 관한 논문에서 발췌한 확률의 지위에 대한 비판적인 분석으로부터 인용해 보겠다. 그는 다음과 같이 말한다.[18] "물리학에서 확률을 처음으로 적용한 것 — 그리고 자연 법칙들에 대한 우리의 이해에 근본적인 적용 — 은 볼츠만과 깁스가 정초한 열에 대한 일반적인 통계 이론이었다. 잘 알려져 있듯이, 그 이론은 필요에 의해서 어떤 체계의 엔트로피를 그 체계에 대한 우리 지식에 (에너지에 대비해서) 의존하는 상태를 특징짓는 해석으로 이끌었다."

파울리는 자신의 주관주의에 관해 어떤 의심도 하지 않고 계속해서 이렇게 말한다. "만약 우리의 이런 지식이 최대라면 — 즉 적어도 자연의 법칙들과 양립할 수 있는 가장 정확한 지식이라면 — 엔트로피는 항상 0이다. 그러나 열역학 개념들은 체계의 초기 상태에 대한 우리 지식이 부정확한 경우에만 … 어떤 체계에 적용할 수 있다."

파울리는 분명히 이런 주관주의 해석이 결정론의 후손이라는 것

---

18) W. Pauli, "Wahrscheinlichkeit und Physik", *Dialectica* 8, 1954, pp.112-124를 비교하라. 인용은 p.114 이하에서 나온 것이다.

을 인식하지 못하고 있다. 그와 반대로, 그는 스스로 비결정론적인 양자 이론의 분야에 주관주의 해석을 사용하게 되었기 때문에, 주관주의 해석은 결정론과 모순되지 않는다고 언급하는 것이 필요함을 그는 발견한다.

"물리학에서 방금 기술된 확률 개념의 적용은 근본적인 것일지라도 논리적으로 자연 법칙들의 결정론적인 형식과 양립할 수 있었다"고 파울리는 계속 말하고 있다. 양립 가능성에 관한 논평은 정확하지만, 그러나 '**근본적인 확률일지라도**'란 말은 주관주의 해석이 (특히 라플라스에 의해) 채택했던 사실에 대한 평가가 부족했다는 점과 위배된다. 왜냐하면 그것은 논리적으로 결정론과 양립할 수 있었기 때문이며, 그리고 그것은 분명히 양립할 수 있었던 유일한 것이었기 때문이다. 심지어 파울리의 용어들은 주관주의 해석이 우리가 양자 이론과 상보성에 덕을 입은 이른바 더 '근본적'인 사유 방식을 예상한 종류의 것이었음을 주장하고 있다. (다른 의미로는 정말 그런 것이었다.) 파울리는 다음 문장에서 확률의 주관적인 개념을 '환원할 수 없는 것'이거나 물리학의 '주요한' 개념으로 해석하는 경향들을 언급하고 있다. 그리고 그는 그 단락을, 이른바 "자연과학의 귀납적인 추론들은 항상 확률 추론들이라는 사실이다"라고 하면서 끝을 맺고 있다.

물론 파울리의 주관적 해석은 '다리', 즉 그것의 도움을 받아 우리가 객관적인 어떤 것을 말하게끔 해주는 '다리'가 필요하다는 것이다. 그의 '다리'는 칸틀리(Cantelli)의 '거대한 수들의 강한 법칙'인 것으로 보인다.[19] 나는 이런 법칙을 다음과 같은 주관적인 말로

19) *Op. cit.*, p.113 이하를 비교하라. (칸틀리의 법칙은 객관적인 언어로 파울리에 의해 정식화되며, '또한 큰 수의 법칙이라고 불리는 베르누이의

번역하는 것은 공정하다고 생각한다. "실험 결과들에 관한 우리의 무지 정도는 그 실험을 긴 연속의 반복들에 걸쳐 불변으로 남아 있다고 가정하라. 그리고 이런 무지의 정도는 p와 같다고 가정하라. (그것은 통상적으로 p = 1/2로 표현되는 최대의 무지일 수 있다.) 이런 알지-못함이란 가정 하에서, 우리는 항상 다음 속성을 갖고 있는 거대한 수 N을 계산할 수 있다. 절대적인 확실성이 부족한 우리가 바라는 정도의 확실성에 대해 우리는 다음을 확실히 알 수 있다. 즉, N번째 실험에서 실험들의 결과들에 대한 상대 도수들은 원래 우리 무지 p의 정도로부터 우리가 원하는 만큼 조금 벗어날 것이다."

이런 정식화는 우리가 무지에서 상당한 정도의 확실성을 도출할 수 있다고 믿는 것이 얼마나 불합리한지를 보여주고 있다. 그리고 어떤 도수가 무지의 정도와 같다고 주장하는 것은 이상하다. (『과학적 발견의 논리』, 62절을 비교하라.) 물론 나의 정식화는 이 같은 경우들에서 명백히 주관적인 언어의 사용을 피하고 있는 관습적인 것과는 다르다. 여기서 객관적인 해석들과 주관적인 해석들 사이의 모든 변동이 유래한다.

여기서 인용된 파울리의 주장들 중에서 우리에게 가장 흥미를 불러일으키는 하나의 주장은 이것이다. "만약 이런 우리의 지식이 최대라면 — 즉, 적어도 자연 법칙들과 양립할 수 있는 가장 정확한 것이라면 — … 엔트로피는 항상 0이다." 이런 주장은 의심 없이 받아들여진 것 같다. 예컨대 우리는 폰 노이만의 유명한 『양자역학의 수학적 기초(*Mathematical Foundations of Quantum Mecha-*

정리'로 언급된다.)

nics)』(1955)에서 그것을 발견한다.[20] "그러므로 모든 좌표와 운동량을 알고 있는 고전적인 관찰자에 대해 엔트로피는 불변이며, 그리고 사실상 0이다. 왜냐하면 볼츠만의 '열역학적인 확률'은 1이기 때문이다. …"

나는 여기서 이런 논제를 지지하는 논증들을 조사하지 않을 것이다. 왜냐하면 그 논증들은 내가 보기에 불필요하게 복잡하며, 매우 혼돈스럽고, 상당히 임의적이며 그리고 약간 변명하는 것 같기 때문이다. 그 대신에 나는 먼저 그 논제를 내가 정확한 견해라고 생각하는 것(나는 그것이 볼츠만의 논제라고 믿는다)과 대조시키는 노력을 할 것이다. 그리고 난 다음 그 결론들의 불합리함을 보여줌으로써 그 논제를 비판해 보겠다.

내가 0 엔트로피와 최대 엔트로피에 대한 정확한 견해라고 생각한 것은 이렇다. 분자들의 거리가 (그리고 따라서 위치들이) 우연 같은 분포나 '정상적인' 분포를 보여주는 경우에 오직 그 경우에만 어떤 체계는 최대 엔트로피 상태에 있을 것이다. 그 분포의 평균은 분자들이 똑같이 전체 이용할 수 있는 부피에 대해 동일하게 자리 잡고 있는 거리와 같다. 그리고 더욱이 만약 속도들이 (그리고 그 방향들이) 맥스웰의 속도 분포 법칙에 의해 기술된 우연 같은 분포에 따라 분포되어 있다면 그렇다. 달리 말하면, 분자들의 위치와 속도가 무작위 형태로 분포되어 있는 경우 오직 그런 경우에만 어떤 체계의 엔트로피는 최대이다. 만약 그 체계가 수많은 분자들로

---

20) 베이어(R. T. Beyer)에 의해 번역된 독일어판 p.400에서 인용되었다. 폰 노이만은 *Zeitschrift für Physik* 53, 1929에 수록된 질라드(L. Szilard)의 논문을 언급하고 있다. 또한 『과학적 발견의 논리』, 부록 *iv를 보라. [또한 『끝나지 않는 물음』, 1976, 36절을 보라. 편집자.]

이루어져 있다면, 이것은 그 체계의 모든 하부 부피에 대한 위치들과 속도들 또한 무작위 형태로 분포될 것임을 함축한다.

이와 정반대로, 그 체계가 모든 가능한 무작위 상태와 동떨어져 있는 경우 오직 그 경우에만, 체계는 0 엔트로피 상태에 있을 것이다. 구상 중에 있는 상태의 종류는 모든 분자나 거의 모든 분자들이 조그만 하위 부피 속에 싸여 있으며, 그리고 그 속의 모든 분자나 거의 모든 분자들은 동일한 속도를 (그리고 방향을) 갖고 있다.

이런 식으로, 두 극단의 엔트로피 상태를 객관적으로 기술할 수 있다.

그 기술은 똑같은 분포의 0(앞면)과 1(뒷면)의 무작위 연속에 관한 기술과 정확히 유사하다. 매우 긴 연속 *S*의 길이를 *N*이라 하고, 또한 2^{n+1}이 *N*보다 더 작도록 해주는 가장 큰 정수를 *n*이라 하자. 그러면 우리는 연속 *S*를 다음과 같은 경우에 오직 그 경우에만 **'완벽하게 무작위'**라고 부를 수 있다. 즉, 0과 1의 한 쌍, 세 쌍, … *n*-쌍의 발생들의 비례수가 다른 한 쌍, 세 쌍, … *n*-쌍의 발생들로부터 $d = n/N$보다 더 많지 않게 벗어나는 경우에만 그렇다는 것이다. (『과학적 발견의 논리』, 55절 끝의 주석 *2와 1을 비교하라.)

이런 방식으로 연속의 경우에서 최대 무작위 — 최대 엔트로피가 대응하는 — 를 정의했기 때문에, 우리는 물론 한 쌍, 세 쌍, … *n*-쌍들에 대한 도수들 사이의 차이 *d*가 최대에 이르는 연속을 쉽게 구성할 수 있다. 예컨대 동일하게 분포된 연속의 모든 1이 하나의 블록으로 — 0들의 블록이 앞서거나 뒤따르는 — 싸이는 경우일 것이다.

기체 상태와 유사함은 명백하다. 따라서 무작위나 엔트로피를 객관적인 용어로 특징지을 수 있음을 나는 보여주었다.

지금까지 나는 확률을 언급하지 않았다. 그러나 이제 확률이 우리에게, 모든 가능한 연속들의 압도적인 대부분 — 또는 모든 가능한 기체의 상태들 — 이 상당히 무작위이거나 높은 엔트로피일 것이라고 말하기 위해 들어올 수 있다. 달리 말하면, 만약 우리가 적절한 실험을 0과 1의 어떤 연속이나 기체의 어떤 상태를 산출하도록 배열한다면, 대체로 무작위 연속들과 또한 근사적으로 최대의 엔트로피 기체들을 산출하는 매우 높은 성향이 존재할 것이다. 그렇지만 이런 경향이나 성향은 만약 우리 실험 장치가 특정한 순서의 방법을 포함하고 있다면, 예컨대 '010101…'이란 결과를 산출하는 방법이라면, 작동하게 되지 않을 것이다.

압도적인 대부분의 여타의 모든 실험도 무작위 상태들을 산출하는 경향이나 성향을 갖고 있을 것이며, 따라서 무작위든 아니든 모든 상태의 압도적인 대부분도 마찬가지로 무작위 상태들이 이어지는 경향을 갖고 있을 것이다.

무작위 상태들과 무작위 연속들에 대한 이런 분석은 큰 수의 법칙과 밀접한 관계가 있다. 그러므로 이 분석은 큰 수의 분자들로 구성되어 있는 기체들의 상태들이나 매우 긴 연속들에 적용될 수 있을 뿐이라는 것을 주목해야 한다. 하나의 원소나 두 개의 원소로 구성되어 있는 연속이 질서가 있는지 아니면 무질서한지에 대한 물음은 의미가 없다.21)

---

21) 볼츠만의 생각들을 하나의 분자로 이루어져 있는 기체 상태에 적용하는 폰 노이만의 문제는 잘못 생각된 것으로 보인다. 그의 주관적인 해결 — 단 하나의 분자의 엔트로피는 우리의 지식 상태에 의존할 것이라는 것 — 은 그의 주관적인 이론에 따라 달라진다. [『끝나지 않는 물음』, 1976, 36절을 보라. 편집자.]

이런 분석을 토대로, 기체에 대한 완전한 지식은 그 기체의 엔트로피를 0으로 부여할 것이라는 잘못된 믿음이 어떻게 야기되었는지를 보여줄 수 있다. 그 실수는 어떤 기체의 모든 개개 상태 — 혹은 모든 개개의 가능한 연속 — 는 똑같이 있을 법하다는 가정에서 우리가 출발한다는 사실과 연관되어 있다. 그러므로 모든 개개 상태나 연속은 0(또는 근사적으로 0)인 **확률**을 갖고 있다는 사실과 관련이 있다. 이것은 정확하다. 또한 높은 확률들은 어떤 측면에서 높은 엔트로피와 밀접하게 결합된다는 것은 정확하다. 그리고 0 확률들은 0 **엔트로피**와 결합된다는 것도 정확하다.

그러나 그 추론은 부당하다. 왜냐하면 확률과 엔트로피의 밀접한 결합은 그 모든 것만큼 전혀 밀접하지 않기 때문이다. 완전하게 주어진 모든 상태나 연속은 똑같이 있을 법하다는 것은 사실이다. 그러므로 그것은 지나치게 비개연적일 수 있다는 것도 사실이지만, 이런 사실은 여기서는 단순히 우리와 연관되지 않는다. 여기서는 상태들이나 연속들의 내적인 구조에 따라 그것들을 **구별할 수 없는** 것으로 간주하는 방법 — 즉, 그것들의 확률 — 과 연관되는 것이 아니라, 우리가 본질적으로 상이한 상태들이나 연속들을 구별하는 방법과 연관된다.

그 실수는 또한 다음처럼 기술될 수 있다. 우리는 연속들의 **구조적인 속성들** — 어떤 연속이 무질서(또는 질서)의 **구조적인 속성**을 가졌는지의 물음 — 에 관심을 두고 있다. 각각의 연속 그 자체가 똑같이 있을 법하지 않을지라도, 그 연속이 질서의 속성보다는 무질서의 속성을 가질 것임은 매우 있을 법하다. 질서 지어진 연속들보다 무질서한 연속들이 훨씬 더 많이 존재한다.

(혹은 유사한 사례를 사용한다면, 특정한 발생 — 예컨대 여기서

지금 동전을 던졌다는 것 — 도 무한할 정도로 있을 법하지 않다고 우리는 말할 수 있다. 그러나 이것은 동전 던지기의 '앞면들'이란 속성이 무한할 정도로 있을 법하지 않음을 의미하지 않는다.)

특정한 주어진 어떤 상태나 연속도 0 엔트로피를 갖는다는 믿음은 너무 명백히 잘못된 것이기 때문에 이런 단도직입적인 방식으로 지금껏 거의 주장된 적이 없다. 그러나 우리가 보았듯이, 그것은 주관적인 판본으로 사용되어 왔다. 이런 형식으로는 그것은 좀 더 그럴듯하다. 왜냐하면 그것은 불완전한 지식이 가능한 상태들의 (그 척도가 0이 아닐 수 있는) 집합에 대응할 수 있기 때문이다. 반면에 완전한 지식은 확률이 0이었던 단 하나의 가능한 상태에 대응할 것이다.[22]

이제 공기로 가득 찬 약병으로 돌아가자. 그리고 이번에는 그 병의 미시 상태에 관한 우리의 지식이 최대라고 가정하자. 즉, 적어도 자연 법칙들과 양립할 수 있는 가장 정확한 지식이라는 것이다. 그러면 그 체계의 엔트로피는 0이어야 한다고 파울리와 폰 노이만이 우리에게 말하고 있다.

그러나 객관적인 관점에서 보면, 그 체계는 (매우 명백하게) 무질서의 상태나 무작위 상태로 있다. 그 체계의 엔트로피는 최대일 것이다.

---

22) 엔트로피에 대한 주관주의 해석을 더 받아들이게 했던 매우 실재적인 어려움이 존재한다. 나는 맥스웰의 악마 문제를 염두에 두고 있다. 1905년 이래, 악마를 쫓는 성공은 매우 의심스럽게 되었으며, 그리고 이런 사실은 주관적인 확률들과 주관적인 지식(또는 '정보)에 대한 다른 측정들에 의해 문제를 해결하는 시도들에 이르게 했다. 분명히 흥미로운 몇몇 유사점들이 밝혀졌지만, 그 조직의 건전함과 특히 맥스웰의 악마가 행한 역할은 내가 보기에 상당히 의문스러운 것 같다.

누가 옳은가? 객관주의자의 관점에서 보면, 우리는 쉽게 알 수 있다. 왜냐하면 우리의 가정에 따라, 완전한 지식을 제공받았으므로, 우리는 위치들과 속도들의 분포를 계산할 필요만 있을 뿐이기 때문이다. 그리고 그것들이 무작위인지 아니면 근사적으로 무작위인지를 알 필요만 있을 뿐이다. 그 체계가 완전히 질서가 잡힌 상태에 있는지를 우리가 발견하지 못할 것임은, **선험적으로** 우리는 상당히 확신할 수 있다. 체계가 완벽하게 질서가 잡힌 상태로 있다는 상당히 있을 법하지 않은 경우, 객관주의자는 이 점에 관해 틀렸음을 인정할 것이지만, 그러나 이것은 그 체계에 관해 우리가 완전한 지식을 부여했다는 사실과 아무런 관계가 없는 상당히 있을 법하지 않은 우연이라고 그는 여전히 주장할 것이다. 더구나 객관주의자가 우연히 질서가 잡힌 상태에 있는 체계를 우리가 파악하고 있다는 지극히 있을 법하지 않은 경우에서도, 그 체계가 이전 순간 무질서했으며 그리고 다음 순간에 무질서 상태로 돌아갈 것임을 우리는 상당히 확신할 수 있다. 그리고 우리는 이런 추론과 이런 예측을 그 체계의 다음 상태들의 하나를 계산함으로써 시험할 수 있다. 그리고 이런 계산은 완벽한 지식이 주어졌기 때문에 수행될 수 있을 것이다.

이 모든 추리가 볼츠만의 추리와 일치한다고 나는 믿는다. 그는 체계가 거듭해서 질서(낮은 엔트로피)의 상태들을 계속하지만 매우 드물게 일어나며, 그리고 질서 상태의 비개연성에 비례하며, 그리고 질서의 정도에서 증가와 더불어 매우 빨리 감소하는 극히 짧은 시간 동안 계속될 것이라고 논증했다.

이제 주관주의자의 말을 들어보자. 그에게 이런 추리는 어떤 것도 의미하지 않을 것이다. 그는 '질서'라는 용어를 '지식'이라는 용어로 대체했으며, 그리고 '무질서'라는 말을 '무지'로 대체했다. 또한 그는 부분적인 무지가 재빨리 증가하며, 분자들의 충돌 때문에 곧바로 전체 무지가 될 어떤 법칙이 존재한다고 지적할 수 있다. 막스 보른이 지적했듯이, 우리가 분자 하나의 위치와 운동량을 알지 **못한다**고 말하는 것으로 충분하다. 이런 가정에 따라, 설령 우리가 처음에는 **모든** 여타 분자들의 정확한 위치와 운동량을 알고 있다 할지라도, 우리의 무지는 곧 전체 체계에 퍼질 것이다. 그는 "그러므로 비가역성은 근본적인 법칙들에 무지를 명백히 도입한 결과이다"라고 말한다.23)

무지의 이런 증가는 볼츠만의 무질서 증가와 어떤 유사성을 보여주고 있지만, 그것은 분명히 구별될 만큼 충분히 다르다.

근본적인 요점은 만약 우리가 완전한 지식으로 시작하지 않는다면, 무지가 **항상** 증가한다는 것이다. 그러나 무질서나 엔트로피는 **때때로 감소한다**. 볼츠만에 의하면 그것은 변동한다. 그리고 아인슈타인이 1905년에 행한 해석 이래로 이른바 브라운 운동에서 이런 '변동들'에 대한 실험적인 증거들을 우리는 갖고 있다. 그래서 무질서(또는 엔트로피)와 무지에 대한 주관주의자의 식별을 주장할 수는 없을 것으로 보인다.

두 번째로, 만약 우리가 처음에 (폰 노이만과 보른 둘 다 함의한 것처럼) 완전하거나 완벽한 지식을 갖고 있다면 무지는 증가하지 않는다. 왜냐하면 완벽한 지식은 아주 정확하게 모든 미래 상태를 계산하게끔 해주기 때문이다. 이것은 다시 볼츠만의 견해와 양립할 수 없다. 왜냐하면 만일 어떤 체계가 언제나 상당히 있을 법하지

---

23) M. Born, *Natural Philosophy of Cause and Chance*, 1949, p.72. 똑같이 주관주의적인 특징의 다른 구절들은 p.48과 p.59에서 발견될 수 있다.

않은 변동을 통해서 완전한 질서에 도달해야 한다면, 볼츠만에 따르면 그 체계는 십중팔구 즉각 다시 무질서하게 될 것이기 때문이다.

다시 진공 플라스크 안의 약병을 열어보자. 우리가 설명하고 싶은 것은 기체는 항상 왜 빠져나가며, 그리고 왜 그 기체는 비가역적으로 빠져나가는가이다. 객관주의자와 주관주의자 둘 다 엔트로피나 무질서가 증가하는 경향이라는 법칙의 결과로 설명한다. 객관주의자는 지금 이용할 수 있는 부피에서 분자들의 위치는 만약 기체가 병 속에 남아 있다면 상당히 질서가 잡혀 있을 것이라고 지적할 것이다. 그리고 압도적인 성향이라는 의미에서 기체가 분자들의 위치들을 이용할 수 있는 공간에 걸쳐 무작위 형태로 분포되어 있는 상태라고 가정하는 압도적인 확률이 존재한다는 점도 지적할 것이다. 따라서 객관주의자는 기체가 왜 빠져나갔는지에 대한 설명을 (그 설명이 전적으로 적합한 것인가는 염두에 두지 않고) 제공할 수 있다.

그러나 주관주의자는 이 같은 어떤 설명도 제시할 수 없다. 그는 심지어 기체가 팽창했다고 말할 수도 없다. 그가 말할 수 있는 **모든 것**은 (만일 그가 완벽한 지식으로 시작하지 않았다면) **자신의 무지 상태가 증가했다는 것일 뿐이다.** 이것은 불합리하다. 왜냐하면 우리가 설명하길 원했던 것은 무지의 상태가 아니라, 기체의 상태였기 때문이다. 다시 말해, 지식이 사라졌기 때문이 아니라, 기체가 약병에서 사라졌기 때문이라는 것이다.

폰 노이만은 “그런데 엔트로피의 시간 변이들은 관찰자가 아무것도 모른다는 사실을 토대로 하고 있다”고 요약해서 말한다.[24] 따

24) Von Neumann, *op. cit.*, p.401.

라서 만약 관찰자가 병 하나를 완전하게 안다면, 엔트로피는 증가하지 않을 것이다. 다음 두 가지 가능성이 존재한다. (i) 기체가 병 속에 머물러 있거나 (ii) 기체가 빠져나갈 가능성이 그것이다. (i)은 분명히 불합리하다. (그것은 기체의 상태에 대해 우리 지식의 신비한 영향을 의미할 것이기 때문이다.) 그러나 (ii) 기체가 빠져나간다면, 그 빠져나감은 엔트로피의 증가와 연관될 수가 없다. 실제로, 우리의 완벽한 지식은 엔트로피 증가의 법칙을 **이용하지 않고**, 즉 모든 분자의 경로들을 계산함으로써, 그 빠져나감을 우리가 예측할 수 있게 해줄 것이다. 그렇지만 우리가 엔트로피 법칙에 호소할 필요가 없다는 사실에도 불구하고, 빠져나감이 그 법칙에 따라 진행한다는 것을 부인하는 것은 불합리하다. 왜냐하면 이런 특수한 경우에 지식은 그 기체와 함께 빠져나가지 않았을지라도 기체는 빠져나갔기 때문이다. 그리고 처음에 엔트로피의 증가로 기술되었던 것도 바로 기체의 빠져나감이었기 때문이다.

결정론자의 관점에서 보면, 통계역학이 무엇을 위한 것인지 알기가 사실상 어렵다. 만약 주어진 조건들을 갖춘 모든 개개의 병에서 빠져나가는 기체들에 관한 모든 예측적인 물음이 답변되었다면, 왜 어떤 물음이 남아 있어야 하는가? 즉, 내가 말하는 것은 기체의 빠져나감의 **규칙성**인 **법칙-같은 성격**에 대한 물음이나 혼합 과정들의 규칙성, 그리고 이런 과정들의 **비가역성**에 대한 물음을 의미한다. 우리가 모든 개별 경우에서 어떤 일이 일어날 것인지를 정확히 예측할 수 있을지라도 이런 규칙성들은 간과되어 남아 있을 수 있다.

내가 통계역학에서 이런 규칙성들을 설명하는 시도를 본다 할지라도, 폰 노이만은 통계적인 취급을 **우리 지식이 부족할 경우**에만 중요하게 되는 여분의 첨가라는 사치로 기술하고 있다.25) 전체적인 어려움의 원천은 이런 태도에 있다. 주관주의자의 이론은 그 자체로 다시 결정론자의 편견의 나머지인 것임을 보여주고 있다.

6. 두 해석 사이를 오락가락함

파울리가 두 해석 사이를 왔다 갔다 한다는 것은 이미 지적되었다. 그는 칸틸리의 강한 법칙을 객관적인 의미에서 해독한다. 그러나 폰 노이만의 해석과 보른의 해석 또한 왔다 갔다 한다. 따라서 우리는 폰 노이만의 책에서 다음과 같은 구절을 발견한다.26) 폰 미제스의 '집단들'에 대한 이론은 '확률 이론을 도수 이론으로 확립하기 위해 일반적으로 필요하다고' 기술되어 있다. 그리고 저자들이 이런 이론을 받아들였다는 것이 함축되어 있다. 그렇지만 폰 미제스가 항상 강조했듯이, 자신의 견해들은 주관적인 어떤 이론과도 완전히 양립할 수 없다. 그리고 폰 노이만은 두 견해가 어떻게 결합될 수 있는지를 우리에게 말하는 시도를 하지 않는다.

막스 보른도 마찬가지다. 나는 보른의 주관주의를 언급했지만, 그러나 또한 보른의 저작에는 객관주의 구절들도 존재한다. "비가역성은 분명히 인과에서 체계의 면제되는 부분으로서만 이해될 수 있다"는 것도 바로 이런 종류의 구절이다.27) (나는 그 구절의 표현에는 동의하지 않을지라도, 그 구절의 정신에는 동의하고 싶다.) 다음과 같은 구절의 연속을 보면, 보른의 오락가락은 암시적인 것으

25) Von Neumann, *op. cit.*, p.298.

26) Von Neumann, *op. cit.*, p.206.

27) M. Born, *op. cit.*, p.72.

로 보인다. 그는 "사람들은 분자들의 위치와 운동량이 통제된다는 것을 포기해야 한다"고 쓰고 있다. 설명되지 않는 '통제되는'이란 용어는 내가 보기에 다음과 같은 사이를 오락가락하는 것을 지적하는 것 같다. 즉, '알려지지 않는' — 그의 본문 대부분에서 유지되고 있는 — 그리고 '만약 우리가 실험을 반복한다면, 임의로 재생산될 수 없는', 달리 말해 '그 실험의 객관적인 조건들의 (혹은 아마도 그 일부분으로 만들어질 수 없는) 일부가 아닌' 사이를 왔다 갔다 한다는 것이다. 이것은 객관적인 해석을 향한 경향이라고 지적할 것이다.

이런 오락가락이나 왔다 갔다는 실제로 주관주의에 대한 양보의 필연적인 결과이다. 왜냐하면 인용된 저자들이 실제로 우리의 무지를 통해서 혼합이나 융합 같은 비가역적인 물리적인 과정들을 설명할 **의향이 있었음**을 나는 잠깐 동안이라도 믿지 않기 때문이다. 이런 결론들에 직면했다면, 그들은 인용된 진술들을 철회하거나 적어도 그 진술들을 재해석하고자 노력했을 것이라고 나는 생각한다. 그러나 그들은 자신들의 근본적인 접근에 내재하는 실재적인 난관들을 통해서 그런 견해들을 강요받았기 때문에, 이런 견해들을 그들은 계속 견지했다고 나는 확신한다.

II 장
양자 이론의 객관성

7. 양자 이론의 객관성: 상자들

양자 이론이 처한 상황의 관점에서 대상과 주관은 더 이상 예리하게 분리될 수 없다고 종종 주장되었다.[1] 하이틀러(W. Heitler)의 말을 빌리자면, "세계를 '객관적인 외부 실재'와 자의식적인 존재인 '우리'로 분리함은 더 이상 유지될 수 없다. 대상과 주관은 서로 분리할 수 없게 된다."[2] 보어에 의하면, **이것은 원자적인 대상들의 행태와 현상이 나타나는 조건들을 정의하는 데 기여하는 측정 도구들과의 상호작용 간의 어떤 예리한 분리도 불가능하다는 점**에서

1) [이 책 '서론'의 논의를 보라. 편집자.]

2) W. Heitler, "The Departure from Classical Thought in Modern Physics", in P. A. Schilpp, ed., *Albert Einstein: Philosopher-Scientist*, 1949, p.194 이하.

기인한다.[3] 하이틀러는 그 요점을 약간 상세하게 다듬고 있다. 그는 "사람들은 자기-기록 장치가 측정을 수행하기에 충분한 것인지, 아니면 관찰자의 존재가 요구되는지를 물어볼 수 있다"고 하였다. 그리고 그는 자기-기록 장치가 불충분하며, 또한 "전체 구조의 **필요한** 부분으로서 그리고 의식적인 존재로서 그 능력을 충실하게 발휘하는 **관찰자**가 나타난다"는 결론에 이른다.[4]

우리는 하이틀러가 물리적 대상에 주관을 포함시키는 이런 교설에 대한 아마도 가장 분명한 정식화라는 것을 우리에게 제시한 것에 대해 그에게 감사해야 한다. 그러나 그것은 또한 하이젠베르크의 『양자 이론의 물리적 원리(*The Physical Principles of the Quantum Theory*)』에서, 그리고 정통적인 견해의 다른 수많은 진술들에서 이런저런 형식으로 빈번하게 일어난다.

그렇지만 이 교설이야말로 **거짓**이다. 어떤 이론도 객관적인 것처럼 양자 이론도 객관적이다.

하이틀러의 도전이 계속되었기 때문에, 우리는 먼저 **고전적인 자기-기록 실험**을 다음과 같이 명료하게 기술할 수 있다. 자기-기록 장치를 포함하고 있는 실험적 배열이 설치된 하나의 상자를 마련한다. 그런 다음 그 상자를 닫는다. 장치에 대한 판독은 (매우 엄밀한 어떤 한계 내에서) 그 이론에 의해 예측된다. 시간이 지난 후, 그 상자는 판독이 기록된 테이프나 필름을 발행한다. 그리고 우리는 그것을 예측된 판독과 비교한다.

지금 양자 이론이 처한 상황도, 특징적인 하나의 차이를 제외하

---

3) N. Bohr, "Discussion with Einstein", *Albert Einstein: Philosopher-Scientist*, *op. cit.*, p.210. (고딕체는 보어가 한 것임.)

4) W. Heitler, *op. cit.*, p.194.

고, 원리적으로 정확히 똑같다. 왜냐하면 우리는 양자 이론적인 모든 전형적인 실험을 위해 상자 하나 대신에, 각각의 상자에 동일한 실험적인 체제가 구비된 일련의 상자를 필요로 하기 때문이다. 혹은 각각의 상자에 우리가 만들 수 있는 것과 유사한 체제들이 구비된 상자들이 필요하기 때문이다. 그리고 그 이론은 대부분의 경우에 각각의 상자들이 발행한 어떤 테이프나 필름의 기록에 대해 예측하는 것이 아니라, 이런 상자들 모두가 산출한 이런 모든 판독에 대한 통계적인 분포를 예측한다.

몇몇 특수한 경우에, 이론은 심지어 **확실한** 예측을, 즉 모든 하나의 상자에 의해 발행된 개별적인 모든 판독에 관한 예측을 한다. 예컨대, 만약 실험이 전자들의 약한 빛줄기로 이루어진 것이고 또한 기록 장치가 두 필름으로 구성되어 있다면, 우리는 **항상** 두 필름 위의 상들이 거의 일치함을 발견할 것이다. 두 필름은 '전자(혹은 전자들)가 지나간 점의 상'을 보존하고 있으며, 그리고 서로 위쪽에 층(layer)의 형태로 자리 잡고 있다.[5] 따라서 — 그 사례가 우리의 것과 동일하지만, 반대 (또한 나는 분명히 불가능하다고 생각한다) 결과에 도달한 하이틀러의 주장과 정반대로 — 우리는 '확실한 관찰 결과를 예측할' 수 있다.[6] 그런데 그 결과는 심지어 일류 물리학자도 양자의 정통 교리에 의해 잘못 인도될 수 있음을 보여주고 있다.

하이틀러의 특수한 사례에서, 우리는 상자 하나 이상을 필요로 하지 않는다. 이것은 문제의 결과가 1이란 확률로 ('확실하게') 예

5) W. Heitler, *op. cit.*

6) W. Heitler, *op. cit.* "그렇다면 분명하게 이런 관찰 결과를 정확히 예측할 수 없다." 비교.

측될 수 있다는 사실에서 기인하다. 그렇지만 좀 더 전형적인 양자 실험을 위해서는 **일련의 상자들**이 요구되거나, 하나의 상자 속에서 실험에 대한 일련의 반복들을 필요로 한다.

어떤 문헌에서도, 여기서 설명된 방법에 의해 '자기-기록 장치'나 일련의 장치에서 — 하이틀러의 주장과는 정반대로 — 재배열될 수 없는 실험을 우리는 발견하지 못한다. **양자 이론은 정확히 어떤 다른 물리적인 이론만큼 객관적이다.**[7)]

8. 혼동의 원천: '파동 다발의 환원'

그런데 그 이론은 왜 그렇게 종종 주관주의 의미로 잘못 해석되는가? 왜 하이틀러는 관찰자가, 전자의 약한 빛줄기가 서로 위에 있는 층의 형태로 자리하고 있는 두 필름에 영향을 미치는 실험에서 본질적인 역할을 한다고 믿는가?

그에 대한 답변은 지극히 명료하다. 수학적인 형식, 즉 슈뢰딩거 방정식은 보어의 해석과 결합되어 그 필름들에 영향을 미친 전자들의 확률 (밀도) 분포만을 제시하고 있을 뿐이다. **그것은 전자들이 첫 필름과 두 번째 필름에 영향을 미친 곳들이 일치할 것이라고 우리에게 말하지 않는다.**

그러나 만약 전자가 첫 번째 필름에 미친 충격 장소를 슈뢰딩거

7) 이 절은 1948년 8월 오스트리아 알프바흐에서의 '*Der Gesetzesbegriff in der Physik*'에 대한 마치(A. March) 교수의 강연에 따른 논의에 관하여, 회장인 내 개막 논평의 요지를 포함하고 있다. (*Gesetz und Wirklichkeit*, edited by S. Moser, 1949를 비교하라. 나의 논평은 p.80의 마치의 주장을 분명히 보여주고 예리하게 해주려는 의도였다.) 그때 나는 물론 아직 발표되지 않았던 하이틀러와 보어의 구절들을 언급하지 않았다.

방정식의 새로운 적용을 위한 새로운 초기 조건으로 우리가 다룬다면, 이 두 번째 필름의 결과를 얻을 수 있다.

'관찰자' — 혹은 실제로 관찰 결과들뿐만 아니라 슈뢰딩거 방정식을 구비하고 있는 물리학자 — 는, **수학적인 형식은 하나의 단계**에서도 두-필름 실험 결과에 대한 예측을 산출하지 못하기 때문에, 분명히 들어온 것 같다. 형식을 두 번 적용하는 것이 요구되며, 그리고 방정식을 두 번째 적용하기 위해서는 **관찰**을 필요로 하는 것 같다.

간략히 말하면, 이것이 하이틀러의 (또한 정통 학파의) 논증이다. 그러나 그 논증은 두 번째 단계 — 이른바 '파동 다발의 환원'(첫 번째 필름에 영향을 미치는 점까지) — 가 가능하기 위해 관찰자가 개입해야 한다고 주장하는 한에서, 우리가 슈뢰딩거 방정식을 첫 번째 필름에 미친 영향의 **어떤** 좌표들에도 적용할 때마다, 그 논증은 두 번째 필름에 미친 영향이 (거의) 동일한 좌표들을 갖게 될 것이라는 예측에 이를 것이다. 어떤 관찰도 이런 결과를 위해 — '실제적인' 결과에도 '잠재적인' 결과에도 — 요구되지 않는다.

이것이 바로 그 논증이 실패하는 이유이며, 그리고 우리의 자기-기록 장치가 작동하는 이유이다. 산포를 나타내 주는 그런 결과들에 대한 통계뿐만 아니라, 더 이상의 산포를 보여주지 않는 그런 결과들 — 두 개의 중첩된 필름이 일치하는 것과 같은 결과들 — 에 대해서도 성공적인 예측을 할 수 있게 한다는 의미에서 그 장치가 작동한다는 것이다.

9. 양자 이론에 대한 수학적인 형식의 불완전함

사람들이 어떤 이론이나 수학적인 형식의 완전함이나 불완전함에 대해 말할 수 있는 의미들이 많다. 여기서 내가 사용하는 수학적인 형식의 완전함이라는 생각은 다음과 같은 의미에서 물리적인 현상들의 어떤 영역을 다루기 위한 것이다. 즉, 형식이 문제의 현상 영역에서 우리가 할 수 있는 실험 결과들의 어떤 예측도 '자동적으로' (곧, 전술한 절의 의미에서 비형식적인 '두 번째 단계'를 만들 필요 없이) 다루고 있다면 오직 그 경우에만 **완전하다**는 것이다.

이런 의미의 '완전함'이란 용어를 사용하자는 제안은 닐스 보어에서 나온다. 아인슈타인, 포돌스키, 그리고 로젠의 논문 「물리적인 실재의 양자역학적인 기술은 완전하다고 생각될 수 있는가? (Can Quantum-Mechanical Description of Physical Reality be Considered Complete?)」[8]에 대한 답변에서 보어는 다음과 같이 쓰고 있다. "그러나 이런 논증은 지적된 그것처럼 **측정의 어떤 절차도 자동적으로 다루는** 정합적인 수학 형식을 토대로 하고 있는 양자역학적인 기술의 건전함에 영향을 미치는 데 적합할 것 같지 않다."[9] 문제의 건전함은 완전함의 문제이기 때문에, 그리고 보어는 형식에 의해 다루어진 '측정 절차'라는 말을 형식을 통해서 예측할 수 있는 실험적인 결과들을 의미하고 있기 때문에, 사람들은 여기서 제시된 '완전한'의 정의는 거의 보어의 정의에 가깝다고 말할 수 있다.

---

8) *Physical Review* 47, 1935, pp.777-780.

9) Niels Bohr, *Physical Review* 48, 1935, p.696. (고딕체는 내가 한 것임.)

그렇지만 이런 정의에 따르면, 형식은 **불완전**하다. 이것은 보어의 주장과 정반대이다. 사실 정통 학파는 두 방식 모두의 정의를 갖고자 노력한다.

보어는 형식이 모든 경우를 자동적으로 다룬다고 말한다. 그러나 하이틀러는 관찰자가 개입해야 한다고 말한다. 혹은 하이젠베르크가 동일한 요점을 언급하듯이 "슈뢰딩거 방정식에서 도출될 수 없는 불연속적인 '파동 다발의 환원'은 … 가능한 것에서 현실적인 것으로의 전이 결과이다."[10] 그러나 확실하게 한편으로 형식이 완전하다고 주장할 수 없으며, 다른 한편으로 '현실적인 것'에 **그것을 적용함은 그 형식에서 도출될 수 없는** 단계를 실제적으로 요구한다고 주장할 수 없다.

오해받지 않기 위해, 내가 여기서 언급된 불완전함이 심각한 것이라고 생각하지 않음을 강조하고 싶다. 나는 심지어 그것이 아인슈타인이 염두에 두었던 것이라고 제시하지 않을 것이다. 형식에서의 이런 불완전함에도 불구하고 **해석된 이론**에서는 **어떤 불완전함**도 없음을 나는 보여줄 것이다. 실제로, 형식에서의 이런 불완전함이야말로 다음과 같은 문제들의 넓은 영역을 확률적으로 다루는 특징을 띠고 있는 것이다. 그 문제들의 영역은 양자역학이나 관찰자의 간섭 혹은 그와 같은 종류의 어떤 것과도 관계없다. 바로 이런 이유 때문에, 이런 특수한 불완전함을 치료할 필요가 전혀 없다.[11] 내가 보여주고자 했던 모든 것은 이론의 형식이 정확히 보어

10) W. Heisenberg, *Niels Bohr and the Development of Atomic Physics*, 1955, p.27. (고딕체는 내가 한 것임.)

11) 예컨대 L. Jánossy, *Annalen der Physik* (sixth series) 11, 1952, p.324 이하에서 시도한 것처럼.

가 말한 의미에서 불완전하다는 것이었다. 그런데 이것은 보어의 주장과 반대이다. 그리고 양자 이론에 관찰자가 들어오는 신화를 이끌었던 것도 이런 유형의 무해한 불완전함이다. ['1982년 서문'에 있는 불완전함에 대한 논의를 보라.]

10. 무작위 걸음과 '가능한 것에서 현실적인 것으로의 전이'

사막에 있는 병사에게 주머니 룰렛(pocket roulette-wheel)을 주고 다음과 같이 지시했다. 룰렛의 바늘을 돌린 다음 바늘이 가리키고 있는 방향으로 1분간 행진하게 한다. 그런 다음 바늘을 다시 돌려서 바늘 방향으로 다시 1분 동안 행진하는 수행을 반복하게 한다. 우리는 즉각 직관적으로 이런 지시를 근거로 병사의 위치에 대한 확률 분포를 얻음은 분명하다. 확률 분포는 출발점에서 모든 방향으로 — 중심에서는 자욱하지만 그 주변부에서는 밀도가 얕은 일종의 구름처럼 — 병사의 행진 속도와 함께 펼쳐진다. (이런 구름에 대해 일종의 호이겐스 원리가 존재한다. 모든 잠재적인 1분간의 걸음의 끝은 다른 구름들 위에 포개지는 새로운 구름의 중심이 된다.)

이제 한 시간 후 지금 자신의 주머니 룰렛을 참고하고 있는 병사를 **관찰**해 보자. 그러면 옛날의 구름은 사라지고 새로운 구름이 우리가 병사를 관찰했던 지점에서 시작된다.

이것은 정확히 '파동 다발의 환원'과 똑같은 것이다. 그리고 그것은 모든 확률 이론에 대한 소위 마르코프-연쇄(Markov-chain) 문제에서 일어난다. 또한 그것은 약간 더 일반적으로, **상대적**인 확률이 본질적인 역할을 하는 모든 경우에서도 일어난다. 그것은 심지어 약간 더 사소한 방식이라 할지라도, 동전 던지기 같은 어떤 놀이에서도 일어난다. 우리가 앞면으로 동전을 던졌다는 정보에 관해서 앞면으로 동전을 던졌다는 (상대적인) 확률은 1/2부터 1까지 변한다. 이것은 양자 이론가들을 혼돈스럽게 했던 문제와 근본적으로 동일한 문제라는 것은 (그러므로 하이틀러의 문제와 동일하며, 그리고 하이젠베르크로 하여금 '가능한 것에서 현실적인 것으로'의 전이에 관해 논의하게끔 한 것과 똑같다) 수년 전에, 특히 『과학적 발견의 논리』, 76절에서 내가 주장했다.

물론 이런 유명한 '파동 다발의 환원'의 무해함이야말로 내가 형식의 불완전함도 무해하다고 생각한 이유이다. 우리가 그것을 적절하게 해석했기 때문에, **해석된 이론**은 — 수학적 형식 자체보다 오히려 — 이런 특수한 점에서 우리가 원할 수 있을 만큼 완전하다.

이 모든 경우에서도 물론 '파동의 환원'은 관찰된 대상에 대한 관찰자의 단언된 개입이나 관찰하는 도구들의 단언된 개입과 아무런 관계가 없다. 병사들과 그리고 동전조차 너무 무겁기 때문에 그것들을 관찰하는 데 요구된 적은 빛의 양에 의해 뒤집어지지 않는다. 이것은 최종적으로, 인용된 논문에서 하이젠베르크가 암묵적으로 받아들인다. 왜냐하면 그는 지금 고전적인 열역학에서 '가능한 것에서 현실적인 것으로의 전이'를 발견했기 때문이다(p.25, p.27). 그렇지만 이것은 정통 해석이나 그가 그 논문에서 옹호한 ('코펜하겐') 해석을 무너뜨린다. 왜냐하면 전체 쟁점은, 양자 이론은 정통 교리 학파가 항상 주장했던 것처럼 다른 확률 이론들과 매우 다른가, 아니면 양자 이론이 '고전 이론들'이나 '거시 이론들'과 반대인 것처럼, 다루어진 대상의 독특함과 플랑크 상수 h 때문에, 우리는 새롭고 독특한 상황에 직면해 있는가 하는 것이기 때문이다.

11. 입자들, 파동들, 그리고 성향 해석

파동들 대 입자들의 문제와 입자들과 파동들 사이의 관계 문제는 상당한 시간 동안 양자 이론의 설립자들 몇몇에 의해 (특히 보어, 보른, 슈뢰딩거, 하이젠베르크, 디랙, 그리고 나중에 란데를 통해서) 논의되어 왔다. 이런 논의들에서, 때때로 분노나 격분의 어떤 요소가 감지될 수 있다. 특히 "파동에 대해 개인적으로 집착했다"고, 그리고 "이런 생각에 몰입했다"[12]고 지적을 받았던 슈뢰딩거에 반대하는 것이었다. 아마도 그 문제를 물리적인 문제로 간주하기보다는 철학적인 사이비 문제로 간주해야 한다고 느낀 젊은 세대의 물리학자들 사이에서 그 분노가 심히 더 두드러졌다. 왜냐하면 그것은 (i) **수학적인 형식**의 문제가 아니며, (ii) 그 형식의 **적용** 문제도 아니기 때문이다. 경쟁하는 학파들도 이 두 점에 관해서는 일치한다.[13] 따라서 여기서는 좀 더 엄격한 물리학자들이 진지하

12) Max Born, "The Interpretation of Quantum Mechanics", *British Journal for the Philosophy of Science* 4, 1953, p.98을 비교하라.

13) 이것은 또한 Born, *op. cit.*에서 그리고 전술한 9절 주석 10에 인용된 하이젠베르크의 논문에서 강조되었다. 이 둘은 모두 슈뢰딩거를 비판한다: 보른은 (p.98의 주석에서) 직관적으로 이해할 수 있는 3차원적인 파동들에 의존하는 것을 찬성한다. 이 파동들은 '두 번째 양자화의 방법'에서 나온다. (Jordan and Klein, *Zeitschrift für Physik* 45, 1927, p.751, 그리고 Jordan and Wigner, *ibid.*, 47, 1928, p.631에 기인한 것이다. 슈뢰딩거의 의견 제시가 있는 *Louis de Broglie, Physicien et Penseur*, 1952를 보라.) 보른은 주석에서 "ψ-함수의 통계적 특징은 훨씬 더 깊은 그리고 더 추상적인 수준에서 도입된다"고 말하고 있다. 하이젠베르크는 논문 (p.24)에서 슈뢰딩거의 오해를 비판하고 있다. 그것은 '통상적인 (정통의) 해석에 대한 오해'이다. 정통의 해석에서 클라인, 요르단, 그리고 비그너의 3차원적인 파동들은 '확률 파동들과는 어떤 직접적인 연관도 없다'는

게 생각할 필요가 있는 문제가 아닌 것으로 보인다.

이처럼 생각하는 엄격하고 헛소리하지 않는 그런 도구주의자들은 두 이론이 수학적 동치임을 발견한 사람이 슈뢰딩거라고 생각하지 말아야 한다. 처음으로 (힐베르트 공간[14]의 벡터들에 대한) '변형 이론'을 전개했던 사람도, 그리고 오래전인 1926년에 동치 증명에 관해서 "이런 견해(키르히코프와 마하의 견해)에 관하여 수학적인 동치는 물리적인 동치와 거의 동일한 의미를 갖고 있다"고 썼던 사람도 슈뢰딩거라고 생각하지 말아야 한다. 따라서 만약 파동 이론과 입자 이론인 두 이론이 물리적으로 동치가 아님을 슈뢰딩거가 믿는다면, 그 이유는 실제로 아무도 일찍 그 점을 그만큼 명료하게 보지 못했기 때문이라고 나는 생각한다.

실제로, 슈뢰딩거가 '거의'라 할 만큼 많은 물리적인 동치를 인정했을 때, 그는 너무 관대했다. 그의 파동 이론은 적어도 그 당시의 입자 이론은 아니었던 자유전자와 속박된 전자 모두에 대한 이론이었다.[15]

'사실을 간과한 데' 있다는 오해이다. 다시 말해 확률 파동들은 통계적인 특징이 아니라, '맥스웰의 장 같은 에너지와 운동량의 연속적인 밀도를 갖고 있다'는 것이다. 따라서 정통 견해의 지지자 둘은 여기서 단지 한 가지 점에서 일치하는 것으로 보인다. 즉, 슈뢰딩거가 잘못임에 틀림없다는 점이 그것이다. 그러나 그들의 논증은 서로 모순이다. (또한 후술하는 28절의 주석 41을 보라.)

14) 슈뢰딩거의 *Collected Papers on Wave Mechanics*, 1928, pp.45-61, 특히 p.52의 주석을 비교하라.

15) M. Born and N. Wiener, *Journal of Mathematics and Physics* 5, 1926, p.84와 *Zeitschrift für Physik* 36, 1926, p.174의 논문들은 '거듭되는 행렬들로' 운영된다. 이것은 분명히 자유로운 입자에 행렬의 방법을 임시변통으로 적용하는 것이다. 다른 한편, 슈뢰딩거의 이론은 보어의 정지 상태들을 파동-속성들로 설명하는 (임시변통이 아닌) 드 브로이의 생각

만약 정통파의 견해를 비판하는 슈뢰딩거의 시도가 이런 답변들을 이끌었다면, 단순히 철학자의 견해인 내 견해들은 물리학자들에 의해 진지하게 생각될 희망이 거의 없다. 그 희망은 심지어 다음 사실에 의해서도 약화된다. 비록 내가 파동들을 (입자들을 사랑한 것보다 더16)) 깊이 사랑하게 되었다 할지라도, 그럼에도 불구하고 매우 분명한 의미에서 그리고 입자와 파동 사이의 이중성이나 유사함이나 상보성을 배제한다는 의미에서 양자 이론은 입자 이론이라고 (여기서 나와 슈뢰딩거는 일치하지 않는다) 나는 믿는다. 더 노골적으로 말하면, 나는 파동들이 (심지어 두 번째 양화된 것들은) **성향들**이나 성향의 속성들에 대한 수학적인 표현이라고 믿는다. 또한 그것들은 어떤 상태를 지속하는 입자들의 성향들로 해석될 수 있는 물리적인 상황(예컨대, 실험적인 장치와 같은)에 대한 수학적인 표현들이라고 믿고 있다. 양자 이론이 확률적인 이론인 한에서, 그 이론은 파동 이론이거나 행렬 이론이다. 이것이 바로 파동 이론과 행렬 이론이 동치인 이유이다. 그렇지만 그 이론이 결정하는 확률들은 항상 어떤 조건들 하에서 어떤 상태를 지속하는 **입자들**의 성향들이다.

따라서 입자와 파동 사이에는 여하한 이중성이나 어떤 대칭도

을 전개했다. 또한 이런 파동들은 자유로운 입자들을 소유하고 있으며, 그리고 그 입자들의 경우에 독립적으로 시험할 수 있다.

16) 그 이유는 파동(혹은 장) 이론은 물질을 물질이 아닌 (그리고 물질보다 더 일반적인) 어떤 것으로 설명할 가능성을 제공한다는 것이다. 그 이상의 이유에 대해서는 전술한 주석을 보라. [포퍼의 『자아와 그 두뇌』, 1977, 특히 3-5절, 그리고 P3장과 P5장의 유물론 논의와 유물론의 역사를 보라. 또한 『자아와 그 두뇌』에 수록된 그의 논문 “Philosophy and Physics”와 후술하는 ‘형이상학적인 맺음말’을 보라. 편집자.]

존재하지 않는다. 파동들은 입자들의 성향적인 속성들을 기술한다. 알프레드 란데가 언급하듯이, "만약 이것이 … 그 **유명한** 이중성이라면, 백조들도 이중적인 새들 … 이어야 한다. 왜냐하면 한편으로는 그것들이 개체들이거나 입자들이며, 다른 한편으로는 그 백조들이 물결치는 목이란 성질을 갖고 있기 때문이다. 그래서 '백조들은 실제로 입자들인지 파동들인지는 영원히 불확실한 것으로 남아있을 것이다.' 이런 이중성은 대조할 수 없는 것들에 대한 대조이다."[17] 물결치는 목보다는 더 명백히 성향적인 속성을 내가 선호할 것이란 점을 제외하고,[18] 나는 전적으로 동의한다. 예컨대, 성향적인 속성이란 어떤 상황들 하에서 자기 목들을 물결치는 운동으로 만드는 백조들의 성향이다.

이런 견해에 의하면, 입자는 분명히 형식에 — 파동 형식에도, 그리고 (종종 입자 형식이라고들 말하는) 행렬 형식에도, 그리고 여전히 '중립적인' 변형 이론에도 — 나타나지 않는다. 이 모든 이론은 어떤 값들을 지속할 어떤 변수들의 성향들을 기술하고 있다. 이런 변수들은 어떤 입자들의 상태에 대한 어떤 변수들로 **해석될** 수 있다.

내가 우려하고 있는 것들 중의 하나는 이런 견해가 슈뢰딩거에

---

17) A. Landé, "The Logic of Quanta", *British Journal for the Philosophy of Science* 6, 1956, p.316.

18) 실제로, 내가 몇몇 경우들에서 강조했듯이 '모든 보편자는 성향적이다.' (예컨대, 내 논문, "Three Views Concerning Human Knowledge", *Contemporary British Philosophy* 3, 1956, vi절, 끝부분을 보라. 이 논문은 『추측과 논박』, 1963에 재출간되었다. 그리고 『후속편』 I권, 『실재론과 과학의 목표』, 1부, 11절을 보라.) 그러나 몇 가지 것들은 다른 것들보다 더 성향적이다.

게는 받아들일 수 없을 것이라는 점이다. 그러나 그것은 실제로 그 자신의 견해와 동떨어진 것은 아니다. 사람들은 여기서 제시된 해석에 따라 성향들과 성향들의 장들은 힘들과 힘들의 장들과 마찬가지로 실제적임을 상기해야 한다. 그것들은 힘들이나 힘들의 장들처럼, 입자들이기보다는, 전체 물리적인 상황으로서의 속성들이다. 그것들은 힘들처럼 **관계적**인 속성들이다.

이런 점을 좀 더 상세하게 설명할 가치가 있다. 뉴턴이 중력에 대한 **설명**으로서 자신의 이론을 받아들이기 어렵다는 것을 발견한 한 가지 이유는, 자신의 인력들 — 원거리 작용 — 에서 물질의 **내재적** 속성이나 물질의 **본질적** 속성을 알아본다는 것이 어렵다는 점을 발견했기 때문이었다. 연장은 어떤 물질 조각의 본질적 속성일 수 있다. 왜냐하면 그것은 이런 물질 조각 이외의 어떤 것에도 의존하지 않기 때문이다. 그러나 인력은 **다른 물질 조각들**을 끌어당기는 성향이었다. 그것은 관계적 속성, 상호적인 속성이었다. 그러므로 또한 인력이 물질 조각에 **내재하는** 것으로 — **다른 물질 조각보다 더 연장된 (더 큰) 물질 조각**에 내재하는 속성으로 간주하는 것이 어려운 만큼 — 생각하는 것은 어려웠다.[19] 관계적인 속성들이 '실제적'이 아니라 '관념적'이라고 주장하는 것은 ('범주적', 즉 주어-술어 진술들을 사용하는 관습적인 선호와 연관된) 우리 자신을 표현하는 아리스토텔레스적인 습관이며 또한 본질적인 습관이다. 다시 말해, 그 속성들은 오직 우리 자신의 사고 활동과 정리 활동에서 발견된다는 것이다. 마지막 분석에서, 확률들의 주관적인 해석에 이른 것과 객관적인 성향 해석을 수용하기 어렵게 한 것도

19) 또한 내 논문, "Three Views Concerning Human Knowledge", *op. cit.*, 특히 iii절의 일곱 번째 주석이 첨부된 단락을 보라.

바로 이런 태도이다.

우리가 가능성들에 대한 측정들을 어떤 주어진 상황(초기 조건들과 경계 조건들) 하에서 어떤 방식들로 반응하는 성향들로 해석할 수 있기 때문에, 가능성들에 관한 우리의 해석은 더 이상 1926년 그의 네 번째 논문인 「적정한 값들의 문제로서의 양자화(Quantization as a Problem of Proper Values)」[20]에서 슈뢰딩거가 제안했던 해석과 반대인 것이 아니다. 그 해석들 사이에 차이가 만약 있다면, 그것은 확률에 대한 성향 이론은 어떤 것도 그 당시에 존재하지 않았다는 사실과 연관되어 있다. 또한 그것은 단칭 확률 이론은 객관적일 수 없으며, 그리고 객관적인 확률 이론은 **순수하게** 통계적인 이론이거나 도수 이론이어야 한다는 견해와 연관되어 있다. '가능성들의 측정들'과 '측정-함수'(가능성의 측정에 대한 밀도 분포를 결정하는)를 말하는 대신에, 슈뢰딩거는 이 논문에서 가능성들의 '비중' — 즉, '운동학적으로 가능[하다]는 모든 점-역학적인 배치들' — 과 '비중 함수'에 관해 말한다. 그는 "사실상 그 체계는 운동학적으로 상상할 (수 있는) 모든 위치에 동시적으로 존재하지만, 그러나 모든 위치에서 '동일한 정도로 강하게'는 아니라고 우리는 말할 수 있다"고 하였다. 그 체계가 이런 위치들 각각에서 얼마나 강하게 존재하는지는 비중함수, 예를 들어 파동 진폭의 제곱에 의해 결정된다.

슈뢰딩거는 다음과 같이 논평한다. "이런 새로운 해석은 처음에 우리에게 충격을 줄 수 있다. 왜냐하면 이전에 우리는 직관적으로 마치 정말 실제적인 어떤 것과 같은 구체적인 방식으로 종종 'ψ-진

---

20) *Annalen der Physik* (fourth series) 81, 1926, p.135; *Collected Papers on Wave Mechanics*, p.120 이하.

동들'에 관해 말해 왔기 때문이다. 그러나 또한 현재의 생각 배후에 손으로 만질 수 있을 정도로 실제적인 어떤 것이 존재한다. …"[21] 이런 견해는 틀림없이 성향 해석과 공통적인 것을 많이 갖고 있다. 슈뢰딩거는 파동의 객관성이나 '실재성'을 — 파동들은 다른 물리적인 크기의 것들과는 물론 상호작용할 수 있다는 사실을 강조한다. 그리고 그는 동시에 파동들은 일상적인 파동들이나 진동들보다는 어느 정도 덜 실재적이며 또한 덜 구체적이고 덜 직관적임을 강조하고 있다.[22]

지금까지는 성향 해석과 일치한다. 그 차이는 이렇다. 슈뢰딩거는 자신이 말하는 비중을 그 자체를 실현하는 가능한 배열이나 가능한 운동 상태에 첨부된 경향으로 (혹은 성격이나 성향으로) 해석하지 않는다. 경향의 강함이나 비중은 통계적인 도수를 통해서 그 자체를 표현한다. 통계적인 도수는 문제의 상태가 문제가 된 실험의 반복들을 연속해서 행할 때 일어난다. 다른 말로 하면, 슈뢰딩거는 자신이 말하는 비중을, 비록 비중이 그렇게 해석될 수 있음을 그가 인식하고 있을지라도, **확률**로 해석하지 않는다. 방금 인용한 논문이 나오고 나서 1년 후의 논문에서,[23] 그는 다음과 같이 쓰고 있다. "그러나 만일 독자가 좋다면, 보어의 이론에 따라서 … 말해진 모든 것을 이해할 수 있다. 보른의 이론에서[24] … 진폭의 제곱

---

21) *Loc. cit.*, (나는 그 번역 용어들을 몇 개 바꾸었다.)

22) 슈뢰딩거는 *loc. cit.*에서 "ψ-함수는 … 일반적으로 배위 공간에서의 함수이기 때문에, … 3차원적인 공간에 관해 직접적으로 해석될 수 없다는 사실"을 강조한다. 그러나 그는 26년이 지난 후에 Born, *op. cit.*에서 이런 사실을 인식하지 못하고 있다고 비난을 받게 된다.

23) "The Exchange of Energy according to Wave Mechanics", 1927; *Collected Papers*, p.146을 보라.

은 단일 체계 안에서 동시적인 자극 강도로 해석되는 것이 아니라, 단지 가상적인 총합 안에서 별개의 양자 상태들에 대한 확률들로 해석된다." 물론 '단일 체계 안에서 동시적인 자극 강도'는 이전 논문의 '비중들'과 동일하다. 그리고 사람들은 여기서 체계들의 총합 속에서 발생의 상대적인 도수인 **단일** 체계의 객관적인 속성 — 강도 분포 — 에 슈뢰딩거가 반대하고 싶은 것임을 분명하게 본다.

성향 해석은 이런 간격에 다리를 놓아 주고 있다. 그것은 **단일** 체계가 변하는 힘들이나 비중들이나 강도들에 대한 경향이나 성향을 갖게끔 한다. 또한 만일 이런 것들을 그 자체를 실현하는 경향들로 해석하면, 그것들은 가상적인 (혹은 실재적인) 총합이나 집단에서 통계적인 도수들에 대응하고 있음을 보여주고 있다.

슈뢰딩거는 "만약 독자가 좋다면, 통계적인 의미에서 모든 것을 이해할 수 있다"고 논평했다. 이것은 통계학과의 연관을 그가 보았고 인정했지만, 그러나 (객관적인 단칭 해석과 반대인 것으로서) **순수 통계적**인 해석에 만족하지 않았다는 점을 지적하고 있다고 나는 믿는다. 따라서 우리는 어쩌면 소위 성향 해석이라 한 것은 슈뢰딩거의 모든 의도를 충족한다고 주장할 수 있다. 그리고 그 해석들의 분명한 충돌에도 불구하고 보른의 의도들도 충족한다고 우리는 주장할 수 있다.

---

24) M. Born, *Zeitschrift für Physik* 37, p.863; *Zeitschrift für Physik* 38, p.803; *Zeitschrift für Physik* 40, 1926, p.167. (이 주석은 슈뢰딩거의 것이다.)

12. 성향 해석에 대한 부분적인 예상

그런데 슈뢰딩거는 일찍이 성향 해석 — (배위 공간에서) 파동의 객관성과 실재성 — 에 대한 매우 중요한 양상을 강조했다. 그리고 파동 진폭은 가능성들의 무게나 힘이나 측정을 제공한다는 사실을 강조했다.

다른 한편, 보른은 그와 반대인 것, 즉 우리 해석의 통계적인 양상을 강조했다. 그렇지만 그도 또한 앞 절에 인용된 슈뢰딩거의 논평("만약 독자가 좋다면 … 보른의 이론에 따라서 … 모든 것을 이해할 수 있다")과 비교될 수 있는 논평에서 완전한 성향 해석을 하게 되었다. 왜냐하면 보른은 "파동이 편리한 방식으로 현상을 기술하고 예측하기 위한 '실재적'이거나 허구적인 어떤 것인지의 물음은 … 취향의 문제"[25]라고 쓰고 있기 때문이다.

보른은 계속해서 다음과 같이 쓰고 있다. "나는 개인적으로 확률파동을 3N-차원적인 공간에서도 수학적인 계산을 위한 도구보다도 더 … **확실하게 실재적인 것**(a real thing)으로 간주하는 것을 좋아한다. 왜냐하면 그것은 관찰에 대한 불변의 성격을 갖고 있기 때문이다. 그것은 실험들을 집계한 결과들을 예측한다는 것을 의미한다. 그리고 우리는 만약 우리가 실제로 동일한 실험 조건들 하에서 수많은 실험을 수행한다면, 동일한 평균들과 동일한 평균 편차들, 기타 등등을 발견할 것이라고 기대한다."[26] 전체 구절은 성향 해석

25) *Natural Philosophy of Cause and Chance*, p.105를 보라. 이 논평은 도구주의에 대한 솔직한 선언이 아니라 할지라도, 도구주의에 대해 조금도 과장하지 않고 용인하는 것을 포함하고 있다.

26) 고딕체 구절(고딕체는 내가 한 것임)은 시작하는 발언과는 반대된 것으

에 대한 선언문처럼 읽힌다. 이것은 동일한 책에서 발견되는 확률에 대한 주관적인 해석과 순수 통계적 해석 사이를 계속해서 왔다 갔다 하거나 오락가락하는 가장 이상한 대조이다. (전술한 6절을 보라.) 방금 인용된 구절은 고전적인 통계역학의 개념적인 난관들을 '해결'하기 위해 **주관적**인 해석에 대해 만들어진 광범위한 사용과 너무나 이상하게 대조된다. 이 단계에서 사람들이 믿고 싶어 했던 것은, 보른은 내심 양자 이론에서만 객관적인 성향 해석을 옹호하고, 고전적인 통계학에서는 그 해석을 옹호하지 않는다는 것이다. 그러나 그렇지 않다. 왜냐하면 즉각적으로 그 구절을 계속하면서, 보른은 확률에 대한 지극히 일반적인 성향 해석을 지지하는 논증을 통해서 우리를 다시 놀라게 하기 때문이다. 그는 이렇게 말한다. "지극히 일반적으로 이런 관념을 통해서 우리가 실재적이고 객관적인 어떤 것을 언급하지 않는다면, 우리는 어떻게 확률 예측들에 의존할 수 있는가? 이런 고찰은 양자역학적인 밀도 행렬에 … 적용되는 만큼 고전적인 분포 함수 … 에도 적용된다."

이것은, 특히 사람들이 결국에, 보른이 자신의 이론을 예시하고 지지하기 위한 모범적인 방식으로 (사실상 성향 해석에 대한 가장 강력한 논증들 중의 하나라고 내가 믿는) 보어의 두 슬릿 실험을 논의했음을 발견했을 때, 성향 해석에 대한 완벽히 명료한 진술처럼 보인다.

그러나 보른이 내가 확률 이론이나 양자 이론 어느 하나에 '성향 해석'이라 표지를 붙인 견해와 같은 어떤 것에 도달했다고 사람들은 거의 말하지 않을 수 있다. 물론 그는 이런 구절에서 그것에 도

로 그 경향상 분명히 반도구주의이다. 전체 구절은 *op. cit.*, p.105 이하에서 나온 것이다.

달했지만, 그러나 이런 해석은 훌륭한 시험이 주어져야 한다는 것을 인식하지 못했다. 그리고 그 해석은 **지속적**으로 달성하고자 시도할 가치가 있다. 오히려 그는, 그 해석은 이런저런 목적 때문에 그 상황을 볼 수 있는 수많은 '상호 보완적인' 방식들의 하나라고 생각했다. 이것은 앞서 인용된 보른의 말에서 도구주의에 행해진 양보를 설명해 주고 있다. 그것은 다른 방식으로 이해할 수 없는 다음 사실을 설명한다. 즉, 이런 설득력 있는 답변이 완전히 일반적인 객관적 확률 해석을 지지하여 이루어진 동일한 책에서, 통계역학이 순수하게 주관적인 이론으로 전개되어 정교하게 옹호된다는 점이다. 그리고 그것은 이 책이 출판된 지 3년 후에 보른이 '양자역학의 통계적 해석'에 관해 어떻게 다음과 같이 쓸 수 있었는지를 설명하고 있다. "이것은 단순한 문제가 아니다. 또한 복잡한 수학적 형식에 대한 지식뿐만 아니라 어떤 철학적인 태도를 요구한다. 곧, 자진하여 전통적인 개념들을 희생하고 보어의 상보성 원리 같은 새로운 개념들을 받아들이는 태도가 그것이다." 이제 '복잡한 수학적 형식'의 지식에 관해서는, 만약 완전히 일반적인 객관적 확률 해석에 대한 보른의 설득력 있는 간청이 진지하게 다루어진다면, 이것은 지지될 수 없다. 왜냐하면 이런 경우에 동전 던지기 놀이에서 확률을 해석하는 문제가 근본적으로 양자 이론에서 확률을 해석하는 문제와 동일할 것이기 때문이다. 보어의 상보성 원리와 같은 것에 호소할 필요가 전혀 없을 것이다.

부분적으로 성향 해석을 예상했던 사람들 중에 저명한 인물은 디랙이다. 또한 진스(Jeans)도 언급되어야 한다.[27]

---

27) Sir James Jeans, *The New Background of Science*, 2nd edition, 1934. p.229에서 p.233에는 사실상 주관적인 확률 대 객관적인 확률에 관한 매

성향 해석에 대한 분명한 언급은 또한 하이젠베르크의 논문에서도 발견된다. 그리고 놀랍게도, 하이젠베르크는 그것이 정통적인 견해라고 주장한다. 그러나 곧 하이젠베르크가 그토록 명료하게 기술한 — 막스 보른이 한 것만큼의 — 해석을 자신은 사용하고 있지 않다는 것이 판명된다. 그는 실제로 그것은 옛날의 정통 상보성 견해와 동일한 것이라고 생각한다. 따라서 그는 입자와 파동의 완벽한 이중성, 양자 도약(파동 다발의 환원이 그 사례라고 생각되는), 관찰자의 역할 및 모든 다른 정통 교리의 환영들의 옛날 교설로 후퇴한다. 충분하게 이해된다면, 그런 환영들을 내쫓는 일은 성향 해석의 작은 결과들의 하나이다.

이 논문에서 하이젠베르크는 내가 이른바 성향 해석이라 한 것의 도입을 양자역학의 선구자들인 보어, 크라머 및 슬레이터의 유명한 논문(Bohr, Kramer, and Slater, 1924)에 귀속시키고 있다. 하이젠베르크는 다음과 같이 말한다. "… 보어, 크라머, 그리고 슬레이터에 의해 나중에 정확해진 해석의 … 매우 중요한 특징들 몇몇이 포함된다. … 이런 것들 중 가장 중요한 것이 새로운 종류의 '객관적인' 물리적 실재로서 확률을 도입한 것이었다. 이런 확률 개념은 아리스토텔레스 같은 고대 자연철학의 개념과 밀접한 관계가 있다. 그것은 질적인 관념으로부터 양적인 관념으로라는 오래된 **'잠재력'** 개념의 변형이다."[28)]

우 유망한 논의의 시작이 있다. 그러나 상당히 교훈적일지라도, 그 논의는 적극적인 어떤 제안에 이르지 못한다. 이 점은 그 논의가 다음과 같이 말하는 것으로 요약되는 p.241에서 인식된다. "우리는 거기서 파동 그림의 파동들을 '파동의 확률'로 기술하였다고 말한다. 그렇지만 그 용어에 정확한 어떤 의미도 부여할 수 없다." 그 후에는 결국, 진스도 주관적인 해석을 채택하고 있다('우리의 정확한 지식 부족', p.242).

이런 종류의 객관적인 확률—잠재력이나 성격 혹은 성향의 척도로서의 확률—이라는 새로운 관념을 보어, 크라머, 그리고 슬레이터의 논문에 귀속시킨 것은 놀랍다. 그러나 그 관념은 기껏해야 그들의 접근 방법에 암시된 것일 뿐이라 하더라도, 아마도 그 관념은 옹호될 수 있다. 하지만 나는 '나중에 정확해진 해석의 매우 중요한 특징들 중의 하나'로 기술된 이런 관념을 알고 더 놀라기까지 했다. 그 해석은 하이젠베르크가 '코펜하겐 해석'과 동일시한 것으로 그 자신과 보어(*op. cit.*, p.15)에 의해 1927년에 고안되었다. 적어도 보어나 하이젠베르크의 초기 논문에서는 이런 관념을 나는 발견하지 못했다. 그리고 이것은 결코 우연이 아니다. 왜냐하면 정통 코펜하겐 해석에서는 관찰과 측정이 했던 역할 같은 관념들이 결정적으로 중요하기 때문이다. 그리고 정확한 측정을 어렵게 했던 비결정 관계들은 그 이론에 불확실성이란 요소와 그와 더불어 확률 고찰들을 도입하는 주요한 기능을 하고 있다. 달리 말하면, 확률 이론은 이론에 의해 우리의 측정들과, 따라서 그 이론에 **객관적인 요소들과 주관적인 요소들의 특징적인 혼합**을 제시하는 **우리 지식**의 정확함에 부여된 어떤 한계들 때문에 들어온다는 것이다. 이 모든 것들은 갑자기 벗어 던져야 할 것으로 나타났으며, 그리고 순수 객관적인 잠재력이나 성향 해석이 그 자리를 차지한 것으로 나타났다.

그러나 경고할 이유도 전혀 없었다. 인용된 구절에도 불구하고, 실제로 정통 이론에서 어떤 변화도 없었다. 정확히 보른의 경우와

---

28) W. Heisenberg, "The Development of the Interpretation of the Quantum Theory", in *Niels Bohr and the Development of Physics*, 1955, p.12 이하를 보라.

똑같이, 아리스토텔레스적인 **포텐티아**(*potentia*), 즉 우리 성향들의 실재적인 잠재력들은 하이젠베르크 논문에 실현되지 않았다. 하이젠베르크는 란데가 말한 것처럼[29] '신념의 세 항목들' — 이중성, 불확실성, 상보성 — 로, 양자 신비들로 여전히 작업을 한다. 더구나 그는 모든 다른 쓸모없는 양자 신비들과 주관-객관 혼동, 우리 측정들의 결론들로서 '가능한 것에서 현실적인 것으로의 전이', 또한 양자 도약들 같은 공포들로 작업을 하고 있다.

성향 해석을 예상했던 사람들 중 오직 란데만이 그 해석의 도움을 받아 유명하지만 쓸모없는 양자 신비들을 내쫓기 위해서 그것을 체계적으로 일관되게 적용하려는 노력을 했다. 나는 이 해석에 대한 우선권은 대체로 그에 속한다고 생각한다.[30] 그는 처음으로 객관적인 확률과 단칭 확률을 위한 필요를 정립했다. (『후속편』 II권, 『열린 우주: 비결정론을 위한 논증』을 보라.) 이런 단계만이 결정론의 거부를 함축한다고 그는 인식했다. 그 이론은 상대적인 확률이나 전이 확률을 토대로 하고 있기 때문이다.[31] 그리고 그는 이

29) "The Logic of Quanta", *British Journal for the Philosophy of Science* 6, 1956, p.301.

30) [란데의 저작에 관해서는 그의 *Foundations of Quantum Theory*, 1955; *From Dualism to Unity in Quantum Physics*, 1960; 그리고 *New Foundations of Quantum Mechanics*, 1965를 보라. 편집자.]

31) 이것들은 페니에스가 자신의 매우 우아한 전개의 토대로 삼은 마르코프 연쇄들(Markov chains)이다. I. Fényes, *Zeitschrift für Physik* 132, 1952, pp.81-106을 비교하라. 특히 pp.103-105를 보라. 거기에서 양자 이론, 즉 슈뢰딩거 방정식이 고전적인 변분 원리 — 오일러-라그랑주(Euler-Lagrange) 미분 방정식 — 와 **함께** 통계적인 확산 이론에서 연역될 수 있음을 보여주고 있다. (이런 연접의 물리적인 의미는 여전히 조심스러운 논의를 필요로 한다.)

것을 기초로 가장 중요한, 그가 지적했듯이 신념의 항목들이 되었던, 양자 규칙들을 설명하려고 노력했다.

그가 성향 해석의 힘을 완전하게 이용하지 못했다고 내가 느끼는 중요한 점이 하나 존재한다. 그것은 "상호작용의 대칭적인 양식과 … 비대칭적인 양식을 … 모든 관찰적인 관점에서 **동일한 입자들의 식별 불가능성**에 의해" 설명하는 그의 시도이다.[32] 이런 설명은 만족스럽지 못하며, 또한 그런 설명을 할 어떤 필요도 없다. 라이프니츠의 원리에 호소하는 것은 거의 정당화되지 못한다. 왜냐하면 라이프니츠가 **관찰적**인 식별 불가능성을 언급하지 않았기 때문이다. 다른 한편 **관찰적**인 식별 불가능성의 동일성에 대한 실증적인 원리는 내가 보기에 불쾌하다고 말하는 것이 아니라, 지지될 수 없는 것 같다.[33]

그렇지만 주된 요점은, 성향 해석의 확고한 적용은 개별 원리에 대한 호소를 불필요하게 하는 것이다. 왜냐하면 파울리의 배중 원리는 다음과 같은 전제 형식으로 전자의 파동 이론의 일부로서 통합될 수 있기 때문이다. 곧, 세 가지 가능한 대칭 집합들 중에서 단지 비대칭 집합이 일어난다는 가정이 그것이다.[34] 이런 형식으로

---

32) Landé, "The Logic of Quanta", *op. cit.*, p.319 (3), p.313; 또한 그의 *Foundations of Quantum Theory*, p.65를 보라.

33) 내 논문, "Language and Body-Mind Problem", *Proceedings of the XIth International Congress of Philosophy* 7, 1953, p.101 이하를 보라. [『추측과 논박』, 1963으로 재출간. 편집자.] 거기서 지적했듯이, 만약 두 지폐가 관찰에 의해 식별할 수 없다면(심지어 번호가 있다 하더라도), 그것들 중 하나는 진짜일 수 있다. 그러나 우리는 그것들 중 하나가 위조품이어야 한다고 믿을 모든 이유를 갖고 있다. 그리고 위조품은 완벽한 위조이기 때문에 진짜가 되지 못한다.

34) 예컨대, W. Pauli, "Exclusion Principle and Quantum Mechanics", *Les*

그 원리가 분별할 수 없는 분자들을 언급하고 있지 않다. 그리고 성향 해석의 관점에서 보면 그것은 배중 원리의 (페르미-디랙 통계학을 확립하는 하나의 귀결 같은) 다양한 당연한 귀결을 위반하는 어떤 체계를 발견할 확률이 0임을 보장한다.

13. 양자 도약은 존재하는가?

이 절의 제목은 슈뢰딩거의 논문에서 취해진 것이다.[35] 내 생각에 그 논문에서 그는, 양자 이론은 양자 도약이 존재한다는 해석을 보장하지 않음을 보여주고 있다.

보어는 1913년에 양자 모형과 함께 처음으로 양자 도약을 도입했다. 그것들은 하나의 정지 상태에서 다른 상태로의 전자의 갑작스러운 전이들이었다. 그때 전이들은 어떤 시간도 지속하지 않는다고 했다. 그러나 새로운 양자 이론과 실험들 모두에 따르면, 빛 양자의 방출은 시간이 걸린다. 그 이론의 관점에서, 방출은 시간이 걸린다는 사실은 예컨대 비결정론 관계들을 통해서 알 수 있다. 왜냐하면 양자의 도수(에너지)는 다른 방식으로 비결정이어야 할 것이기 때문이다. 실험의 관점에서 보면, 평균 시간은 예컨대 일관성 있는 파열(3피트에서 4피트 길이)의 평균 길이에서 계산될 수 있

Prix Nobel en 1946, 특히 p.135 이하를 보라. 파울리는 p.136에서 새로운 양자 이론은 배중률을 설명하는 데 (혹은 연역하는 데) 성공하지 못했다는 사실에 대한 실망을 정당하게 표현하고 있다. 그러나 그 사실이 가정되어야 한다는 형식은 내가 보기에 란데가 '라이프니츠의 원리'라고 부른 것을 그가 적용하는 것보다 훨씬 덜한 임시변통인 것 같다.

35) E. Schrödinger, "Are There Quantum Jumps?", *British Journal for the Philosophy of Science* 3, 1952, pp.109-123과 pp.233-242.

다.[36]

옛날의 슈뢰딩거는 양자 도약을 매우 싫어했다. 개인적으로 나는 양자 도약들에 대해 어떤 불쾌한 감정을 느끼지 않는다. 만약 물리학자들이 그것들을 받아들일 만한 충분한 이유들을 보여줄 수 있다면, 나는 지극히 행복하게 그것들을 받아들일 것이다. 적어도 슈뢰딩거가 받았던 (약간 모순인) 두 답변들에서 아무도 그 이유를 제시하지 못했다. 하나의 답변은 막스 보른[37]이 한 것이고, 다른 하나는 나중에 하이젠베르크[38]에서 나왔다. 내가 알 수 있는 한, 보른은 슈뢰딩거의 질문에 대해 어떤 답변도 전혀 하지 않았다. 대신에 그는 완전히 다른 질문들을 논의한다. 그 질문들은 그가 자신의 책 2절에 '원자들은 존재하는가?'라는 제목으로 도입한 것이다. 슈뢰딩거의 실제적인 의도는 원자가 존재한다는 것을 부인하려는 것이라고 보른은 주장한다. 이것은 슈뢰딩거의 견해들에 대한 해명할 수 없는 오해인 것으로 보인다. 그리고 특히 보른에 의해 비판을 받았던 곳에서 슈뢰딩거가 말한 것에 대한 오해로 보인다. 슈뢰딩거의 이론은 원자들을 (파동으로서가 아니라, 파동 구조들로서) 설명할 수 있지만, 그러나 그것은 원자들을 잘 해명하지는 못한다.

슈뢰딩거의 물음에 대한 어떤 답변도 보른의 논문에 주어지지

---

36) Schrödinger, *op. cit.*, p.113. 이 모든 것은 암암리에 플랑크가 1923년에 (그의 *Theorie der Wärmestrahlung*, 5판 서문에서) 이미 지적했다. 그리고 1927년에 보어에 의해 받아들여졌다. *Atomic Theory and the Description of Nature*, 1934, p.81, p.83 이하, p.86 이하를 비교하라. 또한 이 책 '서론'의 주석 39를 보라.

37) M. Born, "The Interpretation of Quantum Mechanics", *British Journal for Philosophy of Science* 4, pp.95-106(위에서 인용됨).

38) Heisenberg, *op. cit.*

않는다 할지라도,[39] 하이젠베르크는 어떤 답변을 하고 있다. 먼저 그는 보른이 말하는 것 이상을 말하지 않은 것 같다. 왜냐하면 그는 '불연속의 원소'의 존재에 (원자의 존재 대신에) 호소하고 있기 때문이다. 이런 불연속의 원소는 원자 물리학의 모든 곳에서 (예컨대, 섬광막 위에 매우 분명하게) 발견된다.[40] 이것은 분명히 보른의 견해를 넘어서는 한 단계로 우리를 이끌지 못한다. 섬광들이 슈뢰딩거에게 새로운 소식인 것은 나에게도 새로운 소식이다. 그러나 실제로는 슈뢰딩거가 이런 불연속들을 부인한 것이 아니라, 그것들을 **설명**하고자 — 그리고 전적으로 성공하지 못한 것은 아닌 — 노력했다는 것은 일반적으로 더 이상 알려지지 않은 것으로 보인다. 그렇지만 그 이후에, 하이젠베르크는 우리의 물음과 연관해서 명확한 제안을 한다. 그는 "양자 이론의 통상적인 해석에서 그것은" ('그것은' 불연속이며 어쩌면 양자 도약이다) "가능한 것에서 현실적인 것으로의 전이에 포함된다"고 말한다. 따라서 양자 도약의 신화를 포기한 슈뢰딩거에 대해 반대 제안을 하면서, 하이젠베르크는 슈뢰딩거 — 정지 상태들과 양자 수들을 설명했던 사람 — 에 대한 자신의 비판을 다음과 같이 말함으로써 결론을 짓는다. "슈뢰딩거는 스스로 통상적인 해석과는 다른 방식으로 모든 곳에서 관찰할 수 있는 불연속을 그가 어떻게 도입하게 되었는지에 관해 반박 제안을 하고 있다." (고유 값들은 어떤 제안도 아니었는가?)

39) 나는 *op. cit.*, p.104의 보른의 충돌에 대한 논의를 무시했다. 비록 (아가시 박사(Dr J. Agassi)가 나에게 지적했듯이) 그의 논의를 고정된 충돌 이론으로 한정하는 것으로 보였지만, 그는 슈뢰딩거의 요점을 놓쳤다.

40) Heisenberg, *op. cit.*, p.24. 또한 '파동 다발의 환원'에 대해서는 p.26 이하를 비교하라.

그래서 슈뢰딩거는 두 답변을 받게 된다. 첫째로 양자 도약을 그가 부인한 것은 원자들이나 다른 '불연속들'에 대한 부인과 동치이다. 그리고 두 번째는 양자 도약이란 유명한 정확히 말해 악명 높은 '가능한 것에서 현실적인 것으로의 전이' — 즉, '파동 다발의 환원' — 라고 주장한다.

나는 오래전에 이런 환원을 『과학적 발견의 논리』, 75절에 논의했다. 그리고 지금 다시 이 책 8절에서 논의했다. 분명히 파동 다발의 환원은 매우 갑작스럽게 일어날 수 있다. 내가 『과학적 발견의 논리』, 75절에 설명했듯이 심지어 초광속의 속도로 일어날 수 있다. 왜냐하면 그것은 단순한 물리적 사건이 아니기 때문이다. 그것은 새로운 초기 조건들에 (혹은 '$p(a, b)$'에서 새로운 b를 사용한 것에) 대한 자유로운 선택의 결과이다.

가장 주목할 만한 것은 하이젠베르크 자신은 동일한 논문에서 이런 '환원'은 양자 효과가 아님을 인정한다는 점이다. 왜냐하면 그는 (p.27에서) 그것은 "정확히 깁스의 열역학에서 잠재적인 것에서 현실적인 것으로의 전이"와 똑같은 것이라고 말하고 있기 때문이다. 따라서 슈뢰딩거에 대한 그의 답변은 양자 도약들이 — 정확히 고전 이론에서 양자 도약이 존재하는 것과 똑같이 — **존재한다**는 주장과 일치한다.

이런 답변들은 양자 도약에 관한 어떤 증거도 없음을 강력하게 시사한다. 그렇지만 만약 그렇다면, 왜 그렇게 말하지 않는가? 그리고 슈뢰딩거가 그렇게 말했을 때, 왜 그를 공격하는가?

이제 만약 우리가 성향 해석의 관점에서 문제를 본다면, 그것은 아마도 한 가지 요점에서 조금 더 명료하게 된다. 첫째로, (시간과 에너지에 관한) 비결정성 원리 때문에, 옛날 의미에서 양자 도약은 존재할 수 없음이 분명하다. 두 번째로, 하이젠베르크가 무슨 말을 할 수 있을지라도, '파동 다발의 환원'은 확실히 양자 도약이 아니다. 왜냐하면 병사들과 동전들은 다른 방식으로 양자 도약을 할 것이기 때문이다. 세 번째로 — 그리고 이것은 성향 해석의 결과이다 — 양자 이론은 시간에서 동역학적인 과정을 기술하는 이론이 아니라, 다양한 가능성들에 무게를 부여하는 확률적인 성향 이론이다. 따라서 양자 이론은 심지어 어떤 과정도 시간이 걸림을 함축하지 않는 곳이라 할지라도, 그럼에도 과정이란 시간이 걸릴지 모른다. 나는 입자와 편광 프리즘 간의 상호작용의 경우를 염두에 두고 있다. 그것은 이런 상호작용의 결과로서 입자가 편광 프리즘의 광학적인 축에 수직이거나 평행하는 두 상태들 중 편광에 알맞은 어느 하나의 상태로 '도약하는' 것으로 나타난다. 디랙[41]뿐만 아니라, 예컨대 란데[42] 또한 이것을 제시했다.

이제 이것은 내가 아는 모든 것에 대해 (비록 나는 그것이 참이라고 믿지 않을지라도) 참일 수 있다. 그렇지만 나에게는 그것이 참임을 아무도 모른다거나 심지어 그 이론의 결과라는 것이 상당히 분명해 보인다. 그 이론이 우리에게 말하는 모든 것은 — 그 이론의 성향 해석에서 — 입자들이 상호작용에 관한 두 상태들 중 어느 하나의 상태를 지속할 어떤 성향들이 존재한다는 것이다. 그것은 심지어 비교할 수 있는 과정들도 (빛 양자 방출과 연관된 이유들과 유사한 이유 때문에 빛-흡수 여과기와의 상호작용 같은) 시간이 걸린다고 말한다.

따라서 내가 보기에 이런 경우에서도 또한 **그 이론은 양자 도약**

41) Dirac, *The Principles of Quantum Theory*, 3rd edition, 1947, p.7.

42) Landé, *Foundations of Quantum Theory*, p.18.

들이 존재한다는 것을 함축하지 않는 것 같다. 그리고 나는, 설령 슈뢰딩거가 그것을 훨씬 더 잘 말했을 뿐만 아니라 그 이론을 더 발전시키기 위한 다른 많은 매우 흥미로운 제안들을 했을지라도, 이것이 바로 슈뢰딩거가 말했던 것이라고 생각한다.

14. 입자는 존재하는가?

슈뢰딩거의 '양자 도약들은 존재하는가?'라는 적절한 물음에 대해, 슈뢰딩거가 실제로 원했던 것은 '원자들이 존재하는가?' 또는 '불연속은 존재하는가?'의 물음이라고 제시함으로써, 보른과 하이젠베르크가 논박하는 것을 우리는 보았다. 나는 이런 제안들은 약간 얼버무리는 것이며, 그리고 슈뢰딩거에게 거의 공정하지 못한 것임을 보여주고자 노력했다.

그러나 제시된 물음들이 계속되지 않아야 할 이유가 전혀 없다. 입자는 존재하는가? 원자들, 전자들, 광자들, 핵자들, 그리고 지난 25년 동안 발견되었던 다른 다수의 입자들은 존재하는가? 그 답변은 **제한적**인 '예'(*qualified* 'yes')이어야 한다.

제한적인 '예'가 의미하는 바를 명료히 하기 위해, 우리는 먼저 두 개의 상이한 물음들을 구별해야 한다. 첫 번째 물음은 이런저런 과학자는 입자가 존재하는 것을 믿는 것인가, 아니면 추측한 것인가이다. 두 번째 물음은 입자의 존재가 현재 양자 이론적인 형식의 **해석**에 함축되어 있는가이다.

첫 번째 물음에 대한 답변은, 슈뢰딩거는 분명히 입자를 믿었다는 것이다. 하지만 양자 이론가들 중에서 그는 입자를 어떤 다른 것으로 설명할 가능성과 이런 설명에 대한 필요 둘 다를 처음으로

본 사람이었다. '우리가 통상 전자들과 광자들로 불리는 것'으로서의 '기본 입자들'이 여전히 일반적으로 해체할 수 없는 벽돌들이라고 간주되었던 때에 그는 그렇게 했다. 요즘 우리는 해체할 수 없다는 함축과 함께 '입자'라는 용어를 더 이상 사용하지 않는다. **그러나 입자들이 제한된 수명을 가질 수 있다는 첫 제안이 슈뢰딩거에서 나왔다는 것을 잊지 않아야 한다.**

누구도, 특히 슈뢰딩거는 자신의 이론이 모든 측면에서 성공이었다고 주장하지는 않을 것이다. 그렇지만 그의 근본적인 견해 — 입자는 궁극의 것이 아니라, 입자와 다른 어떤 것에 관한 설명을 필요로 한다 — 는 의심을 거의 받지 않을 것이다.

슈뢰딩거의 이론은 이런 방향에서 처음이자 근본적으로 유일한 시도였다. 그리고 사람들은 '입자'라는 용어의 새로운 의미가, 우리는 그의 이론을 통해서 궁극적이거나 '기본적'이 아닌 입자들에 관해 생각하는 방법을 배웠다는 사실에, 전부는 아니더라도, 많은 덕을 보았다고 말할 수 있다. 달리 말해서, 그의 이론이 입자들과 그것들의 전이에 대한 만족스러운 설명을 제공해 줄 것 같지는 않을지라도, 그것은 설명이 주어질 수 있으며 그런 설명이 어떻게 주어질 수 있는지를 보여주었다. 실제로 이것이야말로 이런 분야에서 우리가 이론에 대한 접근을 통해서 갖게 되는 모든 것이다.

이 모든 것은 만약 우리가 다음과 같은 하이젠베르크의 논평을 평가하고 싶다면 상기되어야 한다. "슈뢰딩거 자신은 어떻게 불연속 — 예컨대 입자들의 존재에 기인한 불연속 — 이란 요소를 도입하고자 했는지에 관한 반대 제안을 하지 않았다." 또한 그것은 만약 우리가 정통학파의 '반대'에 관한 파울리의 다음과 같은 논평을 평가하고 싶다면 상기되어야 한다. "반대에 대해 이런 결여가 있지만 … 그러나 그것은 황량한 것으로 남아 있으며 회귀적인 [혹은 역행하는] 희망의 상태에 빠져버렸다. …"[43] 그는 또한 계속해서 두드러진 반어법으로 다음과 같이 쓰고 있다. "슈뢰딩거가 속한 반대파의 일파는 파동들이 입자들보다 더 아름답다고 주장한다. 그러므로 입자의 개념을 제거하려고 애쓴다. …" 나는 이런 반어법은 잘못이라고 느끼지 않을 수 없다. 왜냐하면 누구도 입자의 개념을 '제거하고' 싶기 때문이 아니라, 어떤 사람들은 입자란 물리학의 궁극적이며 환원할 수 없는 범주가 아니라고 생각하며, 그리고 여전히 그렇게 생각하고 있기 때문이다. 사실, 만약 파울리나 보른이나 정통파의 다른 구성원이 이 점을 부인한다면, 나는 놀랐을 것이다. 그런데 왜 이런 문제 제기를 처음 시작한 것에 대해 슈뢰딩거를 공격하는가? 그리고 불안정한 입자들의 가능성에 우리의 눈을 처음 뜨게 한 것에 대해 공격하는가? 어떤 것을 설명하는 것은 입자를 해명하는 것이 아니다.

처음 질문에 관해 나 자신의 의견을 간략히 진술해 본다면, 입자들은 상당히 단순한 파동 구조들('파동 다발들')이라는 슈뢰딩거의 이론은 매우 단순하며, 그리고 입자 전이의 특징에 의해 비판을 받게 된다고 나는 말하고 싶다. 입자 구조는 좀 더 복잡하다고 나는 생각한다. 그리고 파동 다발은 입자 구조의 기술로 해석되기보다는 (아래에 설명했듯이) 성향들을 결정하는 것으로 해석되어야 한다고 나는 생각한다. 그러나 물질에 대한 이런저런 견해가 적어도 옹호될 수 있다면, 입자들에 대한 슈뢰딩거의 참된 혁신적인 이론에 심심한 감사를 해야 한다. (후술하는 26절을 비교하라.)

---

43) W. Pauli, *Dialectica* 8, 1954, p.115.

두 번째 질문 — 입자의 존재가 현재 양자 이론의 해석 속에 함의되어 있는가 — 에 대한 답변은 물론 선택된 해석에 의존한다. 보른, 파울리, 그리고 하이젠베르크는 분명히 입자의 존재가 그들이 받아들인 해석의 일부임을 함의하고 있다. 또한 이것은 정통파의 해석이나 코펜하겐 해석의 일부이기도 하다. 그리고 그들은 이런 점에서 슈뢰딩거와 다르다. 나는 이것이 약간 놀라운 것임을 발견했다. 왜냐하면 「양자 도약은 존재하는가?(Are There Quantum Jumps?)」라는 슈뢰딩거의 논문에 대한 이런 논쟁 이전에, 이 문제에 대한 코펜하겐 견해가 매우 다르다고 나는 생각할 수밖에 없었기 때문이다. 이런 견해에 의하면, 입자와 파동은 우리가 양자 이론적인 형식을 **적용하기** 위해 사용하는 **단지** 두 종류의 그림이었다고 나는 생각할 수밖에 없었다. 그리고 모든 적용은 고전 모형들과 관념들을 반드시 사용해야 하기 때문에 요구된 두 종류의 그림이었다고 나는 생각할 수밖에 없었다. '입자'와 '파동'의 개념들은 단지 그것들이 고전적인 관념들이기 때문에 사용된다. 그것들의 실재나 존재에 관해서, 코펜하겐 해석은 이런 물음을 묻지 않아야 하며, 그리고 적어도 그 답변이 입자나 파동 같은 것은 어떤 것도 존재하지 않을 것이라는 견해를 채택했다고 나는 생각했다. 또한 입자와 파동은 존재하는 것이 무엇이라 할지라도 어떤 측면들(상보적인 측면들)을 기술하는 고전적인 개념들에 불과하다는 견해를 채택했다고 나는 생각했다. 이것이야말로 정통파의 견해라고 나는 생각했다. 그러나 당신들은 결코 말할 수 없다.

(이런 정통 교설은 통상적인 정통 교설들보다 훨씬 더 난해하다. 아직 주해로서 이용할 수 있는 바이블은 없다. 그래서 주해가 난해한 정통 교설 외부의 누군가에 의해 시도되지 않아야 한다. 그리고

정통 교설 주해는 때때로 겉모습의 은밀한 변화와 구별할 수 없다.)

이런 견해에 대한 반대로서 나는, 슈뢰딩거가 맹렬한 기세로 원자들이나 입자들의 실재 존재를 주장했다고 — 비록 그가 그것들을 파동 구조들로 설명하고자 애썼을지라도 — 생각해야 했다. 나는 책상이나 의자가 나무로 만들어졌다고 말함으로써, 구체적인 책상이나 의자의 존재를 부인했다는 비판에 나 자신을 노출시켜야 한다는 것을 몰랐다. 또한 내가 나무와 '사랑에' 빠졌기 때문에 (보른이 파동을 향한 슈뢰딩거의 태도에 대해 말했던 것처럼[44]) 내가 그렇게 했다는 것도 몰랐다.

또한 빛의 파동 이론에 관한 오랜 논쟁의 역사에서 이런 이론을 주장했던 사람들이 빛 — 더 정확히 말해 광선 — 이 존재하지 않았다는 견해에 전념했던 누군가가 말한 적이 있다는 것을 나는 상기할 수도 없다. 그 사례는 완벽하게 유사하다. 왜냐하면 슈뢰딩거가 입자 역학에서 파동 역학으로의 전이를 광선 이론(기하학적인 광학)에서 파동 이론으로의 전이와 정확하게 대응하는 단계로서 설명했기 때문이다.

그러나 '입자는 존재하는가?'라는 우리의 문제를 향한 현존의 양자 이론의 다양한 해석자들을 내가 계속해서 조사하지는 않겠다. 그 대신에 나는 간략하게 성향 해석의 관점에서 그 답변이 무엇인지를 지적해 보겠다.

그 답변은 다음과 같다. 성향 해석의 측면에서 보면 현재 양자 이론은 입자 이론이다. 파동은 단지 입자가 있을 수 있는 **상태들**을, 다시 말해 입자가 어떤 곳에 있거나 어떤 운동량을 갖고 있을 확률

---

44) Born, *British Journal for Philosophy of Science* 4, 1953, p.98.

이나 성향을 결정할 뿐이라는 것이다. 파동은 병사의 무작위 걸음과 정확히 똑같다. 파동은 입자들을 구성하지 않는다. 무작위 걸음 사례에서의 파동이 병사를 구성하는 것에 불과하다. 그러나 무작위 걸음 사례에서의 파동들은 상황의 조건들이나 전체 실험 장치의 특징인 것과 마찬가지로, 양자 이론의 파동들 또한 그렇다.

그러므로 나는, 비록 내가 파동에 몰입했다 할지라도, 입자 해석을 지지한다고 명료하게 선포한다. 어떤 관념에 몰입하는 것 — 그 관념을 통해서 배운 것이 매우 많다고 믿는 것 — 과 그리고 동시에 이런 관념은 어떤 문제 상황에 적합하지 않다고 주장하는 것 사이에 어떤 모순도 나는 발견하지 못했다. 슈뢰딩거의 입자의 파동 이론은 전도가 매우 유망했다. 그리고 그것은 입자 이론의 시작을 알리고 있다. 그러나 동시에 현재 이론은 가장 쉽게 입자 이론으로 해석될 수 있다.

어떤 오해를 피하기 위해, 내가 분명히 하고 싶은 점은, 나는 입자와 파동의 이원론이나 심지어 그것을 약하게 닮은 어떤 것도 믿지 않는다는 것이다. 드 브로이의 파일럿 파동에 관해서는, 그것들은 성향들의 파동들로 가장 잘 해석될 수 있다고 나는 주장한다.

15. 위치 공간

'입자'라는 관념은 궁극적이며 해체될 수 없는 어떤 것에서 변화하고 있으며, 그리고 설명을 필요로 하는 어떤 것으로 변했다는 것을 우리는 알았다. 그렇다면 왜 우리는 '입자'라는 용어를 계속해서 사용하는가? 그 질문은 중요하지 않지만, 그러나 슈뢰딩거의 입자에 대한 불신이 일으킨 저항들이란 관점에서 보면, 전적으로 흥미가 없는 것은 아니다.

'입자'에 대해 (내가 공유하고 있는) 말하고 싶은 강한 경향은 분명히 다음과 같은 직관적인 생각과 연관되어 있다. 곧, 입자는 어떤 순간에 조그마한 지역의 공간을 차지하고 있는 어떤 것이다. 공간에서 그 입자가 연관된 경로는 원리적으로 그 입자의 다양한 위치를 통해 따라 나올 수 있다. 여기서 내가 '공간'이라고 말한 것은 '운동량의 공간'이나 '시간-공간' 혹은 어떤 추상적인 공간을 의미하는 것이 아니라, 일상적인 공간이나 우리가 말한 대로 **위치 공간**을 의미한다.

윌슨의 안개상자나 파웰의 (근본적으로 동일한 것인) 사진판들의 더미에서 입자의 경로는 내가 염두에 두고 있는 위치 공간 속의 경로의 일종이다. 따라서 윌슨의 안개상자들과 파웰의 더미들은 본질적으로 위치 공간의 부분들이다.

입자들에 대한, 그리고 더 일반적으로는 양자역학적인 체계들에 대한 우리의 모든 실험은 위치들에 대한 측정들을 해석하는 데 있다고 지적하는 것은 흥미가 없는 것이 아니다. 이런 주장은 심지어 순간의 생각이 분명해지듯이 자명하다. 속도나 운동량에 대한 모든 측정은 본질적으로 위치 측정을 해석하는 데 있다. 이것은 심지어 뛰는 사람, 자동차나 비행기에 대해서도 참이다. 왜냐하면 우리는 그것들의 속도를 눈으로 추정할 수 있기 때문이다. 만약 우리가 그것들의 속도를 측정하고 싶다면, 두 위치나 속도계의 바늘 위치를 판독하는 것으로 측정할 것이다. 원자 입자들이나 아-원자 입자들에 대한 상황도 정확히 동일하다. 운동량을 측정할 때, 우리는 위치들을 측정한다. 그리고 대체로 하나 이상의 위치를 필요로 한다.

이것은 분광기를 사용하는 방법에 대해서도 참이다. 왜냐하면 광자의 도수나 운동량을 가리키고 있는 것은 광자의 최종적인 위치이기 때문이다. 그리고 심지어 우리가 여과기를 사용한다고 할지라도 그렇다. 입자가 여과기를 **지나갔다**는 것이 본질적인 요점인데, 그것은 위치 공간에서 입자의 위치에 대한 물음이다.

보어는 내가 하고 싶었던 점과 매우 유사한 어떤 것을 말했다. 왜냐하면 그는 다음과 같이 쓰고 있기 때문이다. "… 원자적인 현상의 기술에서 시간-공간의 개념들의 사용은 … 관찰 기록에 국한된다는 것을 인식해야 한다. 관찰의 기록은 사진판의 표시들이나 안개상자 속 이온 주변의 물방울들의 구축과 닮은 증폭 효과들을 … 언급하는 것이다."[45] 보어의 논평은, 위치 공간에서 입자의 경로에 대한 일부 '관찰'조차도 모든 '관찰'처럼 실제로 이론들에 비추어 본 **해석**이라는 것에 대하여 때맞춰 상기시켜 주는 것을 포함하고 있다. 그러므로 입자의 **운동량** 측정은 어떤 해석의 해석일 것이다. 즉, 고차의 해석이라는 것이다. (지나가는 말로 우리의 모든 측정은 매우 고차의 해석들이라고 할 수 있다. 실제로 고차이기 때문에 우리는 종종 그 측정들이 고차인지 혹은 저차인지에 관한 해석들과 비교할 수도 없다.)

운동량에 대한 모든 측정은 위치 측정으로 거슬러 올라간다는 사실은 내가 다음 장에서 설명하는 것처럼 하이젠베르크의 이른바 '비결정 원리'에 대한 평가를 하기 위해 상당히 중요하다.

---

45) N. Bohr, "Discussion with Einstein on Epistemological Problems in Atomic Physics", *Albert Einstein: Philosopher-Scientist*, p.223 이하를 비교하라.

III 장
양자 이론의 역설들에 대한 어떤 해결책에 관해

16. 비결정이냐 혹은 산포냐

내가 이 책에서 지금까지 말했던 것은 대체로 도입부였다. 이에 대한 예외로 두 가지가 있다. 하나는 양자 이론의 객관성에 관한 나의 논의이며, 다른 하나는 소위 말하는 '파동 다발의 환원'에 대한 나의 논의이다. 이제 나는 성향 해석이 다양한 양자 이론의 역설들을 해결하는 방식에 대한 윤곽을 제시하려고 한다. 이런 목적 때문에, 이 절에서는 비결정 관계를 논의한 다음 이후의 두 절에서는 아인슈타인, 포돌스키, 그리고 로젠의 실험과 이른바 '두 슬릿 실험'을 논의할 것이다.

하이젠베르크의 이른바 '비결정 관계들'에 관한 내 견해들은 실제로 옛날 확률의 도수 해석에서 성향 해석으로의 전이에 의해 영향을 받지 않는다. (이것은 파동 다발의 환원을 설명하게 될 때 두 해석의 유사성에서 기인한다.)

『과학적 발견의 논리』, 73절에 설명되고 75절에 논의했던 공식

$$\Delta x \Delta p_x \geq h$$

을 나는 여전히 우리가 해석해야 했던 형식의 일부라고 생각하고 있다. 그리고 나는 여전히 그 공식을 산포 관계로 해석하고 있다. 유일한 변화는 이제 내가 그 형식을 **단칭** 확률 진술로 해석해야 하므로 한 입자가 '산포하는' 성향을 결정하는 것으로 해석한다는 것이다. 만약 우리가 문제의 실험을 수없이 많이 반복한다면, 그것은 실제 통계적인 산포가 관찰될 것이라고 예측한다. 단, 매번 단 하나의 입자로 실험을 한다.

따라서 Δx는 (수평적인) x-방향에서의 슬릿의 폭이라 하고 입자들 — 광자들이나 전자들 — 의 단색 광선이 [그림 4]에서 보여주듯이 슬릿에 (수직으로) 떨어진다고 하자.

공식이 우리에게, 우리가 슬릿을 작게 할수록 입자가 수직 방향으로 왼쪽과 오른쪽으로 산포하는 성향은 점점 더 클 것임을 말해준다. **이것이 전부다.** 그 해석은 객관적이며, 그리고 그 해석에 어떤 것도 주관이 연관되지 않는다. 즉, 대상에 대한 주관의 간섭과 주관에 필요한 무지도 관여하지 않는다. 그 공식은, 심지어 해석된 공식조차 이런 문제들에 관해 어떤 것도 포함할 **수 없다**. 왜냐하면 계산 공식들은 객관적인 공식들로 (『과학적 발견의 논리』, 75절처럼) 해석되기 때문이다.

그러나 우리는 조금 더 말할 수 있다. 『과학적 발견의 논리』에서 말한 것에 따라, 우리는 이런 산포 관계들을 **시험할 수** 있다고 말할 수 있다. 우리는 사진판을 광선이 지나가는 길에 놓음으로써 그

것들을 시험한다. 이는 광선이 슬릿에서 나오는 것처럼 시험할 수 있다는 것이다. ([그림 4]를 보라.) 우리의 예측은 이렇다. 만약 우리가 슬릿의 고정된 폭 Δx로 여러 번 실험을 반복한다면, 우리는 입자가 공식을 통해 지시된 영역에 있는 판이 까맣게 되는 것을 발견할 것이다. 그리고 만일 우리가 슬릿의 폭을 변화시키는 몇몇 연속적인 사건들의 실험을 준비한다면, 우리는 까맣게 된 영역의 크기가 (대략) 산포 관계들에 따라 역으로 변함을 발견할 것이다.

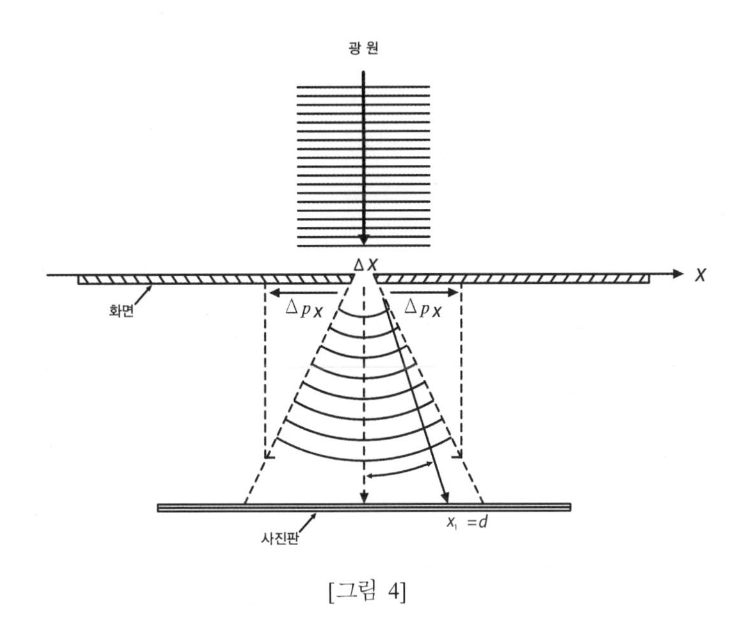

[그림 4]

나는 산포 관계들이 이런 방식으로 해석될 수 있고 시험될 수 있음을 누군가가 부인할 것이라고 생각하지 않는다. 실험은 쉽게 수행될 수 있기 때문이다.[1)]

그러나 이제 나는 — 이전에 했던 것처럼 — 이런 시험은 (i) 통상적인 주관적 해석에 의해 허용된 것을 넘어 추론적인 지식을 가져야 하며, 그리고 (ii) 이런 지식이 '의미 없다'거나 '불필요하다'거나 '쓸모없는' 것이 아니라, 상당히 의미가 있다는 것을 함축하고 있다고 주장한다. 왜냐하면 우리가 그 이론을 시험하도록 해주는 것은 정확히 이런 추론적인 지식이기 때문이다.

(i) 우리의 사진판이 까맣게 되는 것은 수많은 개별 실험의 결과이다. 이런 것들 중 하나를 다루어 보자. 그것은 어떤 입자의 단 한 번 부딪침을, 즉 그 판의 x_1이란 곳에 부딪히는 결과를 낳을 것이다. 이것은 우리가 각 A(수직 방향과 입자가 취한 굴절된 방향 사이)와, 따라서 x-방향에서 입자의 운동량을 결정하도록 해준다. 그 결과, 비결정 관계를 훨씬 넘어서는 정확도로 우리는 입자의 위치와 운동량을 얻게 된다.

(ii) 물론, 이렇게 얻어진 지식은 운동량이 연관되는 한에서, 과거 소급적이거나 추론적인 지식이다. (위치와 연관되는 한에서, 그 지식은 예측적이다. 즉, 우리는 첫 번째 판 아래에 놓여 있는 첫 번째 판에 매우 가까운 지점의 두 번째 판에 관한 지식을 얻을 것이다. 입자가 첫 번째 판에 의해 흡수되지 않는다면 그렇다.) 왜냐하면 입자는 판과의 상호작용을 통해서 속도가 느려질 것이기 때문이다.

(iii) 추론적인 정보가 연관되는 한에서, 입자의 경로가 슬릿을 거슬러 곧바로 추적될 수 있다는 견해를 우리가 **받아들여야 한다**

---

1) [이 쟁점에 대한 더 나아간 논의는 포퍼의 『객관적 지식』, 1972, pp.301-304; 그리고 "The Propensity Interpretation of the Calculus of Probability, and the Quantum Theory", *op. cit.*를 보라. 또한 이 책 '서론' 여섯 번째 논제의 더 정교한 논의를 보라. 편집자.]

고 나는 주장한다. 그것은 하이젠베르크가 입자의 과거 경로에 대한 이런 계산은 의심스러우며 그리고 사람들이 그런 계산에 물리적인 의미를 부여하는지 아닌지는 '취향의 문제'라고 주장했음을 상기시킬 것이다. (『과학적 발견의 논리』, 73절과 본문 주석 5와 6을 보라.) (슐리크와 다른 사람들은 추론적인 지식은 '의미가 없는' 것이라고 선언했다.)

나는 다른 의견을 갖고 있다. 산포 관계는 슬릿의 축소에 따라 운동량의 산포가 증가한다고 예측함을 우리는 보았다. **그러므로 우리는 슬릿에 즉각 뒤따르는 (아래 그림에서) 산포를 시험해야 한다.** 우리는 오직 입자의 경로를 슬릿을 거슬러 추적함으로써 시험을 할 수 있다. 이는 형식이 허용하는 추론적인 계산이 불필요한 것이 아니라, 산포 관계들에 관해서 행해진 주장을 시험하기 위해 필요함을 보여주고 있다.

늘 그렇듯이 상황은 동전 던지기와 매우 닮아 있다. 동전 던지기 기계의 이론은 앞면이나 뒷면으로 떨어진 성향들은 기계에 의해 던져진 동전에 관한 성향들과 똑같다고 우리에게 말할 수 있다. 이런 주장을 시험하기 위해, 우리는 다양한 던지기의 결과들을 관찰해야 한다. 이런 관찰들은 우리에게 추론적인 지식만을 주고 있다. 그 관찰들은 그 동전의 미래로 더 나간 모험들에 관한 예측을 일으키지 않는다. 단, 다음과 같은 약간 사소한 예측을 제외한다. 즉, 만약 내가 동일한 동전을 다시 본다면, 그 동전은 여전히 앞면으로 놓여 있음을 나는 발견할 것이다. 이것은 정확히 첫 번째 판 아래의 두 번째 사진판이나 필름은 첫 번째 판이나 필름에 의해 수행된 입자에 대한 위치 측정을 확인하는 것과 똑같다.[2)]

17. 아인슈타인, 포돌스키, 그리고 로젠의 실험

그렇다면 우리는 물리적인 의미와 타당성을 추론적인 계산들에 귀속시켜야 한다. 왜냐하면 이런 계산들은 우리가 입자의 위치와 운동량을 결정하도록 해주기 때문이다. 이것은 다음과 같은 분명한 결론을 가지고 있다. 입자는 항상 위치와 운동량을 갖고 있다. 그리고 이론은 그것이 **확률 이론**이라는 단순한 이유 때문에, 그것들을 정확하게 예측하지 못한다. 확률 이론은 만일 운동량이 주어진다면 다양한 위치를 지속할 성향들을 우리에게 알려줄 뿐이고, 만일 위치가 주어진다면 다양한 운동량을 지속할 성향들에 대해서만 우리에게 알려주기 때문이다. (만약 당신이 푸른 눈이나 갈색 눈, 기타 등등을 선택한다면, 당신은 머리 색깔의 다양한 분포들을 얻게 될 것이다. 마찬가지로 당신이 머리 색깔에 따라 눈 색깔을 선택한다면, 당신은 눈 색깔의 다양한 분포들을 얻게 될 것이다. 당신은 이것 모두에 따라 선택할 수 있는가? 물론이다, 그러나 그렇다면 하나의 속성이 다른 속성과 관련이 있는 여하한 예측적인 통계 이론이나 성향 이론을 마련할 여지가 전혀 없다. 전체적인 양자의 신비가 이것보다 더 신비롭지는 않다.)

이런 관점에서 보면, 입자는 위치와 운동량을 **갖고 있다**는 것을 의심할 여지가 없다. 그리고 우리는 심지어 비록 오직 추론적이라 할지라도 그것을 알 수 있다. 왜냐하면 그 이론— 동전 던지기 이론과 유사한 성향 이론— 은 오직 통계적 예측들이나 성향 예측들에 관심을 두고 있기 때문이다.

2) 전술한 7-9절에서 하이틀러의 논의를 비교하라.

『과학적 발견의 논리』, 77절에서, 입자들이 실제로 위치와 운동량을 갖고 있음을 보여주기 위해, 나는 어떤 실험을 도입했다. 이런 특수한 실험은 지지할 수 없는 것으로 판명되었다.

그러나 곧, 아인슈타인, 포돌스키, 그리고 로젠이 어떤 실험을 발표했다. 그들은 또한 **이론에 의거해**, 우리가 입자들에 위치와 운동량을 귀속시켜야 함을 보여준다고 주장했다. 이것은 코펜하겐 해석과 가장 강력하게 대조되는 주장이다.[3)]

이런 (아인슈타인이 친절하게 서신을 통해 나에게 알려준)[4)] 사고-실험은 즉각 보어에 의해 심하게 비판을 받았다.[5)] 그렇지만 내 생각에 보어의 답변은 부당하다. 이 실험은 또한 끝까지 아인슈타인의 의견으로 남게 되었다.

아인슈타인, 포돌스키, 그리고 로젠의 생각은 매우 단순하다. 우리는 두 입자 *A*와 *B*를 충돌시킬 수 있다. *A*는 날아가 버린다. *B*가 관찰되고 또한 측정될 수 있다. 우리는 *B*의 위치나 *B*의 운동량을 측정하는 어느 하나를 인위적으로 선택할 수 있다. 만약 우리가 *B*의 위치를 측정하기로 결정한다면, 그러면 우리는 멀리 떨어진 *A*의 위치를 계산할 수 있다. 만일 우리가 *B*의 운동량을 측정하기로 결

---

3) A. Einstein, B. Podolsky, and N. Rosen, *Physical Review*, ser. 2, 47, 1935, p.777 이하와 비교하라. [아인슈타인-포돌스키-로젠의 실험에 대한 더 나아간 논의는 포퍼의 "Particle Annihilation and the Argument of Einstein, Podolsky, and Rosen", *op. cit.*를 보라. 이 논문은 포퍼가 더 이상 지지하지 않는 몇몇 논점들과 논증들을 포함하고 있다. 그러나 이 책의 '1982년 서문', I절을 보라. 편집자.]

4) 이 편지는 그 논증에 대한 간략하며, 그리고 내 생각에 개선된 판본을 포함하고 있다. 그것은 『과학적 발견의 논리』, 부록 *xii으로 출판되었다.

5) N. Bohr, *Physical Review*, ser. 2, 48, 1935, p.696 이하.

정한다면, 우리는 멀리 떨어진 *A*의 운동량을 측정할 수 있다.

따라서, 설령 그 이론 때문에 우리가 동시에 예측적으로 모두 다를 계산할 수 없다 하더라도, *A*는 위치와 운동량 모두를 갖고 있어야 한다. 이런 훌륭하고 단순한 논증은 내가 보기에 결정적인 것 같다.

그것은 또한 지대한 영향을 미칠 결과를 갖고 있다. 정통파의 견해에 따르면, 양자역학적인 입자에 위치와 운동량 모두를 귀속시키는 것은 의미 없다는 사실 때문에, 정확히 좀 더 일상적인 입자들이나 '고전적인' 입자들과 구별된다. 우리는 이런 종류의 입자를 시각화하려고 진지하게 노력하지 않아야 한다. 그러나 입자가 일정한 위치를 지속하자마자, 그 입자는 마치 그것의 운동량이 상당한 영역에 걸쳐 '지워져 버리게' 될 것처럼 행동한다. **그 역**도 성립한다. 즉, 입자가 일정한 운동량을 '지속'할 때, 마치 그 입자의 위치가 '지워져 버리게' 될 것처럼 행동한다는 것이다. '지속함'이란 입자에 대한 **간섭**을 통해서 자극을 받는 일종의 반응이다. 즉, 입자가 측정 실험에 종속됨으로써 자극을 받는다는 것이다.

형식에 대한 이런 해석은 나에게는 아인슈타인, 포돌스키, 그리고 로젠의 생각들에 의해 논박당하는 것처럼 보인다. 왜냐하면 입자의 위치와 운동량을 측정함으로써 우리가 *B*에 간섭하는 순간에 실제로 멀리 떨어질 수 있는 입자 *A*에게는 어떤 간섭도 없기 때문이다.

이런 명료하고 단순한 논증이 결정적일지라도, 그 논증을 그 자체로 받아들이게 되지 않았다. 그것을 부인하는 이유가 반대-논증이 아닌, 단순히 보어의 권위라고 나는 믿는다. 왜냐하면 아인슈타인의 단순하고 명료한 생각과 대조적으로, 보어의 반대-논증은 이해하기가 매우 어렵기 때문이다. 아인슈타인은 (나에게 말한 대로) 결코 보어의 논증을 이해하지 못했다. 그리고 나는 명료하고 단순한 형식 같은 어떤 것으로 그 논증을 표현할 수 있는 어떤 물리학자도 만나지 못했다. 나는 그 논증의 요지를 그럭저럭 이해할 수 있지만, 적어도 나는 확신하지는 않는다고 생각한다.

내가 이해한 대로의 보어의 반대-논증은 다음과 같다. 측정할 것이 *B*의 위치인지 아니면 그 운동량인지를 (*A*가 분리된 후에) 우리가 결정할 때, 이로 인해 우리가 두 개의 다른 실험적인 장치 사이에서 선택하는 것에 관여한다. 그것을 단순하게 말하면, 우리가 *B*를 **위치 공간**에 연계하게끔 해주는 실험적인 틀(framework)과 *B*를 **운동 공간**에 연계하게끔 해주는 다른 실험적인 틀 사이에서 우리는 선택해야 한다는 것이다. 두 실험적인 배치란 두 개의 상이한 좌표 체계를 설정하는 것과 일치한다. 그 배치들은 서로에 대해 배타적(혹은 '상보적')이며 그래서 우리는 두 공간이나 좌표를 하나로 결합할 수 없다. (보어는 이런 배타성이나 상보성을 이상할 정도로 곰곰이 생각한다. 왜냐하면 그에 대한 반대자들은, 비록 그것은 여기서 분명히 쟁점이 되지 못할지라도, 우리가 *B*의 위치를 측정할 것인지 아니면 *B*의 운동량을 측정할 것인지를 선택해야 하며, 그리고 한 번에 그 둘을 모두 측정할 수 없다는 가정을 받아들였기 때문이다.) 그 결과로, 만약 우리가 위치 틀을 선택하면, *A*가 이런 틀과 (간접적으로 *B*를 경유하여) 연계되며, 그리고 만약 우리가 운동량 틀을 선택하면, *A*가 이것과는 다른 틀과 연계됨을 우리가 발견한다. 결론은 *A*는 동시에 두 좌표와 연계될 수 없다는 것이다. 따라서 (만일 내가 적절하게 이해한다면) 만약 *A*가 운동량 틀과 연계되지 않는다면, *A*에 운동량을 귀속시키거나, 만약 *A*가 위치 틀과 연계되지 않는다면, A에 위치를 귀속시키는 것은 의미가 없게 된다.

이것이 내가 보어의 논증을 구성할 수 있는 최상의 것이다. 나는 적어도 이것이야말로 그가 말하고 싶었던 것이라고 주장하지 않는다. 그러므로 여기서 이어지는 나의 비판은 보어에 대한 반대를 직접 겨냥한 것이 아니라, 단지 아인슈타인, 포돌스키, 그리고 로젠에 대한 보어의 답변에 관한 나 자신의 판본에 반대하는 것을 겨냥할 뿐이다.

나의 비판은 두 부분으로 이루어져 있다. 첫째로, 아인슈타인과 그의 동료들에 대한 답변은 아인슈타인이 공격했던 이론에 대한 은밀한 변화인 근거의 이동으로 구성되어 있다. 그 이동 전에는, 입자가 한 변수의 분명한 값을 지속함으로써 그리고 다른 변수에서는 희미하게 지워짐으로써 측정들에 반응했다고 우리는 들었다. 그러나 이제 우리가 듣는 말이 의미하는 것은 완전히 다른 그리고 훨씬 더 무해한 어떤 것이었다. 그것은 어떤 때는 하나의 좌표 체계가 적용될 수 있으며, 그리고 다른 때에는 다른 좌표 체계가 적용될 수 있지만, 그러나 함께 둘 다 적용될 수 없다는 것에 불과하다.

이것은 입자 자체가 무엇을 하는지에 대해서는 완전히 열려 있게 된다. 만약 우리가 입자를 대응하는 좌표 체계와 연계시킬 수 없다면 위치와 운동량을 말하는 것은 의미가 없다는 제안은, 만약 그가 소득세를 내지 않는다면 사람이라 부르는 것은 의미가 없다는 말과 똑같이 쓸모가 없다.

내 비판의 두 번째 부분은 아인슈타인과 그의 동료들에게 한 답변이 핵심을 놓치고 있다는 것이다. 주된 논증은 비결정 형식이 부당하다는 것도 아니며, 양자 이론이 일관되지 못하다는 것도 아니다. (설령 아인슈타인이 말했다 할지라도, 양자 이론이 불완전하다는 것조차도 아니다.) 주된 논증은 다음과 같은 단순한 점이다. 만약 내가 당신의 키를 측정하고 싶은지 몸무게를 측정하고 싶은지를 자유롭게 결정할 수 있다면 — 그리고 만약 내가 **당신을 방해하지 않고** 성공적으로 내 결정을 수행할 수 있다면 — 당신이 동시에 키나 몸무게 모두를 갖고 있다고 말하는 것은 불합리하지만, 그러나 당신은 스스로 측정 자극에 적응하여 어느 하나를 채택한다는 것이다.

합리적임이 논쟁의 요점이다. 그 문제는 절묘하고 상당히 학업적인 논증에 의해서 우리가 지지할 수 없는 견해를 계속 옹호하는지가 아니다. 문제는 우리가 물리학에서 비판적으로 또한 합리적으로 생각해야 하는지, 아니면 수동적인 변명으로 생각해야 하는지이다. (사람들은 항상 규약주의자의 전략이나 그와 유사한 방법들을 통해서 논박들을 회피할 수 있다. 『과학적 발견의 논리』, 19절 이하와 비교하라.)

아인슈타인, 포돌스키, 그리고 로젠의 실험을 떠나기 전에, 나는 데이비드 봄이 재발견했던 이른바 드 브로이의 파일럿 파동 이론이 받아들일 수 없는 것인지 의심을 갖는 이유를 지적하고 싶다. 나는 아인슈타인, 포돌스키, 그리고 로젠에 대한 봄의 답변 때문에 그렇게 느끼고 있다.[6] 봄은 입자들이 분명한 위치와 운동량을 모두 갖는다는 견해를 받아들이고 있다. 그렇지만 그는 그 이론과 그리고 비결정 관계들을 우리가 여기서 도출했던 단순한 결론을 그

6) D. Bohm, *Physical Review* 85, 1951, p.166 이하와 p.180 이하에 포함되어 있다.

가 받아들일 수 없는 방식으로 해석하고 있다. 대신에 그는 *B*의 위치를 측정함으로써 우리가 *A*를 — 초광속으로 — 건드린다고 주장한다. 따라서 만약 우리가 *B*의 위치를 측정한다면, 우리가 *B*에 간섭하는 것이며, 또한 멀리 떨어져 있다 하더라도 *A*에게도 간섭한다는 것이다. 나는 이런 제안을 추천할 만한 것이 전혀 없다는 아인슈타인에 동의한다. 그리고 나는 아인슈타인에게 나중에 행해진 봄의 답변에 관해서도 똑같이 말할 것이다.7) 이 논문에서 봄의 마지막 논평은 인용될 가치가 있다. 그는 다음과 같이 말한다. "광범위한 영역의 현상들을 설명하는 이론을 버리기 위한 두 가지 타당한 이유만을 인정할 것이다. 하나는 이론이 내부적으로 일관되지 못한 것이며, 다른 하나는 그 이론이 실험과 일치하지 않는다는 것이다." 이에 반대해서, 먼저 아인슈타인은 양자 이론을 버리는 제안을 결코 하지 않았다는 것이 지적되어야 한다. 아인슈타인은 그저 다양한 경쟁 해석들의 수용 가능성에 대해 논의했을 뿐이다. 둘째로, 이론을 비판하기 위해 봄이 진술했던 이유들과는 다른 타당한 이유들이 존재할 수 있다. (어떤 이론은 명료하게 논박될 수 없지만, 그러나 전자의 전하나 입자 전이에 대한 설명에서와 같이 여기저기서 실패할 수 있다. 아니면, 이론은 아마도 다른 이론보다 더 만족스럽게 현상들을 설명할 수 없다는 점이다.)

---

7) D. Bohm in *Scientific Papers Presented to Max Born*, 1953을 비교하라. 인용 구절은 p.18에서 나왔다. [그러나 지금은 이 책 '1982년 서문'의 포퍼의 새로운 논의를 보라. 편집자.]

18. 이중-슬릿 실험

나는 여기서, 바로 전체적인 곤경의 뿌리라고 믿는, 영(Young)에서 연유된 실험 유형을 논의하고 싶다. 보어는 거듭해서 그 실험을 논의해 왔으며, 그에게 깊은 인상을 주었음이 분명하다. 실제로 그 실험은 아마도 성향 해석에 관한 것을 제외하고, 어려움 없이 이해될 수 없다고 나는 믿고 있다.[8)]

그 실험의 배열은 광원(혹은 전자들), 우리의 광원을 가능한 한 작게 만들기 위한 좁은 슬릿의 첫 번째 화면, 빛이 통과하게끔 하는 두 개의 슬릿을 가진 화면, 그리고 빛의 파동 이론에 따라, 간섭무늬를 우리가 관찰할 수 있는 또 하나의 다른 화면(또는 사진 건판)으로 이루어져 있다. ([그림 5]를 비교하라.)

주요한 문제는 이렇다. 만약 우리가 오직 하나의 양자(하나의 입자)가 한 번의 실험에서 방출될 때까지 광원을 약하게 한다면, 그리고 하루에 한 번 그 실험을 반복하고 또한 수많은 반복들의 결과들을 겹치게 한다면, 우리는 여전히 간섭무늬를 얻는다(또는 우리는 그렇다고 가정한다). 이런 무늬들은 만약 두 슬릿 중 하나가 닫힌다면 변한다. 만약 우리가 잠시 위쪽 슬릿만을 열고 난 다음 잠시 아래쪽 슬릿만을 연다면, 얻어진 결과는 두 슬릿 모두를 동시에 연 경우에 얻어진 결과와 전혀 다를 것이다. 따라서 두 슬릿은 무늬를 산출하거나 입사가 나른 화면보나 두 번째 화면의 한 점에 도달할 확률을 결정하는 데 **협동한다**. (이런 협동은 호이겐스 원리의

8) 나는 『과학적 발견의 논리』, 부록 v의 실험을 논의했지만, 그러나 나는 거기서 그 실험을 오직 '통계적 재해석'으로만 — 그렇지만 흥미가 없는 것은 아닌 — 다룰 수 있었다.

도움을 받아 이해될 수 있다.) 그렇지만 각각의 입자는 슬릿들의 **하나**를 통과할 수 있을 뿐이다. 입자는 어떻게 다른 슬릿이 열렸다는 (혹은 닫혔다는) 사실에 의해 영향을 받을 수 있는가?

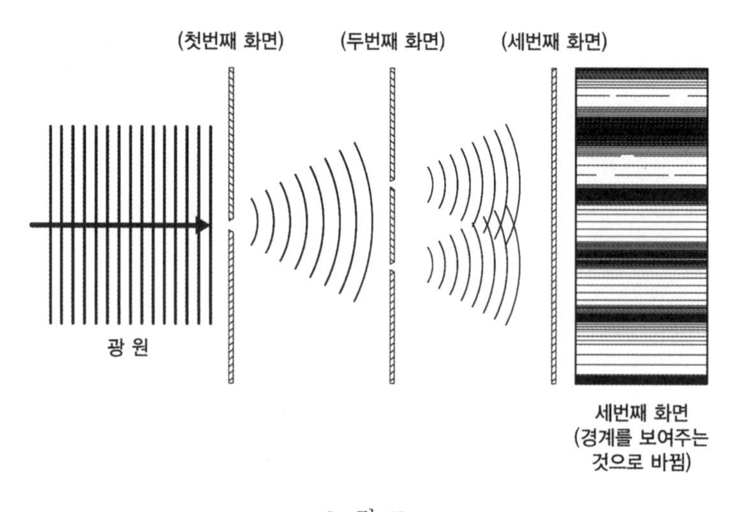

[그림 5]

성향 해석의 관점에서, 이런 물음에 대한 답변은 단순하다. **성향들을 결정하는 것은 전체 실험적 배열이다.** 두 슬릿 모두 열려 있는 경우에서 어떤 한 번의 실험에 대한 가능한 결과들은 단지 하나의 슬릿만 열려 있는 경우와는 분명히 다르다. 그러나 우리가 알고 있듯이, 성향들은 가능성들에 의존한다. 그러므로 우리는 그 결과들이 다르다는 사실을 잘 이해할 수 있다. 차이는 수학적인 이론들에서 따라 나온다. 즉, 성향들을 결정하는 방정식들의 파동 성격으로부터 나온다는 것이다.

따라서 입자는 슬릿 중 하나만을 지나갈 것이며, 그리고 어떤 의미에서는 다른 슬릿에 의해 영향을 받지 않고 남아 있을 것이다. 다른 슬릿이 영향을 미치는 것은 입자 자체가 아니라, 전체 실험적 배열에 상대적인 입자의 성향들이다. 즉, 두 번째 화면 위의 한 점이나 다른 점에 도달하는 성향들이라는 것이다.

상황은 잘 알려진 우연의 놀이에서의 (핀 보드나 핀볼 게임의 테이블) 상황과 흡사하다. 작은 공들이 핀에 부딪치고 또한 각각의 핀 왼쪽이나 오른쪽으로 움직이면서 아래로 굴러 떨어진다. 만약 하나의 공이 아래로 굴러 떨어진다면, 공이 부딪치지 않는 많은 핀들이 있을 것이다. 그것들은 그 공에 영향을 미치지 않는다. 그렇지만 그것들은 실험적 배열 속에 내재하는 성향들에 영향을 미친다. 만약 이 핀들을 이동시키거나 제거한다면 성향들은 변한다. 그리고 그 실험을 여러 차례 반복함에 따라, 통계적인 결과들은 바뀐 성향들과 더불어 변할 것이다.[9)]

이것이 우리의 근본적인 답변이다. 그것을 완전히 이해하기 위해, 우리는 입자가 두 슬릿 중 어느 것을 지나갔는지를 발견할 수 있게 해주는 어떤 다른 배열을 생각한다. (예컨대, 우리가 '보도록' 해줄 광선이나 전자가 어떤 슬릿에서 튀어 나와 들어갈 때 전자 사진을 찍도록 해주는 광선이 그런 배열이다.) 이런 어떤 배열도 그

---

9) [포퍼의 "Quantum Mechanics without 'the Observer' ", *op. cit.*, pp.33-36에서 이런 논의에 대한 포퍼의 정교함을 보라. 이 논문은 이 책의 '서론'으로 재출간되었다. 다음 논문에서 포퍼의 분석을 비난하는 하나의 시도에 대해서만 나는 알고 있다. Paul Feyerabent, "On a Recent Critique of Complementarity", in *Philosophy of Science* 35, pp.309-331과 *Philosophy of Science* 36, pp.82-105. 파이어아벤트의 비판은 나의 "Critical Study: The Philosophy of Karl Popper, Part II: Consciousness and Physics", *Philosophia* 7, July 1978, pp.694-695에 이점이 없음을 보여준다. 또한 전술한 '서론' 주석 66의 나의 논의를 보라. 편집자.]

실험을 변화시킬 것이다. 그리고 실험을 계산하는 것은 그 변화가 경계들(무늬)을 없어지게 한다는 것을 우리에게 보여줄 것이다. (우리가 이것을 아는 까닭은 그 이론이 하이젠베르크의 관계들을 함축하기 때문이다.) 우리는 이것을 성향들 — 배열에 의존하는 — 이 변했다는 것을 의미한다고 해석한다. 우리는 변화가 전자의 간섭에 (슬릿을 보호하는 광선의 경우에서처럼) 연유하는지, 아니면 오직 가능성들, 즉 성향들 자체에 간섭하는 것에 기인한 것인지 물을 필요조차 없다. 우리가 이런 경우들에서 알 필요가 있는 모든 것은 우리가 성향들을 결정하도록 해주는 파동 방정식은 하이젠베르크의 산포 관계들을 수반하며 그리고 이런 것들이 가능한 예측들을 제한하고 있다는 점이다.

따라서 나는 여기서 어떤 난관도 그리고 특히 양자 이론 — 즉, 플랑크 상수 h — 과 연관된 어떤 문제도 알지 못한다. 오히려 우리는 다양한 확률적인 이론들, 예컨대 확산 이론에 다시 나타나는 문제들에 직면하게 된다.

두 슬릿 실험과 연관해서 다음과 같은 난관이 제기될 수 있다. 멀리 떨어진 곳에서 오는 그리고 두 슬릿의 하나에 접근하는 광자를 생각해 보라. 만약 광자가 오고 있는 동안, 다른 슬릿이 닫히거나 열린다면 그 광자의 성향들은 영향을 받을 것인가?

이 물음에 대한 정확한 답변은 그 물음에 대응하는 가능한 실험적인 구성 방식이 전혀 존재하지 않기 때문에, 그 질문은 잘못 언급되었다는 것이다. 왜냐하면 오직 두 슬릿의 하나를 향하는 광자의 접근을 통제하는 방식들만이 근본적으로 다른 슬릿을 닫는 것과 동등한 실험의 재배열에 이를 것이기 때문이다. 그래서 그 물음은 적어도 우리 이론 내에서는 답변될 수 없다.[10]

우리의 핀 보드 테이블(핀볼 게임의 테이블)을 구성하는 방식의 도움을 받아 이 답변을 자세히 설명하는 것은 흥미가 없는 것이 아니다. 여기서 어떤 핀 *P*가 성향들에 영향을 미치지 않고 제거될 수 있다. 왜냐하면 공이 *P*가 나올 수 있는 마지막 장소를 지났기 때문이다. 이것은 방금 포기했던 물음에 대한 다음과 같은 답변을 제시할 수 있다. 빛이 더 이상 두 번째 슬릿에 도달할 수 없는 점으로 광자가 나아갔기 때문에, 그 슬릿을 닫거나 여는 것은 더 이상 성향들에 영향을 미치지 못할 것이다. 그러나 이런 답변은 어떤 것도 잘못일 것이다. 핀 보드 테이블의 경우에 실험적 배열 — 따라서 성향들 — 은 중요한 어떤 방식에서 생각한 바로는 영향을 받을 수 없다. 왜냐하면 *P*에 도달 수 있는 마지막 곳을 그 공이 지나갔음을 우리가 보았기 때문에 만약 우리가 면밀하게 감시하여 핀 *P*를 제거한다면 그렇다. 그럼에도 불구하고 심지어 이런 경우에도 전혀 다른 두 개의 실험적인 구성 방식이 존재함을 우리는 인식해야 한다. 하나는 *P*의 제거를 위해 제공되는 방식이며, 다른 하나는 그렇게 제공되지 않는 방식이다. 이런 두 다른 실험이 동일한 성향들을 결정하는 것으로 일어날 수 있다는 것은 지극히 가능하다. 그러나 그 실험들이 실제로 그럴 것인지 아닌지는 배열들의 세부 사항에 의존할 것이다. (예컨대, 그 핀의 제거는 성향들에 영향을 미칠 수 있는 테이블에서의 진동을 발생시킬 수 있다.) 두 슬릿 실험의 경우에, 이론은 우리에게 다음과 같은 것을 말해 준다. 입자(광자, 전자 등)가 어떤 곳을 지나갔다고 우리가 확신하게끔 해주는 어떤 배

---

10) [*(1981년에 추가) 이것은 나의 어법이 다음을 함의한다고 오해를 받을 수 있는 다른 곳이다. 즉, 성향들은 물리적인 상황이 아닌 **실험적인** 장치들에서만 상대적이라는 것이다. 이 책 '서론' 주석 64를 보라. 편집자.]

열도 불가피하게 실험적인 구성 방식을 — 이런 것은 그것의 성향들을 바꾸는 그런 방식으로 — 변화시킬 것이다.

이런 고찰들은 보어의 유명한 상보성 원리와 어떤 관계가 있다. 이 원리의 배후에 있는 것은 다음과 같은 것에 불과하다고 나는 생각한다. 즉, 상이한 실험적 배열들은 항상 다르며, 그리고 어떤 두 실험적 배열이 아무리 유사하다 할지라도 그것들은 결코 결합될 수 없다는 의미에서 항상 서로를 배제한다는 것이다. 왜냐하면 미수에 그친 어떤 결합도 새로운 실험적인 구성 방식을 창출할 것이기 때문이다. 성향들이 어떻게 이런 변화를 통해서 영향을 받느냐 하는 것은 이론이 결정할 문제이다.

위치를 측정하기 위해 고안된 실험들은 운동량을 측정하기 위해 고안된 실험들을 배제한다고 (혹은 상보적이라고) 주장하는 것은 오해의 소지가 있다. 위치를 측정하기 위해 고안된 두 실험은 서로 배제하는 것이 아니고, 항상 동일한 결과를 산출한다 할지라도 그렇다. 사실은 다음과 같은 것이기 때문이다. 위치를 측정하는 두 실험 또한 세 번째 실험 — 위치가 잇달아 두 번 측정되는 실험 — 을 산출하지 않고는 결합될 수 없다는 것이다. 그리고 그 이론이 우리에게 말해 주는 것은 (입자가 위치를 '갖고' 있기 때문에) 이런 두 실험은 양립할 수 있는 결과를 낳을 것이라는 점이다. 마찬가지로, 위치와 운동량에 대한 측정들이 동일한 실험에서 결합될 수 없다는 견해 또한 잘못된 것이다. 왜냐하면, 우리가 보았듯이, 이른바 모든 운동량 측정은 사실상, 약간 낮은 수준의 해석에서 진행되는 위치 측정에 대한 높은 수준의 이론적인 해석이기 때문이다. (15절을 비교하라.)

이것은, 만약 우리가 용수철저울을 통해서 운동량을 측정하기 위한 보어 자신의 배열을 고려한다면 분명하게 된다. (아이슈타인에 관한 슐립의 책, *op. cit.*, p.220, p.227을 비교하라.) 우리가 용수철 저울을 **사용**할 때마다, 우리는 바늘의 두 **위치들**(또는 두 위치 사이의 차이)을 판독해야 한다.

상당수의 실험도 두 슬릿 실험과 동일한 방식으로 다루어져야 한다. 유명한 실험은 광자를 방해하는 곳에 놓인 반투명 거울의 실험이다. 둘로 나누어진 '빛줄기'는 다시 반사될 수 있으며, 그리고 무늬를 산출하는 것을 방해하도록 만들어질 수 있다. 따라서 사람들은 광자가 반쪽 빛줄기 모두에 있어야 한다고 논증할 수 있지만, 그러나 만약 우리가 사진 건판을 통해서 두 반쪽 빛줄기들을 해석한다면, 우리는 (그 이론에 따라) 광자는 항상 나누어질 수 없음을 발견할 것이다. 또한 광자는 어느 하나의 빛줄기 속에 있음을 발견할 것이다.

이런 모순인 것처럼 보이는 설명은 물론 광자가 반쪽 빛줄기의 하나로 나누어질 수 없다다는 것이며, 성향들은 이론을 통해서 추정될 수 있다는 것이다. 이론은 성향들이 쪼개진 다음 방해할 수 있는 파열(또는 '빛줄기들')같이 행동한다는 것을 우리에게 말해 준다.

디랙의 유명한 전기석에 의한 분극 사례 또한 이런 실험의 범주에 속한다. 단 하나의 광자가 동시에 두 상이하고 양립할 수 없는 상태에 있다고 가정할 (디랙이 제시한 것처럼) 어떤 이유도 없다. 그것은 광자가 동시에 두 슬릿을 지나간다고 가정하는 것에 불과하다. 그 실험에 내재하는 다른 가능성들, 다른 가상적인 상태들이 존재한다. 그리고 이런 상이한 가능성들은 성향들을 통해서 영향을 받거나 측정된다.

19. 논란이 많았던 것에 대한 변론

이 결론 절에서 내가 가장 위대하다고 존경을 표했던 몇몇 물리학자를 비판하는 나의 동기들을 설명하고 싶다.

매우 심각한 상황이 일어났다. 우리 시대에 중요한 위협적인 존재가 되었으며 또한 싸우는 것이 우리 문명의 전통을 염려하는 모든 사상가의 의무가 된 일반적인 반합리주의 분위기는 과학적인 논의의 표준들을 매우 심각한 퇴보에 이르게 했다. 그것은 모두 이론의 난관들과 연관되어 있다. 정확히 말하면, 이론 자체의 난관들에 연관되어 있는 것이 아니라, 그 이론을 둘러싸고 위협하는 새로운 기술들에 대한 난관들과 연관되어 있다. 그것은 도구들에 대한 숙달을 영광스럽게 여기며, 그리고 우리 같은 비전문가들을 깔보는 훌륭한 젊은 물리학자들에서 시작했다. 우리 같은 비전문가들은 물리학자들이 무엇을 하고 있으며 말하고 있는지를 이해하고자 분투해야 했다. 이런 태도가 일종의 전문가의 예절로 굳어졌을 때 그런 분위기는 위협적인 존재가 되었다.

그렇지만 당대의 물리학자들 중 가장 위대한 사람들은 결코 이런 태도를 채택하지 않았다. 이것은 아인슈타인과 슈뢰딩거에 적합하며 또한 보어에게도 적합하다. 그들은 자신들의 형식을 기뻐하지 않았지만, 그러나 항상 자신들의 무지가 광대함을 매우 의식하는 사람으로 남았다.

왜 슈뢰딩거는 잠시 동안도 진지하게 생각될 수 없는 논증들에 의해서만 답변을 받아 왔는가? 그 이유는 단순히 그의 유명한 비판자들이 그 논증을 진지하게 생각하지 않기 때문이라고 나는 믿고 있다. 만약 슈뢰딩거가 다시 새로운 형식으로 그들을 놀라게 했다면, 그들은 다시 그에게 가장 주의 깊게 귀를 기울였을 것이다. 그러나 심지어 어떤 다른 사람처럼 그들의 주제에 대해 적어도 많은 일을 했던 사람으로부터 그 말이 나왔다 할지라도, 말로는 더 이상 전문가들의 관심을 불러일으키지 못했다. 만약 슈뢰딩거 같은 위대한 물리학자가 이런 식으로 취급을 받았다면 — 그리고 아인슈타인도 형편없는 취급을 받았다면 — 슈뢰딩거가 감히 전문가들과 다르다고 한다면 나 같은 단순한 비전문가는 무엇을 예상할 수 있는가?

그것은 부분적으로 상황을 명확하게 하는 시도이며, 그리고 부분적으로는 우리가 일상의 합리적인 논의를 제자리에 돌려놓아야 함을 보여주는 시도이다. 또한 슈뢰딩거에 의해 열린 논쟁의 세부 사항으로 내가 들어갔음을 보여주는 것이다.[11]

나는 발견이라는 위대한 과제에서 도와줄 능력이 있는 모든 사람을 존경한다. 그렇지만 나는 전공자 — 전문가 — 자체에 의해서는 깊은 인상을 받지 않는다. 우리는 스스로 인상적인 공식들을 통해 충격을 받지 않도록 해야 한다. 그것은 지옥에 떨어지는 벌을 받는 길이다. 불가해한 전문가를 찬미함은 표현의 순수한 어려움을 중시하며, 우리가 애매함을 심오함으로 오해하게끔 유혹한다. 우리는 분명한 사고, 단순성, 그리고 결국 모든 이의 관심사가 되어야 할 주제들을 논의하는 지적인 책임에 관한 주장을 해야 한다.

내가 최근에 볼츠만을 둘러싼 논쟁을 검토했을 때,[12] 그때 이래

---

11) 나는 비판을 넘어서는 권위로 슈뢰딩거를 칭찬하고 싶지 않다. 그와 정반대로, 나는 그가 쓴 많은 것에 대해 상당히 비판적이라고 느낀다. 그 예로, 그의 비결정론, 확률의 주관적 해석을 지지하려고 논증하는 그의 시도들과 특히 시간의 화살에 대한 그의 이론, 그리고 열역학 제2법칙과 시간의 화살과의 연관을 들 수 있다. [또한 『끝나지 않는 물음』, 1976, 30절의 포퍼의 슈뢰딩거에 대한 논의를 보라. 편집자.]

로 합리적인 우리의 논의의 기준들이 심각하게 퇴보했다는 결론을 내렸다. 그런 하락은 제1차 세계대전과 그리고 과학을 향한 기술적이고 도구적인 태도의 성장과 더불어 시작되었다. 그러나 그것은 순수한 난관 자체에 대한 증가된 권위를 통해서 훨씬 악화되었다. 그것은 이해와 단순성이란 전통적인 가치를 부활시킴으로써 이런 전개를 멈추게 하는 우리에게 달려 있다.

나의 논란이 많은 어조의 배후 동기에 관해 많은 것을 말했기 때문에, 나는 또한 다른 것도 있음을 분명히 하고 싶다. 이것은 아인슈타인과 슈뢰딩거의 저작에 대한 끝없는 존경이었다.

나는 아인슈타인과 슈뢰딩거를 비판하는 것이 **모독**이라고 생각하는 것은 아니다. 결국, 나 자신은 아인슈타인의 결정론을 비판했다. 또한 나는 아인슈타인과 슈뢰딩거의 확률에 대한 주관적인 이론을 향한 간헐적인 경향과 그리고 부분적으로는 슈뢰딩거의 입자이론을 비판했다. 그렇지만 나는 그들이 때때로 비판을 받았던 방식은 평가의 부족 때문이라고 생각한다.

슈뢰딩거에 관해 새로운 세대의 수많은 물리학자들이 주로 그의 교과서들을 통해 그를 파동 방정식의 유명한 저자로 알고 있다. 이것은 애석한 일이다. 왜냐하면 슈뢰딩거의 『파동 역학에 관한 논문집(*Collected Papers on Wave Mechanics*)』은 고전이기 때문이다. 나는 그 논문들이 독특하다고 생각한다. 슈뢰딩거의 논의에 대한 접근의 단순 명쾌함, 생각의 단순미와 깊이, 놀라운 객관성과 자기-반어법, 그리고 그가 논박을 찾고 발견한 사실, 이런 점들로 그의 논문들은 놀라운 인간의 문서이자, 예술품 같은 것이며, 유래가 거

12) [『끝나지 않는 물음』, 1976, 35절에서 포퍼의 볼츠만에 대한 논의를 보라. 편집자.]

의 없는 생각들의 모험이다.

그리고 그것은 웅대한 양식의 **물리학**이다. 슈뢰딩거는 양자 이론 형식의 실재적인 아버지일 뿐만 아니라, 또한 무엇보다도 우리가 사는 물리적인 세계를 이해하려고 노력한 물리학자이다. 그는 아인슈타인처럼, 패러데이 사변의 진정한 상속자이고, 그리고 물질이 아닌 어떤 것의 진동으로 언젠가 물질이 설명될 수 있음을 우리에게 보여준 최초의 사람이다.

나는 이런 점들이 정신적인 것에 대한 몇몇 변론가들이 알아보려고 노력한 것처럼, '마음과 유사'하거나 '정신적'이라고 판명될 것이라 생각하지 않는다. 또한 인간의 마음이나 인간의 정신은 어떤 변론가를 필요로 한다고 생각하지 않는다. 우리는 그것의 미래 모험들이나 발견들을 예상할 수 있다고도 나는 생각하지 않는다.

물질에 대한 새로운 이론의 위대한 설립자들 — 플랑크, 아인슈타인, 보어, 그리고 드 브로이에서 슈뢰딩거, 파울리, 보른, 하이젠베르크, 그리고 디랙까지 — 에 대해 나는 대가라는 말을 그들에게 적용하도록 허용할 수 있다. 갈릴레오는 태양 중심 체계의 설립자들에 대해 "이들의 정신의 위대함에 대한 나의 무한한 존경을 이루다 표현할 수 없다"라고 썼다. 그리고 이렇게 말한다. "그들은 그 체계를 생각했으며 또한 그들 자신의 의미에서의 증거에 따라 폭력적인 반대 속에서도 … 그것이 참이라고 주장했던 사람들이다."

IV 장

형이상학적인 맺음말

연장(extension) 이외의 어떤 것, 심지어 연장에 앞서는 어떤 것도 존재한다.

_ 라이프니츠[1])

비결정론과 확률의 성향 해석은 우리가 물리적 세계에 대한 새로운 그림을 그리도록 해준다. 여기서 개략적인 묘사를 할 수 있는 이런 그림에 따르면, 물리적인 세계의 모든 속성들은 성향적이며 그리고 어떤 순간의 물리적인 체계의 실재 상태는 특성들 — 혹은 잠재성들이나 가능성들이나 성향들 — 의 총합으로 생각될 수 있다.

이런 그림에 의하면, **변화**는 이런 잠재성들 몇몇이 실현되거나 현실화되는 데 있다. 이번에는 이런 실현들은 다시 성향들과 잠재성들 — 그러나 실현되어 존재하는 것들과는 다른 잠재성들 — 로

1) "Est aliquid praeter extensionem imo extensione prius", 다음에서 인용. Kant, in *Gedanken von der wahren Schätzung der lebendigen Kräfte und Beurteilung der Beweise*, 1746, 첫 번째 주요 절 말미, §1, in *Werke*, ed. Ernst Cassirer, Vol. I, p.15.

구성된다. 이 견해는 세계에 대한 상식적인 견해와 밀접하게 대응한다. 어떤 학생이 대학교에 들어갈 때, 그가 기말 시험을 치르는 상황에 내재하는 어떤 가능성이, 즉 그가 시험의 질문들에 다소 성공적으로 대답할 가능성, 그리고 그가 학위를 딸 가능성이 존재한다. 그가 기말 시험을 치를 때, 그는 이런 가능성들이나 잠재성들 중 첫 번째 것을 실현하며 그리고 동시에 일어난 새로운 상황은 다른 두 가능성들을 변화시킨다. 사실, 그가 기말 시험을 치르는 것은 본질적으로 그가 시험의 질문들에 다소 성공적으로 답변하고 학위를 딸 가능성이라고 말해질 수 있다. 그가 답변을 하고, 그래서 그가 다른 가능성들이나 잠재성들의 집합을 실현할 때, 새로운 상황이 창출되는데 이 상황은 다시 그가 학위를 딸 잠재성들을 변화시킨다. 그가 결국 학위를 따고 그래서 다시 어떤 잠재성들을 실현할 때, 그 새로운 상황은 새로운 잠재성들을 창출한다. 다시 말해, 그가 자신의 경력에서 학위를 이용하거나 이용하지 않는 것과 관계가 있는 새로운 잠재성들을 창출한다는 것이다. 따라서 그는 즉각 이원적이거나 일원적인 세계의 그림을 획득한다. 잠재성들이 가능한 실현이나 현실화에 상대적일 경우에만 잠재성들이라는 점에서 이원적이다. 그리고 실현들이나 현실화들이 잠재성들을 결정할 뿐만 아니라, 심지어 잠재성들 자체라고 말해질 수 있다는 점에서 일원적이다. (그러나 어쩌면 그것들은 '단지' 잠재성들에 불과하다고 우리가 말하는 것을 피해야 한다.) 따라서 우리는 물리적인 세계를 **변화에 대해 변화하는 성향들**로 구성된 것이라고 기술할 수 있다. 비록 이런 성향들이 일반적으로 미래 변화들을 결정하지 못한다 할지라도, 그것들은 적어도 물리학의 몇몇 분야에서는 미래에 가능한 다양한 변화들에 대한 확률 분포 — 1과 똑같은 확률을 포함할 수 있는 — 를 결정할 수 있다.

이런 접근은 물질 이론이나 입자들의 이론에 대한 제안을 포함하고 있다. 이런 이론에 따르면 입자들은 잠재성들이나 성향들의 실현으로 해석된다. 그리고 동시에 이번에는 잠재성들이나 성향들을 구성하고 있는 것으로 해석된다.

이런 접근의 주요한 점들 중의 하나는 아인슈타인의 결정론적인 프로그램을 이런 방식으로 비결정론적으로 해석하는 것이 가능할 수 있다는 제안이다. 그리고 동시에 양자 이론의 객관적이며 실재적인 재해석을 하는 것이 가능하다는 제시이다. 목표는 생물학적인 현상들을 위한, 인간의 자유를 위한, 그리고 인간의 이성을 위한 여지가 있는 세계에 대한 그림이다.

20. 형이상학적인 생각들과 탐구 프로그램, 그리고 물리학의 역사

언젠가는 누군가 **물리학의 문제 상황들에 대한 역사**로서 물리학의 역사를 써야 한다. (그런데 이것은 정치적인 역사를 포함하는 모든 역사가 기록되어야 하는 방식이라고 나는 믿는다.) 물리학의 역사에 (예컨대 정치적인 역사와 반대되는 것으로) 영향을 미치는 것으로의 문제 상황들은 순수하게 논리적인 용어들로 거의 완전하게 분석될 수 있다. 만약 우리가 문제들의 창출에 기여하며, 그리고 어떤 해결책을 탐구하는 방향을 대체로 결정하는 형이상학적인 생각들을 우리가 알아차린다면 그렇다.[2)]

---

2) [포퍼의 『추측과 논박』, 1963, pp.66-96; 『자아와 그 두뇌』, 1977, p.151 이하; 『객관적 지식』, 1972, pp.166-190의 문제 상황들과 역사적인 글쓰

과학에서 문제 상황들은 대체로 세 가지 요인들의 결과이다. 첫째로, 주도적인 이론에서 모순의 발견이다. 둘째로, 이론과 실험 — 이론에 대한 실험적인 반증 — 사이의 모순의 발견이다. 셋째로 그리고 아마 가장 중요한 하나로, 이론과 **'형이상학적 탐구 프로그램'**이라 불릴 수 있는 것 간의 관계이다.[3)]

이런 용어를 사용하면서 나는 과학 발전의 거의 모든 국면에서 우리가 형이상학적 — 즉, 시험할 수 없는 — 관념들에 휘말려 왔다는 사실에 주의를 환기시키고 싶다. 우리가 공격하기 위해 어떤 설명의 문제들을 선택할 것인지를 결정해 줄 뿐만 아니라, 우리가 어떤 종류의 답변들을 적합하거나 만족스럽거나 받아들일 수 있는 것으로, 그리고 이전 답변들에 대한 개선이나 발전으로 생각할 것인지도 결정해 주는 관념들이 그것이다.

그 이론이 해결하고자 하는 설명의 문제를 제기함으로써, 형이상학적 탐구 프로그램은 그 이론의 성공을 설명으로 판단할 수 있게끔 한다. 다른 한편, 그 이론에 대한 비판적인 논의와 그 이론의 결과에 대한 논의는 탐구 프로그램에서 어떤 변화(그 프로그램이 종종 무의식적으로 주장되었고 당연한 것으로 간주되었던 것처럼, 통상적으로는 무의식인 변화)에 이르게 할 수 있다. 혹은 그것을 다른 프로그램으로 대체하게끔 했던 변화이다. 이런 프로그램들은 그 자체로는 가끔 논의될 뿐이다. 그것들은 이론들 속에 그리고 과학자들의 태도와 판단 속에 훨씬 자주 암시된다.

나는 이런 탐구 프로그램들 또한 '형이상학적'이라고 부른다. 왜

기를 보라. 편집자.]

3) [포퍼의 『끝나지 않는 물음』, 33절과 이 책 '1982년 서문'의 형이상학적인 탐구 프로그램에 관한 논의를 비교하라. 편집자.]

냐하면 그것들은 세계 구조에 대한 일반적인 견해들과, 그리고 동시에 물리적인 우주에서의 문제 상황에 대한 일반적인 견해로부터 나오기 때문이다. 나는 그것들을 '탐구 프로그램들'이라 부르는데, 그것들이 가장 시급한 문제들이 무엇인지에 대한 견해와 통합되기 때문이다. 다시 말해 이런 문제들에 대한 만족스러운 해결책이 무엇처럼 보일 것인지에 대한 일반적인 관념과 통합한다는 것이다. (『후속편』 I권, 『실재론과 과학의 목표』를 비교하라.) 탐구 프로그램들은 사변적인 **물리학**으로 혹은 아마도 시험할 수 있는 물리적 이론들에 대한 사변적인 예상들로 기술될 수 있다.

이 절에서 나는 우선 개략적인 역사적인 순서로 물리학의 발전에 영향을 끼쳤던 형이상학적인 탐구 프로그램들 중 좀 더 중요한 기본적인 목록 10개를 제시할 것이다. 피타고라스와 헤라클레이토스 시대 이래로, 그리고 **변화의 문제**가 형이상학과 물리학의 근본 문제가 되었던 파르메니데스 이래로 물리학은 발전해 왔다.[4)]

이런 목록을 제시한 후에, 나는 어떤 예시로서 데카르트의 프로그램으로부터 패러데이의 프로그램으로 향하게 이끈 일련의 문제 상황들에 대한 윤곽을 부언하는 시도를 해볼 것이다.

1. **파르메니데스의 블록 우주**(Block Universe). 무(공허, 텅 빈 공간)는 존재할 수 없다. 세계는 꽉 차 있다. 세계는 하나의 블록(block)이다. 운동과 변화는 불가능하다. 세계의 그림은 합리적이어야 한다. 즉, 연역과 무모순 원리를 토대로 해야 한다는 것이다.[5)]

4) 내 논문, "The Nature of Philosophical Problems", 『추측과 논박』, 1963, pp.66-96을 비교하라.

5) [또한 『추측과 논박』, 1963, p.38, 79n, pp.80-81, p.142, p.145 이하,

2. **원자론**. 운동이 있으므로 변화도 실재적이다. 따라서 세계는 꽉 찰 수 없다. 세계는 원자들과 허공으로 이루어져 있다. 즉, '충만한 것'과 '빈 것'으로 구성되어 있다. **모든 변화는 허공 속의 원자들의 운동으로 해명할 수 있다**. 질적인 변화는 전혀 없다. 단지 운동과 구조적인 변화, 즉 재배열일 뿐이다. 허공은 가능한 운동들과 원자들의 위치를 위한 공간이다.

3. **기하화**. 초기 피타고라스학파의 프로그램은 (기하학을 포함하는) 우주론의 산술화였다. 플라톤은 이 프로그램에 관한 형세를 역전시켰다. 그는 최초로 (산술을 포함하는) 우주론의 기하화를 생각했다. 물리적인 세계는 물질로 채워진 공간이다. 물질은 형성된 (혹은 형태가 있는, 혹은 틀이 잡힌) 공간이며, 그리고 기하학은 형태와 공간의 이론이기 때문에, 물질의 근본적인 속성들은 (『티마이오스』에서) 기하학적으로 설명된다. 우주와 산술의 기하화는 에우독소스, 칼리포스, 그리고 유클리드에 의해 수행된다. (유클리드는 기하학의 교과서를 쓸 의향은 아니었지만, 무리수에 대한 기하학적인 이론의 문제와 플라톤 우주론의 다른 근본적인 문제들을 해결하기 위해 책을 썼다.6))

4. **본질론과 잠재론**. 아리스토텔레스에게 있어서, 공간(topos, 위치 공간)은 물질이며, 그리고 순수 기하학은 물질과 형식(또는 본질)의 이원론에 의해 계속된 중심지를 잃어버린다. **어떤 것의 형식**

---

p.147, p.150, p.159, pp.400-401, pp.405-413; 『자아와 그 두뇌』, 1977, p.5, p.15, p.153의 파르메니데스에 대한 포퍼의 논의를 보라. 편집자.]

6) 내 논문, "The Nature of Philosophical Problems", *op. cit*를 보라. [또한 "Back to the Pre-Socratics", 『추측과 논박』, 1963, pp.136-165를 보라. 편집자.]

이나 본질은 그 속에 내재되어 있으며, 그리고 그것의 잠재성들을 포함하고 있다. 이런 것들은 목적인, 목적, 목표를 위해 그 자체로 실현된다. (선은 자기-실현이다.)7)

5. **르네상스** 물리학(코페르니코스, 브루노, 케플러, 갈릴레오, 데카르트)은 대체로 플라톤의 기하학적인 우주론의 회복, 그의 선행 원인('이전 사물의 보편자'), 그리고 플라톤의 가설-연역적 방법론이다. (그 후 얼마 안 되어 또한 원자론이 부활한다.) 그것은 다음과 같이 바뀐다.

6. **세계에 대한 시계장치 이론** (홉스, 데카르트, 보일). 물질의 본질이나 형식은 물질의 공간적인 연장과 동일하다. (이것은 플라톤의 관념들과 아리스토텔레스의 관념들을 결합한 것이다.)8) 따라서 모든 물리적인 이론들은 기하학적이어야 한다. 모든 물리적인 원인은 밀기이거나 더 일반적으로는 근거리 작용이다. 모든 질적인 변화는 물질의 양적인 기하학적 운동들, 예컨대 유체의 열운동(열량)이나, 자기의 운동이나, 전기의 운동이다. (또한 원자들은 에테르의 소용돌이라는 베르누이의 추측과 비교하라.)

7. **활력론**. 모든 물리적 원인은 밀기나 그렇지 않다면 중심 인력(뉴턴)에 의해 설명되어야 한다. 물리적인 상태의 변화는 함수적으로 다른 **변화**(미분 방정식들의 원리)에 의존한다. 라이프니츠에 따르면, 밀기 또한 힘들—중심의 반발력들—에 의해 설명되어야

---

7) [포퍼의 『열린사회와 그 적들』, 1945, 11장에서 아리스토텔레스의 본질주의에 대한 논의를 보라. 편집자.]

8) ["Philosophy and Physics", *Atti del XII Congresso Internazionale di Filosofia*(Venice, 1958) 2, Florence, 1960, pp.367-374; 『자아와 그 두뇌』, 1977, 특히 P1장과 P5장의 포퍼의 추가된 논의를 보라. 편집자.]

한다. 왜냐하면 밀기는 오직 만약 물질이 **힘들(반발력들)로 꽉 찬** 공간일 경우에만 설명될 수 있을 뿐이기 때문이다. 그래서 라이프니츠는 물질의 동적이고 구조적인 이론을 갖고 있다. (더 나아가 중심 힘들의 이론은 칸트와 보스코비치(Boscovich)에 의해 발전되었다.)[9)]

8. **힘의 장들** (패러데이, 맥스웰). 모든 힘이 중심적인 힘은 아니다. 국지적인 변화들이 근거리의 국지적 변화들에 의존하는 (벡터적인) 힘들의 변화하는 장들이 존재한다. (뉴턴과 데카르트의 인과율을 결합한 부분적인 미분 방정식들의 원리.) 물질 — 즉, 원자들이나 분자들 — 은 힘들의 장들이나 힘들의 장들에 대한 간섭을 통해서 해명될 수 있다. (전술한 요점 6의 베르누이 이론을 비교하라.)

9. **통일장 이론** (리만, 아이슈타인, 슈뢰딩거). 전자기장은 물론 중력장의 기하학. 맥스웰의 빛의 장(field) 이론은 입자들의 장 이론으로, 따라서 물질의 장 이론으로 일반화된다. 물질은 해체할 수 있는 것으로 예측된다. (이런 예측을 확인함으로써 시계 장치 우주론 — 즉, 유물론 — 은 논박된다. 그리고 방사선 — 즉, 장 에너지 — 과 호환할 수 있는 것으로, 따라서 공간의 기하학적 속성들과 호환할 수 있는 것으로 예측된다. 그러나 물질은 장의 소동(진동)이라는 견해는 다음과 같은 견해에 반대된다.

10. **양자 이론의 통계적 해석** (보른). 아인슈타인의 광자 이론이 나온 이래, 빛조차 맥스웰의 소동, 즉 장(field)의 진동에 불과한 것인지에 의문을 품게 되었다. 왜냐하면 모든 진동 열(빛 파동들)은

9) [『자아와 그 두뇌』, 1977, p.6, pp.177-196의 포퍼의 추가된 논의를 보라. 편집자.]

입자-같은 실재(entity)인, 광자와 결합되기 때문이다. 광자는 하나의 원자에 의해 방출되며 그리고 하나의 원자에 의해 흡수된다. 드브로이에 의하면, 물질 입자들에 대해 입자와 파동의 이원론과 비슷한 것이 존재한다. 이제 이런 이원론은 원래 의미에서 원자론에 대한 재판본으로 거의 기술될 수 있는 방식으로 보른에 의해 해석된다. 존재하는 것은 소체들이나 입자들이다. 그리고 장과 장의 진동은 단지 비결정론자의 입자-물리학에 대한 수학적인 도구들을 표현하고 있다. 우리는 입자-물리학을 통해서 어떤 상태의 입자를 발견하는 순수 통계적인 확률을 계산할 수 있다. (『과학적 발견의 논리』(1934)에서 내가 대체로 지지했던) 이런 견해는 물질에 대한 일원적인 통일장 이론의 프로그램과 양립할 수 없는 것으로 보인다. 그리고 물질의 장 이론에 대한 패러데이-아인슈타인-슈뢰딩거 프로그램은 포기되어야 함을 지적하기 위해 대부분의 물리학자들은 통계적인 양자 이론의 성공을 받아들인 것처럼 보인다.[10)]

이런 간략한 조망은 우리가 물리적인 우주론의 근본적인 문제를 이해하는 데 도움을 줄 수 있다. 그리고 그 문제들이 왜 근본적인가를 이해하는 데에도 도움을 준다. 나는 일반적인 변화의 문제와 같은 문제들을 염두에 두고 있다. 즉, 물질과 공간의 문제(원자들과 허공의 문제), 우주의 공간적 구조의 문제, 원인의 문제(원거리 작용이나 근거리 작용 문제, 힘들에 대한 문제, 그리고 힘들의 장들

---

10) 하이젠베르크는 이런 관점을 “Der Begriff ‘Abgeschlossne Theorie’ in der modernen Naturwissenschaft”, *Dialectica* 2, 1948, pp.334-336에서 명백하게 보여주었다. 나는 그의 관점을 “Three Views Concerning Human Knowledge”, 1955에서 간략하게 비판했는데, 이 논문은 『추측과 논박』, 1963, p.113 이하로 재출간되었다. 그 후에 하이젠베르크는 자신의 생각을 바꾸었다. [『후속편』, 이 책의 앞 장을 보라. 편집자.]

의 문제), 물질의 (원자적인) 구조의 문제, 그리고 특히 원자 안정성의 문제, 그리고 원자 안정성의 한계들에 대한 문제, 물질과 빛의 상호작용의 문제가 그런 것들이다.

지금까지 변화의 이론들이 오직 세 개만 존재해 왔음을 주목하는 것은 흥미로운 일이다. 곧, 물질의 양적인 운동을 통해서 질적인 변화를 설명하는 원자론, 아리스토텔레스의 잠재성들과 질적인 이론들인 잠재성들의 실현이나 현실화 이론, 그리고 장들의 (진동들, 파동들) 혼동 이론이 그것이다. 이 혼동 이론은 원자론처럼 양적인 변화를 질적으로 설명하는 목표를 두고 있지만, 그러나 연장된 물질을 통해서 설명하기보다는 오히려 변하는 밀도들을 통해서 설명하는 이론이다. [(1981년에 추가) 헤라클레이토스는 오직 프로그램만을 제안했으며, 그리고 파르메니데스 이론은 비-변화 이론이었다고 나는 생각한다.]

일반적으로 말하면, 이런 탐구 프로그램들은, 비록 그것들의 성격이 과학적인 물리학이 아니라 형이상학적인 물리학이나 사변적인 물리학의 성격이라 할지라도, 과학을 위해 필수불가결하다. 원래 그 용어에 대한 거의 모든 의미에서 (그것들 중 몇몇이 때맞춰 과학적이 되었을지라도) 그것들은 모두 형이상학적이었다. 그것들은 다양한 직관적인 관념들에 토대를 둔 거대한 일반화였다. 그 관념들 대부분이 이제는 잘못된 것으로 우리에게 충격을 주었다. 그것들은 세계 — 실재 세계 — 의 그림들을 통합하고 있다. 그것들은 상당히 사변적이며, 그리고 원래는 시험할 수 없는 것이었다. 실제로 그 프로그램들은 모두 과학의 성격보다는 신화나 꿈의 성격을 더 많이 갖고 있었다고 말해질 수 있다. 그러나 그것들은 과학에 문제들, 목적들을, 그리고 과학의 영감을 제시하는 데 도움을 주었다.

단지 묘사의 예시라면, 모든 예시는 여기서 유용할 수 있다. 그러므로 나는 특수한 문제 상황의 역사 — 데카르트 이래로 물질 문제의 역사 — 에 대한 윤곽을 제시함으로써 이 절에 대한 결론을 내릴 것이다. (그것은 세계의 시계장치 이론에서 활력론으로의 전이, 즉 프로그램 6에서 7로 전이한 역사의 일부이다.)

물질의 문제에 대한 역사는 이전에 묘사되어 왔다. 특히 맥스웰이 그것을 (*Encyclopaedia Britannica*, 9th edition, 1875의 '원자'에 대한 훌륭한 항목에서) 설명했다. 그렇지만 맥스웰이 적절한 물리학적인 관념들과 철학적인 관념들의 역사에 대한 묘사를 했을지라도, 그는 **문제 상황의 역사**와 **이런 상황이 미수에 그친 해결책들의 영향으로 어떻게 변했는지**를 제시하지 못했다. 나는 여기서 이런 간극을 메워보려는 시도를 해보겠다.[11]

데카르트는 자신의 물리학을 본질주의자나 아리스토텔레스적인 물체나 물질의 정의를 토대로 했다. 어떤 물체는 본질(essence)이나 실체(substance)로 연장되었으며, 그리고 물질도 본질이나 실체에서의 연장이다. (따라서 본질적으로 **강도**(intensity)인, 사유 실체나 경험 실체로서의 마음과는 반대되는, 물질은 연장된 실체이다.) 물체나 물질이 연장과 동일하기 때문에, 모든 연장, 모든 공간은 물체나 물질이다. 세계는 꽉 차 있다. 허공은 존재하지 않는다. 이것은 데카르트가 이해한 대로, 파르메니데스의 이론이다. 그러나 파

---

11) 수년 동안 나는 강연에서 이런 이야기를 하는 버릇이 있었다. [포퍼의 "Philosophy and Physics", *op. cit.*, 그리고 『자아와 그 두뇌』, 1977, 특히 P1, P3, P5장을 보라. 편집자.]

르메니데스는 꽉 찬 세계에서는 어떤 운동도 있을 수 없다고 결론을 내렸던 반면에, 데카르트는 물통 속에서의 운동처럼 꽉 찬 세계에서도 운동이 가능하다는 플라톤의 『티마이오스』에서의 제안으로 추적해 볼 수 있는 견해를 받아들였다. 물체들은 소용돌이들 속에서 서로를 밀어줌으로써 꽉 찬 세계에서도 운동할 수 있다. 소용돌이들은 찻잔 속의 찻잎들처럼 움직일 수 있기 때문이다.

이런 데카르트적인 세계에서, 모든 원인은 접촉에 의한 작용이다. 그것은 밀기이다. 공간 속에서 연장된 물체는 다른 물체들을 밂으로써 움직일 수 있을 뿐이다. 모든 물리적인 변화는 시계장치의 구조들(혹은 소용돌이들)에 의해 해명되어야 한다. 이런 구조들에서 움직이는 다양한 부분들은 함께 서로를 **민다. 밀기는 역학적인 설명의 원리이다.** 어떤 원거리 작용도 존재할 수 없다. (뉴턴 자신은 원거리 작용을 때로는 불합리한 생각으로, 그리고 다른 때에는 초자연적인 현상으로 간주했다는 것을 나는 덧붙여 언급할 수 있다.)

사변적인 역학에 대한 이런 데카르트적인 체계가 순전히 사변적인 근거들에 따른 라이프니츠에 의해 비판을 받았다. 라이프니츠는 데카르트의 등식인 **물체**=**연장**을 받아들였다. 그렇지만, 데카르트가 이런 등식은 궁극적이며 환원할 수 없는, 자명하고 명석하고 분명한 것이라고 믿었던 반면에, 라이프니츠는 이 모든 것에 의문을 품었다. 만약 어떤 물체가 다른 물체를 관통하는 대신에 그것을 앞으로 민다면, 이런 일은 그 물체들 모두가 **관통에 저항**하기 때문에 있을 수 있을 뿐이다. 이런 저항은 물질이나 물체에 본질적이다. 왜냐하면 그 저항은 물질이나 물체가 공간을 채울 수 있게 하며, 따라서 데카르트적인 의미에서 연장될 수 있도록 하기 때문이다.

라이프니츠에 따르면, 우리는 이런 저항을 힘들에 기인한 것으로 설명해야 한다. 그 물건은 "사실상 그것의 상태를 존속하며 … 그리고 변화의 원인에 저항하는 힘과 경향을 지니고 있다."[12] 상호 침투에 저항하는 힘들인 척력이나 반발력이 존재한다. 따라서 라이프니츠의 이론에서 물체나 물질은 **반발력들에 의해 채워진 공간**이다.

이것은 물체에 대한 데카르트적인 본질적인 속성 — 연장 — 과 밀기에 의한 데카르트적인 인과율 모두를 설명할 이론을 위한 프로그램이다.

물체나 물질이나 물리적인 연장은 공간을 채우고 있는 힘들에 연유한 것으로 설명되어야 하기 때문에, 라이프니츠 이론은 원자론과 같은 물질 **구조**의 이론이다. 그러나 라이프니츠는 (그가 젊었을 때 믿었던) 원자들을 거부한다. 왜냐하면 그 당시 원자들은 매우 작은 물체들, 매우 작은 물질 조각들, 매우 작은 **연장들**이라고 간주되었기 때문이다. 그래서 연장과 침투 불가능성의 문제는 더 큰 물체들에 관한 것으로 원자들에 대해서도 정확히 동일한 것이었다. 그러므로 원자들 — 연장된 원자들 — 은 물질의 모든 속성들 중에서 가장 근본적인 연장을 설명하는 데 도움을 줄 수 없다.

그러나 공간의 일부가 어떤 의미에서 반발력들에 의해 '채워져' 있다고 말해질 수 있는가? 라이프니츠는 이런 힘들을 연장되지 않은 점들인 '**단자들**(Monads)'에서 나온 것으로, 그리고 — **오직 이런 의미에서만** — **단자들**에 구비되어 있는 것으로 생각한다. 그것들은 중심적인 힘들인데, 이런 힘들의 중심들은 연장되지 않은 점

12) *Philosophische Schriften*, ed. Gerhardt, 2, p.170.

들이다. (강도가 어떤 점에 부여되어 있기 때문에, 힘은 어떤 점에서 곡선의 기울기, 곧 '어떤 미분'과 비교될 수 있다. 힘들은, 비록 그 힘들의 강도들이 측정될 수 있으며 그리고 수들을 통해서 표현될 수 있을지라도, 미분들 이상의 연장된 것으로 말해질 수 없다. 그리고 연장되지 않은 강도들이기 때문에, 힘들은 데카르트적인 의미에서 '물질(material)'일 수 없다.) 따라서 공간의 연장된 조각—기하학적인 의미에서 물체—은 이런 힘들에 의해 **'채워져'** 있다고 말해질 수 있다. 그것은 그 조각에 포함되는 기하학적인 점들이나 '모나드들'에 의해 채워져 있다고 말해질수 있다는 것과 동일한 의미이다.

왜냐하면 데카르트처럼 라이프니츠에서도 허공은 전혀 존재하지 않기 때문이다. 빈 공간이란 반발력들이 없는 공간일 것이며, 그리고 그것은 점유에 저항하지 않을 것이기 때문에, 그것은 즉각 물질에 의해 점유될 것이다. 사람들은 외교가인 라이프니츠의 이런 이론을 물질에 대한 정치적인 이론으로 기술할 수 있다. 상태들처럼, 물체들은 반발력들에 의해 지지되어야 하는 경계들이나 한계들을 갖고 있다. 그리고 정치적인 진공처럼, 물리적인 진공은 존재할 수 없다. 왜냐하면 그것은 즉각 주변의 물체들(혹은 상태들)에 의해 점유될 수 있기 때문이다. 따라서 우리는 반발력들의 작용에서 생기는 일반적인 압력이 세계 속에 존재한다고 말할 수 있다. 또한 어떤 운동도 존재하지 않는 곳에서는 현재 힘들의 균등에서 연유하는 역동적인 균형이 존재해야 한다고 말할 수 있다. 데카르트가 균형을 단순히 운동의 부재로서만 설명할 수 있는 반면에, 라이프니츠는 균형을—그리고 또한 운동의 부재를—균등한 반대 힘들에 의해 역동적으로 유지되는 것으로 설명한다.

데카르트적인 물질 이론을 라이프니츠가 비판함으로써 성장했던 점-원자론의 (또는 모나드들의) 교설에 대한 논의는 이 정도로 하자. 라이프니츠 교설은 분명히 형이상학적이다. 그리고 그것은 형이상학적인 탐구 프로그램을 제기한다. 즉, 힘 이론의 도움을 받아 물체들에 대한 (데카르트적인) 연장을 설명하는 프로그램을 제기한다는 것이다.

그 프로그램은 (부분적으로 칸트가 예상했던) 보스코비치에 의해 상세하게 수행된다.[13] 칸트와 보스코비치의 공헌들은 아마도 만약 내가 먼저 뉴턴 동역학과 그 프로그램의 관계에서 원자론에 관해 몇 마디 한다면 더 좋은 평가를 받을 것이다.

엘레아-플라톤 학파와 데카르트 그리고 라이프니츠의 진공이 없다는 이론(no-vacuum theory)은 내재적인 하나의 난관 — 압축성의 문제와 또한 탄력성의 문제 — 을 갖고 있다. 다른 한편, '원자들과 허공'(이것은 원자론의 표어였다)이라는 데모크리토스의 이론은 대체로 이런 난관에 정확히 대처하기 위해 고안되었다. 원자들 사이의 허공인 물질의 다공성은 움직임의 가능성뿐만 아니라 압축의

---

13) 보스코비치의 *Theoria Philosophiae Naturalis*는 1758년에 비엔나에서 처음 출판되었다. 칸트의 *Monadologia Physica*는 1756년에 쾨니히베르크에서 출간되었다. 30년이 지난 후에 칸트는 Metaphysical Foundations of Natural Science, 1786에서 자신의 모나돌로지(monadology) 일부를 부인했다. 보스코비치의 모나돌로지에 대한 본질적인 생각은 칸트에서 발견될지라도, 칸트의 저작은 보스코비치의 저작과 비교했을 때 지극히 개략적이다. (유한한 물체들에 존재하는 일정한 수의 모나드들에 대해서는 Kant, *propos*. iv와 v를 보라. 그리고 먼 거리의 인력과 짧은 거리의 반발하는 중심적인 힘들에 대해서는 *propos*. x를 보라. 또한 연장에 대한 칸트의 설명에 대해서는 *propos*. x를 보라.) [포퍼의 『자아와 그 두뇌』, 1977, pp.190-192의 보스코비치에 대한 논의를 비교하라. 편집자.]

가능성 또한 설명해야 했다. 그렇지만 뉴턴의 (그리고 라이프니츠의) 동역학은 탄력성의 원자 이론에 대한 새로운 심각한 난관을 창출했다. 원자들은 물질의 작은 조각들이었으며, 그리고 만약 압축성과 탄력성이 허공 속의 원자들의 운동에 의해 설명되어야 한다면, 이번에는 원자들이 압축될 수 없거나 탄력적일 수 없다. 그것들은 절대적으로 압축될 수 없어야 하며, 절대적으로 견고해야 하고, 절대적으로 비탄력적이어야 한다. (이것은 뉴턴이 그것들을 생각했던 방법이다.) 다른 한편, 비탄력적인 물체들 사이에는 어떤 밀기도 없고, 접촉에 의한 작용도 전혀 없다. 뉴턴이나 라이프니츠의 이론과 같은 동역학적인 이론에 따르면, 힘은 **가속도**에 비례하는 것으로 설명되었다. 왜냐하면 절대적으로 비탄력적인 물체들에 의해 이 같은 다른 물체에 주어진 밀기가 즉각적이어야 하며, 그리고 순간 가속도는 무한히 큰 힘들을 포함하고 있는 **무한한** 가속도일 것이기 때문이다.14)

따라서 오직 **탄력적**인 밀기만이 유한한 힘들에 의해 설명될 수 있을 뿐이다. 그리고 이것은 밀기란 항상 탄력적이라고 우리가 가정해야 한다는 것을 의미한다. 그러나 만약 우리가 탄력적인 밀기를 비탄력적인 원자들의 이론 내에서 설명하고 싶다면, 우리는 **접촉에 의한 작용을 함께 포기해야 한다**. 접촉의 자리에 우리는 원자

14) 그 논증은 칸트에 의해 *Metaphysical Foundations*, 'General Note to the Mechanic'(세 번째 장 마지막 단락)에 명료하게 진술되었다. 또한 그의 *Monadology*, *propos*. xiii과 그의 *New Doctrine of Motion and Rest*, 1758(연속의 원리에 관한 절)을 보라. 유사한 논증들이 라이프니츠에서 발견된다. 라이프니츠는 "오직 탄력성만이 물체들을 튀어 오르게 할 것 같기 때문"(*Mathematische Schriften*, ed. Gerhardt, 2, p.145)이라고 쓰고 있다.

들 사이에 **근거리 반발력들이나 행위자 수준의 작용이라고 부를 수 있는 것**을 놓아야 한다. 그래서 원자들은 감소하는 거리와 더불어 급격히 증가하는 (그리고 거리가 0이 될 때, 무한하게 될) 힘들로 서로 반발해야 한다.

이런 식으로 우리는 물질의 동역학 이론에 대한 내부적인 논리를 통해서 (중심적인) **반발**력들을 역학으로 인정할 수밖에 없다. 그러나 우리가 이런 것들을 인정한다면, 원자론의 근본적인 두 가정 중 하나 — 원자들이 작은 연장된 물체들이라는 가정 — 는 불필요하게 된다. 왜냐하면 우리는 원자들을 라이프니츠적인 반발력의 중심들로 대체해야 하기 때문이다. 물론 우리가 그 중심들을 라이프니츠적인 **연장되지 않은 점들**로, 따라서 라이프니츠 **단자들**과 동일시되는 원자들로 대체하는 것이 더 좋을 수 있다. 그러나 그것은 우리가 원자론의 다른 근본적인 가정, 즉 허공을 존속시켜야 하는 것으로 보인다. 만약 원자들이나 단자들 사이의 거리가 0으로 향하는 경향이라면, 반발력들은 무한을 향하는 경향이 있기 때문에, 단자들 사이의 **유한한 거리들**이 존재해야 하고, 물질은 힘의 구별되는 중심들이 존재하는 허공으로 구성되어 있는 것은 분명하다.

칸트와 보스코비치는 여기서 기술된 단계들을 다루었다. 그들은 라이프니츠의 관념들과 데모크리토스와 뉴턴의 관념들의 종합을 제시한다고 할 수 있다. 라이프니츠에 의해 생각되었던 것처럼 그 이론은 **물질의 구조 이론**이며 따라서 **물질에 대한 설명적인 이론**이다. 연장된 물질은 물질이 아닌 어떤 것, 곧 힘들과 모나드들 같은 힘들이 나오는 연장되지 않은 점들인, 연장되지 않은 실재들(entities)을 통해서 설명된다. 특히 물질에 대한 데카르트적인 연장은 이런 이론에 의해 상당히 만족스러운 방식으로 설명된다. 실제로 그 이론은 더 많은 것을 설명한다. 그것은 연장에 대한 동역학 이론인데, 그 이론은 균형 연장 — 인력과 반발력의 모든 힘들이 균형일 때의 어떤 물체의 연장 — 뿐만 아니라, 외부의 압력, 충격, 밀기에 따라 변하는 연장도 설명한다.15)

거의 똑같이 중요한 다른 발전으로 데카르트적인 물질 이론과 물질에 대한 라이프니츠의 역학적 설명 프로그램의 발전이 있다. 칸트-보스코비치가 개략적인 윤곽으로 연장된 물질의 현대 이론을 반발력과 인력이 부여된 기본 입자들로 구성된 것을 예상했다 할지라도, 이런 두 번째 발전이야말로 패러데이-맥스웰의 장들의 이론에 대한 직접적인 선구자이다.

이런 발전의 결정적인 단계는 칸트의 『자연과학의 형이상학적 기초(*Metaphysical Foundations of Natural Science*)』에서 발견된

---

15) 보스코비치의 힘들은 뉴턴적인 힘들과 동일함을 인식하는 것이 중요하다. 다시 말해 그것들은 질량을 곱한 가속도와 같지 않고, 순수 수(pure number)(모나드들의 수)를 곱한 가속도와 같다는 것이다. 화이트(L. L. Whyte)는 (*Nature* 179, 1957, p.284 이하의 매우 흥미로운 주석에서) 이 논점을 명료히 했다. 화이트는 보스코비치 이론의 '운동학적' 양상들을 (뉴턴의 역학적인 의미에서 그 이론의 '역학적' 양상들과는 반대된 것으로) 강조했다. 내가 보기에 보스코비치의 비판에 대한 화이트의 논평은 옳은 것 같다. (아마도 나는 보스코비치가 연장과 중력뿐만 아니라, 뉴턴적인 관성 질량에 대한 설명적인 이론을 제시하고 있다고 말함으로써 이것을 강조할 수 있다.) 다른 한편, 화이트가 옳게 강조했듯이, 보스코비치의 힘들은 형식적 혹은 차원적인 관점에서 **가속도들**이라 할지라도, 그것들은 물리적인 관점에서, 직관적인 관점에서, 그리고 형이상학적 관점에서는 **힘들**이다. 이것들은 뉴턴의 힘들과 매우 흡사하다. 왜냐하면 그것들은 그 자체로 존재하는 성향들이기 때문이다. 다시 말해, 그것들은 가속도들을 **결정하는 원인들**이다. (다른 한편, 칸트는 순수하게 뉴턴적인 용어로 생각하여, 관성을 자신의 모나드들에 귀속시켰다. 그의 *propos.* xi를 보라.)

다. 칸트는 이 책에서 물질은 불연속이라는 자신의 모나드 이론 (monadology)을 부인하고 있다.[16] 그는 이제 이런 교설을 **물질의 동역학적인 연속성** (현상으로서) 교설로 대체한다. 그의 논증은 다음과 같이 언급될 수 있다.

공간의 어떤 영역에 (연장된) 물질이 있음은 그 영역에 반발력 — 침투를 멈출 수 있는 힘(다시 말해 적어도 그곳의 압력이 더해진 인력들과 동일한 반발력들) — 이 있음으로 구성되는 현상이다. 따라서 물질이 (반발력들이 방사되는) 단자들로 구성되어 있다고 가정하는 것은 불합리하다. 왜냐하면 물질은 이런 단자들은 존재하지 않지만 그러나 다른 물질을 멈출 만큼 강력한 힘들이 나오는 곳에 존재할 것이기 때문이다. 단 이런 힘들은 단자들에서 나온다. 더구나 물질은 동일한 이유 때문에 문제의 물질 조각에 속하는 (그리고 이른바 구성하고 있는) 두 단자들 **사이의 어떤 점**에 존재할 것이다.

이 논증의 장점이 무엇이든,[17] 힘들을 이루고 있는 연속적인 (그

---

16) 2장, 정리 4, 특히 주석 1과 주석 2의 첫 단락을 보라. 칸트의 부인은 '선험적인 관념론'에서 발견된다. 왜냐하면 그는 **물자체의 공간적인 구조들**에 대한 교설로서 모나돌로지(monadology)를 거부하기 때문이다. (이것은 그에게 '영역들의 혼합' — '범주 오류 같은' 어떤 것 — 이다.)

17) 물리학에서 단언된 모든 증명처럼, 칸트 자신의 판본을 약간 개선하려고 시도하는 칸트의 증명은 부당하다. 심지어 여기서 주어진 형식에서도 그렇다. (칸트는 암묵적으로 움직이는 힘이란 의미에서 '움직이는'과 '움직일 수 있는'을 동일시하기 때문이다. 정리 4에 대한 그의 주석 끝에서 두 번째 단락을 비교하라. 그 애매성은 나쁘지만, 그것은 움직이는 물질의 존재와 움직일 수 있는 물질의 존재를 동일시하는 그의 의도를 분명히 했다.)
논리적인 상황은 간략히 다음과 같다. 이런 후기-비판적인 저작에서, 칸트는 연속적인 물질 교설에 대한 당초의 반대를 제거하기 위해 (우연히,

리고 탄력적인) 어떤 것이라는 관념을 시험해 보자는 제안은 굉장한 장점을 갖고 있다. 왜냐하면 이것은 단순히 연속적인 물질의 관념을 가장한 힘들의 장에 대한 관념이기 때문이다. 내가 보기에 (데카르트적인) 연장된 물질과 탄력성에 대한 이런 두 번째 동역학적 설명은 푸아송(Poisson)과 코치(Cauchy)에 의해 수학적으로 전개되었으며, 그리고 맥스웰에 기인한 힘들의 장이란 패러데이의 생각은 칸트의 연속성 이론에 대한 코치의 형식의 전개로 기술될 수 있다는 것은 흥미로운 것 같다.

따라서 칸트의 두 이론과 데카르트적인 연장된 물질을 설명하는 라이프니츠의 동역학 이론의 프로그램을 수행하는 것이 주된 시도였던 보스코비치의 이론은 물질 구조에 대한 모든 현대 이론(패러데이와 맥스웰의 이론, 아이슈타인, 드 브로이 그리고 슈뢰딩거의 이론)과 '물질과 장(field)의 이원론'의 공동 조상들이 되었다. 이런 점에서 보면, 아마도 이원론은 물질을 생각하면서 뉴턴적인 모형을 벗어날 수 없거나, 심지어 조잡한 데카르트적인 모형과 비역학적인 모형을 벗어날 수 없는 사람들에게 보인 것처럼 뿌리를 깊이 내리지 못했다.

데카르트적인 전통에서 — 그리고 헬름홀츠를 경유하는 칸트적인 전통에서 — 유래하는 또 다른 중요한 영향은 원자들을 에테르의 소용돌이들로 설명한다는 생각이었다. 즉, 켈빈 경(Lord Kelvin)

타당한 논증을 통해서) 선험적인 관념론을 사용하고 있다. 그리고 그는 이제 그가 연속성을 **증명할** 수 있다고 — 그러나 흥미롭고 중요한 부당한 논증을 통해서 — 생각한다. 왜냐하면 (자신의 정의들에서 예상되는 것을 넘어서) 자신의 역학을 그 한계까지 밀고 갈 수밖에 없었기 때문이다.

과 톰슨(J. J. Thomson)의 원자 모형에 이르게 했던 생각이 그것이다. 이런 원자 모형에 대한 러더포드의 실험적인 논박은 원자핵의 현대 이론으로 기술될 수 있는 것에 대한 시초들임을 나타내고 있다.

내가 묘사했던 발전에서 가장 흥미로운 측면들 중 하나는 그것이 **순수하게 사변적인 특징**을 띠고 있다는 점이다. 그와 더불어 형이상학적인 사변들은 **비판받기 쉽다**는 — 비판적으로 그 사변들을 논의할 수 있다는 — 것이 증명되었다는 사실도 있다. 그것은 세계를 이해하고 싶은 것에 의해, 그리고 인간의 마음은 적어도 세계를 이해하는 시도를 할 수 있다는 희망, 확신에 의해 자극을 받은 논의였다.

버클리에서 마하에 이르는 실증주의는 항상 이런 사변들을 반대했다. 그리고 마하는 여전히 물질에 관한 어떤 물리적 이론도 존재할 수 없다는 견해를 지지했다. (그에게 물질은 단지 형이상학적인 '실체(substance)'에 불과했으며, 또한 만약 그것이 의미가 있다면 그 자체로 불필요한 것이었기 때문이다.) 그는 물질 구조에 대한 형이상학적인 이론이 시험할 수 있는 이론으로 변했을 때에는 이 견해를 지지했다. (또한 『후속편』 I권, 『실재론과 과학의 목표』, I부, 17절을 보라.) 마하의 이런 견해들이 누구도 원자 이론을 더 이상 진지하게 의심하지 않았을 때에 영향력이 최고조에 도달했다는 것은, 그리고 마하의 견해들이 여전히 원자 물리학의 선도자들 사이에서도 매우 영향력이 컸다는 것은 훨씬 더 흥미롭고 약간은 풍자적이다. 특히 보어, 하이젠베르크, 그리고 파울리가 그들에 속한다.

그러나 이런 위대한 물리학자들의 훌륭한 이론들은 물리적인 세계의 구조를 이해하려는 시도들과, 그리고 이런 시도들의 결과를 비판하려는 시도들의 결과이다. 따라서 그들 자신의 물리적 이론들은 당연히 이런 물리학자들과 다른 실증주의자들이 오늘날 우리에게 말하고자 애쓰는 것과 대비될 수 있다. 원리적으로 우리는 물질 구조에 관해 어떤 것도 이해하고자 희망할 수 없다는 것, 물질 이론은 영원히 전문가와 전공자의 사적인 사태 — 세부적인 내용들, 수학적인 기술들과 의미론에 의해 가려진 신비 — 로 남아 있어야 한다고 말하는 것과 대비시킬 수 있다. 또한 과학은 단지 철학적인 흥미나 이론적인 흥미를 결여한 도구에 불과하며, 또한 오직 '기술적'이거나 '실용적'이거나 '조작적'인 의미만 있을 뿐이라는 것과도 대비된다. 나는 이런 후기-합리주의(post-rationalist) 교설에 대해 한마디도 믿지 않는다. 분명히 우리는 이론들의 대부분을 여러 번 포기해야 할 것이다. 그러나 우리는 결국 물리적인 세계를 이해하는 길들을 발견해 왔던 것 같다.

21. 분열, 프로그램, 그리고 형이상학적인 꿈

앞 절에서 주어진 형이상학적인 프로그램의 목록은 두 가지 중요한 목적을 염두에 두고 작성되었다. 하나는 물리적인 이론의 현재 위기에 대한 의미를 명백하게 하는 것이었다. 즉, 패러데이-아인슈타인-슈뢰딩거의 프로그램에 대한 거부는, 통일된 어떤 그림도 없는, 변화의 이론이 없는, 일반적인 우주론이 없는 것을 우리에게 남겼다. 탐구 프로그램 내의 문제 상황이나 탐구 프로그램에 상대적인 문제 상황 대신에, 우리의 도구적인 문제 상황은 물리학의 분열에서 일어난다. — 즉, 어느 하나도 그 일을 할 것으로 보이지 않는 두 탐구 프로그램들 사이의 충돌에서 일어난다.

이 같은 상황들은 물론 전에도 일어났다. 예컨대 접촉에 의해서만 작용을 허용하는 데카르트주의와 원거리 작용을 허용하는 뉴턴의 이론 사이의 분열이 있었다. 이 분열은 뉴턴 스스로 자신의 이론을 반대하는 편에 섰던 분열이다.[18] 그러나 현재 상황은 이전의 모든 상황과 약간 다르다. 아인슈타인과 슈뢰딩거의 영감을 주는 프로그램은 양자 이론가들에 의해 공격을 받았으며, 그리고 대부분의 물리학자들의 판단에 의하면, 성공적으로 죽임을 당했다. 하지만 그 프로그램을 공격했던 사람들은 비슷하게 강력한 프로그램으로 대체하는 시도를 거의 하지 않았다.

이 모든 것은 당시의 지배적인 과학철학 — 거의 보편적인 도구주의의 수용 — 에서 연유한다. 그 도구주의는 과학은 진리를 모색할 수 있다는 갈릴레오와 뉴턴의 믿음에 반대하기 위해,[19] 벨라르미노 추기경(지오다노 브루노의 재판에서 심판관의 한 사람)과 버클리 주교가 발전시켰던 이론들에 관한 이론이다. 합리주의 전통 — **신적인 계시에 의해 도움을 받지 않은 인간 지성은 우리 세계의 몇몇 비밀들을 드러낼 수 있는지, 아니면 없는지** — 의 근본적인 쟁점에 대한 거대한 싸움에서, 대부분의 양자 이론의 선도자들(아인슈타인과 슈뢰딩거를 제외하고)은 갈릴레오, 케플러, 그리고 뉴턴에 반대하고 추기경과 대주교의 편을 들었다. 도구주의의 수용이 그 자체로 아인슈타인의 프로그램과 슈뢰딩거의 프로그램을 이끌

---

18) 나의 『추측과 논박』, 3장, 특히 iii절을 보라.

19) 나는 이 이야기를 방금 인용된 장에서 기술했다. [또한 『후속편』 I권, 『실재론과 과학의 목표』, II부, 10-14절, 그리고 이 책의 2절을 보라. 편집자.]

지 못했다 할지라도, 그것은 대안적인 어떤 프로그램도 없다는 것을 거의 보편적인 묵인으로 받아들이게끔 했다. 실제로, 도구주의는 보어의 '상보성 원리'와 함께 그런 프로그램은 어떤 것도 '불필요하다고' 자랑스럽게 발표한다. 남겨진 것은 형식 — 물론 정당하고 심지어 시행착오 방법의 필요한 부분이지만, 그러나 그 방법의 부분일 뿐이며, 그리고 세계를 이해하는 일관된 시도가 없다면 중요한 결과들을 낳을 것 같지 않은 형식 — 을 고치는 것이다.

데이비드 봄(David Bohm)의 이설(heresy)은 아인슈타인-슈뢰딩거 프로그램의 일부와 유사한 어떤 것을 수행한다. 내가 염두에 두고 있는 것은 드 브로이의 파일럿 파동 이론을 재생하려는 봄의 시도이다. 그러나 봄의 실재론적이며 객관주의적인 프로그램에도 불구하고, 그의 이론은 이 『후속편』에 제시된 관점에서 보면 만족스럽지 않다. 그것은 모든 다른 결정론적인 이론들처럼, 확률을 주관적으로 해석할 수밖에 없을 뿐만 아니라, 하이젠베르크의 '대상에 대한 주관의 간섭'을, 비록 그것이 이런 간섭을 객관적으로 해석하고자 노력할지라도, 보존하고 있다. 그 결과, 파울리-아인슈타인의 비판(드 브로이의 파일럿 파동들에 반대하는 파울리에 의해 처음 제안되었으며, 그리고 그 후에 봄에 반대하는 아인슈타인에 의해서도 제안된 비판)에 대한 봄의 답변은 내가 보기에 완전히 불만족스럽고 받아들일 수 없는 것 같다.[20]

다음 세 가지 쟁점들이 분열을 이끌었다.

---

20) *Scientific Papers Presented to Max Born*, 1953; 『과학적 발견의 논리』, 부록 *xi와 비교하라.

1. 비결정론 대 결정론
2. 실재론 대 도구주의
3. 객관주의 대 주관주의

특히 세 가지 쟁점은 하이젠베르크의 비결정 관계들과 파동 다발들의 환원 같은 문제들과 연관해서 일어난다. 그리고 더 일반적으로는 확률의 해석에 관하여 발생한다.

이런 세 가지 쟁점들에 대한 서로 다른 학파들 중 어느 편을 택하는가를 되풀이할 필요는 없을 것이다.

아인슈타인, 드 브로이, 슈뢰딩거, 그리고 봄은 결정론자들이면서 실재론자들이다. 그들은 물리적인 이론들의 목표에 관해서는 객관주의자들이지만, 확률 이론의 해석에 관해서는 (어느 정도 일관되게) 주관주의자들이다.

보어와 하이젠베르크는 정통 코펜하겐 학파를 대표했고, 파울리는 이 학파를 지지했으며, 그리고 아마도 보른은 이 학파를 약간 덜 지지했다. 비록 언급했던 그 학파의 모든 대표가 훌륭하게 반도구주의자의 몇몇 논평을 했다 하더라도, 그들은 비결정론자이면서 도구주의자이다. 이 학파의 가장 특징적인 것 — 사실상 그 학파의 **고유 상태들**의 하나 — 은 객관적인 접근과 주관적인 접근 사이를 왔다 갔다 한다는 점이다. 일종의 공감 때문에 그 학파의 모든 구성원이 공유하고 있는 접근이다.

나 자신의 견해는, **비결정론은 실재론과 양립할 수 있다**는 것과 이런 사실이 실현되면 일관되게 객관주의 인식론, 양자 이론 전체에 대한 객관주의 해석, 그리고 확률에 대한 객관주의 해석을 채택할 수 있게 한다는 것이다.

내가 비록 정통 교파의 해석에서 주관주의 유형을 싫어한다 할지라도, 나는 아인슈타인, 슈뢰딩거, 그리고 봄의 결정론을 그것이 거부한 것에 공감하고 있다. 또한 물리학에서 **외견적**인 결정론적 이론들을 그것이 거부한 것에 대해서도 공감한다. 그리고 나는 파울리 구절의 핵심에 (내가 형식이나 예언적인 유형, 즉 역사 결정론적인 유형에 거의 동의하지 않을지라도) 동의한다. 그 실체는 보른의 서신에서 나온 것으로, 그는 다음과 같은 말로 결정론적인 탐구 프로그램을 거부한다. "모든 역행하는 노력에 반대하며, ψ-함수의 통계적인 특징과, 따라서 자연의 법칙들에 대한 — 당신들이 애초부터 옳게 슈뢰딩거에 반대하여 강력하게 강조했던 — 통계적인 성격은 적어도 수세기 동안 법칙들의 유형을 결정할 것이라고 나는 확신한다. 나중에 … 전적으로 새로운 어떤 것이 발견될 수 있지만, 그러나 오래된 것인 뉴턴-맥스웰 고전적 유형으로 돌아가는 꿈을 꿀 수 있다(그리고 그것은 그런 신사들이 탐닉하는 꿈들에 불과하다). 그것은 내가 보기에 떠나버린 희망이 없는 나쁜 취향인 것 같다. 그리고 우리는 '그것은 심지어 멋진 꿈도 아니다'라고 부언할 수 있다."[21)]

파울리의 약간 불친절한 그리고 내 생각에 '역행'하는 방식이나 혹은 더 정확히 말해 자신의 평가들을 표현하고 있는 19세기 역사

---

21) Max Born, "The Interpretation of Quantum Mechanics", *British Journal for the Philosophy of Science* 4, 1953, p.106에서 인용됨. 여기서 점들로 (그것들은 '몇 세기 동안'이란 단어들에 포함된 역사법칙주의자와 결정론자의 예언 이상으로는 이 단계의 내 논의와 관련이 없는 것처럼 보이기 때문에) 대체된 단어들은 다음과 같다. '예컨대, 생명의 과정들과 연관해서.' (후술하는 28절을 비교하라.) *British Journal*에는 명백한 ('Bohm' 대신에 'Bohr'라고 한) 오타가 있다.

법칙주의자의 방식을[22] 묵살할 것(또는 '몇 세기 동안' 선반에 놓아 둘 것)을 나는 제안한다. 왜냐하면 내가 보기에 이런 구절에 찬미할 것이 많은 것 같기 때문이다. 나는 외견상 결정론을 그 프로그램이 고수한 것을 근거로 패러데이-아인슈타인-슈뢰딩거의 프로그램(파울리가 뉴턴-맥스웰의 고전적인 유형이라고 약간 무감각하게 부른)에 대한 그의 거부에 크게 공감한다. 그리고 나는 확률 이론들과 해석들을 (심지어 그가 그것들을 '통계적'으로 기술하고 있을지라도) 인정하기 위해 그가 제시한 이유에 훨씬 더 공감한다. 또한 나는 그가 형이상학적인 탐구 프로그램을 '꿈들'로 기술한 것에 대해 어떠한 반대도 하고 싶지 않다. 왜냐하면 그 꿈들은 우리 지식의 성장에 관한 우리의 희망, 우리의 예상, 그리고 우리의 열정을 정식화하려는 시도들이기 때문이다. 그러나 파울리가 이런 꿈들에 대해 여기서 말하는 방식은 그 꿈들을 향한 반대 감정이 병존하는 태도를 저버리고 있다. 이 구절에서 '꿈'이라는 용어가 처음 두 번 나올 때와 마지막에 나올 때 사이에는 약간이지만 흥미로운 태도 변화가 있는 것으로 보인다. 만약 내가 틀리지 않았다면, 처음 두 번의 용어의 등장은 반형이상학적이고 반실재론적인 (그래서 도구주의적인) 태도와 같은 어떤 것을 지적하고 있다. 나는 이런 태도를 '거칠고 말도 안 되는(though-and-no-nosense)'이라는 구절로 기술했다. 그렇지만 파울리가 '그것은 멋진 꿈은 아니다'라고 부언했을 때, 미묘한 변화가 존재한다. 이것은 두 개의 다른 감정을 표현하고 있는 것 같다. 그것은, 파르메니데스 형이상학 — 블록 우주(block universe)에 대한 꿈 — 은 더 이상 유혹하고 자극할 수

22) 나의 『역사법칙주의의 빈곤』과 『열린사회와 그 적들』을 보라. 또한 『후속편』 II권, 『열린 우주: 비결정론을 위한 논증』, 20-24절을 보라.

있는 탐구 프로그램이 아니라는 감정을 표현하고 있을 뿐만 아니라, 내가 틀리지 않았다면, 더 좋은 어떤 것을 갈망하는 표현, 즉 매력적이고 자극적인 세계에 대한 형이상학적인 그림을 소유하고 싶은 소망을 표현하고 있다.

나는 전적으로 이 같은 태도에 동의한다. 아이슈타인-드 브로이-슈뢰딩거의 프로그램이 웅대하고 직관적인 생각 — 장들에 의해 그리고 장들 속의 교란에 의해 물질과 그리고 물질의 모든 상호작용에 대한 설명 — 에서, 아무리 매력적이고 영감을 불러일으킨다고 할지라도, 그 프로그램의 블록 우주가 갖고 있는 형이상학적인 결정론에 관한 부적절하고 잘못된 어떤 것이 존재한다. 그리고 그것이 멋진 꿈 — 한때 파울리를 크게 유혹했던 꿈 — 이라 할지라도, 비결정론의 좀 더 자유로운 공기를 마시며 살았던 사람들은 그 꿈에 더 이상 만족하지 않을 것임은 거의 피할 수 없는 것으로 보인다. 이제 파울리는 그 꿈에 대해 더 이상 멋진 꿈이나 유망한 꿈이 아니라고 당연히 말할 수 있다.

미래 과학에 대한 파울리의 꿈에 관해서, 우리는 단지 그것들이 무엇과 닮았는지를 추측해 볼 수 있을 뿐이다. 그는 세계에 대한 포괄적이고 통일된 그림을 제시하는 현대 과학과 그 실패에 관한 자신의 관심사를 표현했다.[23] 이런 논평으로부터 그리고 비결정론과 자연의 확률적인 법칙들에 대한 그의 믿음으로부터, 어쩌면 우리는 그가 수용할지도 모를 그림의 윤곽을 추측할 수 있다.

이 형이상학적인 맺음말에서 내가 '탐닉하고 싶은 것은 단지 꿈

---

23) W. Pauli, *Studien aus dem Jung-Institut* 4, 1952, pp.109-194, 특히 말미를 비교하라.

들'에 불과함을 솔직하게 인정한다. 비록 기술된 그 꿈들이 나 자신의 것이라 할지라도, 일반적인 경향에서 그 꿈들은 또한 파울리의 것들과 많이 다르지 않다. 만약 파울리가 적어도 자신의 꿈속에서 도구주의적인 요소와 주관주의적인 요소를 잊을 수만 있다면, 그것들이 전혀 다르지 않을 것이라고 나는 생각한다. 즉, 만약 그가 '상보성'이나 그와 동일한 것에 이르는 것을 잊을 수 있다면, 혹은 만약 그가 **세계에 대한 실험에서 '관찰하는 주관'이 전혀 존재하지 않을지라도, 또한 세계에 간섭하는 주관이 없다 할지라도, 세계가 현재 있는 것과 똑같이 비결정일 것 같다**는 점을 상기한다면 다르지 않을 것이다. 내가 파울리의 주된 요점이라고 생각한 것 — 비결정론과 자연 법칙들의 확률적인 성격 — 은 나의 형이상학적인 꿈속에 충실하게 표현될 수 있을 것이다. 그와 동시에 그리고 모순에 빠지지 않고, 내 꿈은 또한 **외견적**인 결정론인 법칙들에 의해 결정되는 물리적인 실재에 대한 패러데이의 프로그램, 아인슈타인의 프로그램, 또한 슈뢰딩거의 프로그램을 포괄하고 있다. 내가 여기서 생각하고 있는 실재는 성향들로 구성되어 있다. 이것은 두 견해, 즉 비결정론과 결정론을, 대응 논증을 통해서 가장 자연스러운 방식으로 합칠 수 있게 해준다. (이로 인해 결정론적인 이론들은 비결정론적인 이론들에 대한 근사치들임을 보여준다.) 그리고 그것은 동시에 장 개념들에 의해 입자들을 설명하는 물질 이론을 제시하고 있다.

이제 책의 남은 부분에서 임의적으로 내가 할 수 있는 한 합리적으로 나의 형이상학적인 프로그램에 대한 설명을 해보려고 노력하겠다.24)

22. 대응 논증에 의해 수정된 고전적인 결정론

세계가 순간에서 순간으로 변하는 것처럼, 변하는 우리 세계를 시각화하는 것으로 시작해보자. 연이은 순간들에 속하는 상태들은 이런저런 방식으로 밀접하게 연관되어 있다. 이것이 우리 세계가 완전한 무질서보다는 어느 정도 질서를 드러내는 이유이다. 다시 말해 세계가 혼돈이라기보다 조화인 이유라는 것이다. 그렇지만 결정론적인 연관이 아니라 결정론적인 블록 우주와 혼돈 사이의 어떤 것으로, 우리는 순간적인 상태들 사이의 연관을 시각화할 것이다.

이런 요점을 좀 더 명료히 하기 위해, 우리가 세계의 순간적인 어떤 상태에, 즉 세계에 대한 어떤 주어진 '시간-단편'에 영사 슬라이드(film strip)를 부착했다고 상상해 보자. 그리고 우리가 그 단편들을 보여줄 수 있음은 물론 세계의 모든 과거와 미래의 시간-단편들을 표현하기 위해 우리가 이 영사 슬라이드를 사용한다고 상상해 보자. (『후속편』 II권, 『열린 우주: 비결정론을 위한 논증』을 비교하라.)

우리는 첫 단계로서 혹은 첫 번째 근사치로서 주어진 시간-단편에 우리가 부착했던 영사 슬라이드가 라플라스적인 영사 슬라이드라거나 결정론적인 영사 슬라이드라고 가정할 것이다. 달리 말하면, 그것은 결정론적인 블록 우주 — 주어진 순간 상태나 시간-단편에 의해 결정되는 우주 — 를 표현한다고 가정한다는 것이다. 왜냐하면 라플라스에 따르면, 하나의 순간 상태나 시간-단편은 결정론

24) 나는 이것을 원래 『과학적 발견의 논리』의 '새로운 부록들' 중의 하나로서 1954년 또는 1955년에 썼다. 그리고 남은 부분은 얼마 되지 않는다.

적인 우주의 모든 과거와 미래의 상태들이나 시간-단편들을 결정하기에 충분하다는 것을 우리가 알기 때문이다. 결정론적인 우주의 순간적인 상태들이나 시간-단편들 각각은 영사 슬라이드를 구성하는 스틸 사진(stills) 중의 하나를 통해서 표현된다고 우리는 가정한다.

나아가 이제 우리가 라플라스적인 영사 슬라이드나 결정론적인 영사 슬라이드를 우리의 실재적인 미결정론적(non-determinist) 우주의 연이은 상당수의 시간-단편들 각각에 부착했다고 가정해 보자.

우리 자신의 우주 — 실재적인 우주 — 가 미결정론적이라고 말하는 것은 다양한 시간-단편들에 우리가 부착했던 라플라스적인 영사 슬라이드들은 우리 자신의 우주를 **정확히 표현하지 못한다**는 것을 함축한다. 왜냐하면 만약 그 영사 슬라이드들이 우리 우주를 표현했다면, 우리 가정과는 반대로 우리의 실재적인 세계가 라플라스적이거나 결정론적일 것이기 때문이다. 동영상이 첨부된 실재적인 시간-단편의 앞뒤에 오는 약간의 첫 번째 스틸 사진들은 분명히 실재적인 상태들이나 시간-단편들과 매우 유사할 것이다. 스틸 사진들이 실재적인 상태들이나 시간-단편들을 표현한다고 가정되었기 때문이다. 우리는 고전 물리학의 성공에서 이것을 안다. 그러나 동영상이 첨부된 실재적인 세계로부터 점점 더 멀리 우리가 움직인다면 사소한 차이들이 축적될 것이다. 그리고 만약 우리가 이런 식으로 충분히 멀리 움직인다면, 스틸 사진들은 예측의 목적을 위해서는 소용이 없게 될 것이다.

만약 우리의 실재 세계가 결정론적이라면, 영사 슬라이드들 각각은 그 세계를 완전하게 표현할 것이다. 더구나 모든 영사 슬라이드들은 정확히 닮아 있을 것이다(왜냐하면 각각은 그 세계의 동일한 과정을 표현할 것이기 때문이다). 그렇지만 우리는 세계가 결정론적이라고 가정하지 않았기 때문에, 모든 혹은 거의 모든 상상의 슬라이드 — 우리가 상상 속에서 실재 세계의 다양한 시간-단편들에 부착했던 영사 슬라이드들 — 는 서로 다를 것이다. 물론 이웃하는 시간-단편들에 부착된 상상의 어떤 영사 슬라이드 두 개는 매우 유사할 것이지만, 그러나 그것들은 대체로 서로에 대한 정확한 복사본들은 아닐 것이다. 만약 실제로 두 시간-단편 중 두 번째 것이 첫 번째 것을 토대로 결정론적인 물리학자에 의해 **정확하게** 예측된 것이 아니라면 그렇다.

나는 지금까지 두 개의 가정으로 작업을 해왔다. 그리고 나는 (내가 곧 더 나아간 논증을 수행하기 위해 필요로 하는) 상상의 영사 슬라이드들의 도움을 받아 그것들을 예증해 왔다. 우리 세계가 비결정론적이라는 가정과 결정론적인 물리적 이론(예컨대, '고전적인 물리학')이 존재한다는 가정으로 작업해 왔다. 그 이론의 예측들은 진리에 훌륭하게 근접하고 있다는 의미에서 성공한 물리적인 이론이기 때문이다.

이제 우리는 고전적인 극단에서 다른 극단 — 세계는 완전히 혼돈이라는 가정 — 으로 당분간 방향을 돌린다. 그리고 우리는 이런 가정을 표현하고 있는 일련의 실재적인 시간-단편들에 다른 일련의 상상적인 영사 슬라이드들을 부착하려고 한다. 우리는 어떻게 그 일을 할 수 있는가? 세계가 혼돈이라는 가정은 분명히 우리가 어떤 예측도 하지 못하게끔 한다. 그에 따라, 영사 슬라이드들은 일정한 어떤 정보도 전혀 없을 것이다. 그것들은 모든 가능성들이 열린 채로 있을 것이고, 어떤 상태로 하여금 어떤 다른 (논리적으로) 가능한 상태가 뒤따르도록 할 것이다. 우리가 세계의 (논리적으로) '가능한 상태'가 무엇인지를 어느 정도 알고 있다고 가정하고 있기 때문에, 우리의 영사 슬라이드들 각각은 세계의 모든 가능한 상태들의 목록을 통합하고 있는 스틸 사진들을 구성해야 할 것이다. 그리고 각각의 가능성에 동일한 무게를 귀속시키는 스틸 사진들을 구성해야 한다. 그 결과, 다양한 시간-단편들에 부착된 모든 영사 슬라이드들은 (결정론적인 세계 속에 그것들이 닮아 있듯이) 정확히 닮아 있을 것이다. 더구나 만약 시간 속에 어떤 변화도 없는 세계에 우리가 살고 있다면, 그 스틸 사진들이 닮아 있는 것처럼, 영사 슬라이드들의 모든 스틸 사진도 정확히 닮아 있을 것이다. 왜냐하면 가능성들에 대한 완전한 목록이 하나만 있을 뿐이기 때문이다. (이 목록은 다양한 방식으로, 예컨대 '가능성의 공간들'에 의해 표현될 수 있다. 이런 가능성 공간들은 어떤 삼차원적인 하위-공간들 각각이 입자들의 배열이나 배치를 표현하는 것과 같은 추상적인 다차원 공간들이다. 혹은 각 점 — 또는 벡터 — 은 우리의 가정에 따라 세계 체계인 문제의 물리적인 체계의 가능한 상태들 중의 하나를 표현하게끔 해주는 공간이다.)

결정론적이거나 '고전적인' 영사 슬라이드들에 돌아왔기 때문에 우리는 이제 스틸 사진이 표현한다고 가정된 시간-단편과 얼마나 닮아 있는지를 각각의 스틸 사진에 대해서 추정할 수 있다. 예를 들어, 스틸 사진이 표현한다고 가정된 세계의 실재 상태로부터 표현된 모든 상세 항목의 편차를 측정할 수 있다. 이런 이유 때문에, 우리는 먼저 '기본적인 상세 항목'이나 '사건'의 어떤 정의에 대해 동의해야 한다. (대충 말하면, 그것은 또한 너무 작은 상세 항목이 아니어야 한다. 왜냐하면 고전 물리학이 세계의 구조적인 모든 상세 항목까지 적용할 수 있다는 가정은 문제에 봉착할 수 있기 때문이다. 그 결과 우리의 고전적인 동영상은 매우 상세한 기술을 포함할 수 없다. 그러나 우리의 목적을 위해 이런 점을 여기서 말할 필요는 없다.) 게다가 우리는, 기본적인 사건이 적절하게 우리의 스틸 사진 속에 표현되었는지 아닌지를 결정함으로써, '예-혹은-아니요'란 기준에 동의할 수 있다. 그런데 우리는 '예'란 대답들의 평균적인 수를 측정할 수 있다. 달리 말하면 문제의 스틸 사진으로부터 정확한 기본적인 예측을 얻는 우연이나 확률을 측정할 수 있다는 것이다. 그렇다면 이런 확률은 스틸 사진과 세계의 실재적인 상태 사이의 유사성을 측정하는 것으로 간주될 수 있다. 영사 슬라이드가 부착된 시간-단편에 근접한 스틸 사진들에 대한 확률은 거의 1일 것이다. 그리고 만약 우리가 이런 순간에서 동영상의 '과거'나 '미래'로 점점 더 멀리 움직인다면, 그 확률은 감소하는 일반적인 경향을 보여줄 것이다. 동영상이 예측적인 목적들을 위해 완전히 소용이 없게 되는 점은 우리가 스틸 사진에 1/2이나 그보다 적은 확률을 할당하자마자 도달될 것이다. 왜냐하면 이것은 세계에 관한 어떤 '예-아니요' 질문에 대한 무작위 답변이 우리의 고전적인 동영상에 근거를 둔 어떤 답변만큼 좋을 것임을 의미하기 때문이다. 이런 스틸 사진으로부터 스틸 사진과 표현된 시간-단편 사이의 대응 정도가 1/2보다 더 커야 할지라도, 이것은 우연에 기인한 것일 수 있다는 것을 우리는 안다. 따라서 이런 스틸 사진으로부터, 고전적 동영상은 다른 극단인, 혼돈의 세계에 대한 가설을 제시하는 가능성들의 목록과 똑같이, 예측적인 목적을 위해서는 소용이 없을 것이다.

물론 우리는 미래 스틸 사진들에 대해 여기서 기술된 확률을 지금까지 미리 결정할 수 없음을 주목하라. 실재 세계가 무엇과 같을 것인지를 우리는 모르기 때문에, 우리는 예측적인 스틸 사진은 그것이 표현하는 시간-단편과 일치하는 사건들의 수를 결정할 수 없다. 그러므로 우리는 확률들의 동영상이 부착된 시간-단편으로부터의 시간적인 거리에 따라 1에서 1/2로 내려가는 일반적으로 감소하는 확률과 같은 것을 그 스틸 사진들에 귀속시켜야 할 것이다. 이런 감소 비율은 과거 대응들을 평균화함으로써만 결정될 수 있다. (그러나 이 문제에 더 깊이 들어가야 할 필요는 전혀 없다. 왜냐하면 결정론적인 영사 슬라이드들에 우리가 할당했던 확률들을 완전히 다른 확률로 대체할 것이기 때문이다. 사실상 다른 확률은 다음 절 이후에 기술된 결정론적이며 비고전적인 일종의 영사 슬라이드에 장착될 것이다.)

나는 결정론적인 실재 세계와 세계에 대한 결정론적인 표현이나 고전적인 표현 사이의 관계에 관한 몇몇 양상들을 해명하고자 노력했다. 일련의 영사 슬라이드들로 작업하거나 다시 새로워진 다수의 고전적인 표현들로 작업하는 것이 필요한 것으로 판명되었다. 이 같은 고전 물리학의 첫 번째 변형은 고전적인 생각들은 더 좋은 이론과 진리에 근접한 것들에 불과할 수밖에 없다는 논증의 직접적인 결과였다. 왜냐하면 어떤 과학적인 표현도 비결정론적인 세계를 완전하게 예측할 수 없기 때문이다.

대부분의 다른 해석들에 동의하면서, 나는 여기서 고전 물리학을 양자 물리학에 대한 근사치로 생각하고 있다. (이것이 바로 '대응 논증'이다. 『후속편』 I권, 『실재론과 과학의 목표』, 15절을 비교하라.) 그러나 이런 것들을 보는 이런 방식과 정통파의 해석 사이에는 근본적인 차이가 존재한다. 우리는 우리가 설명하려고 시도하지 않은 비결정론을 우주론적인 사실로 다루고 있다. 하지만 정통파의 해석은 이런 사실을 물리적인 과정에 대한 우리 자신의 개입 때문인 것으로 설명하고자 노력한다. 오직 주변에 개입할 사람이 전혀 존재하지 않는 경우라면, 세계가 마치 결정론적인 (혹은 지금보다 더 결정론적인) 것처럼 설명한다. 만일 누구도 보지 않는 경우라면, 마치 양자가 (아이들처럼) 좀 더 질서 있는 형태로 혹은 예측할 수 있는 형태로 행동할 것인 양 설명한다. 내가 보기에 이런 견해야말로 불합리한 것 같다. 그런 견해를 좀 더 받아들일 수 있게 하려면, 정통파의 해석은 세계에 대한 관념론적인 태도나 유사-관념론적인(semi-idealistic) 태도를 강요받게 된다. 다시 말해 아무도 보지 않을 때 거기에 존재하는 실재를 말하는 것이 의미 없게 되거나 반쯤 의미 없게 되는 태도를 강요받게 된다는 것이다. 그렇지만 이런 임시변통의 철학적인 가정은 요구되지 않는다. 상황은 너무나 단순하다. 나는 이것이 단순하다는 것을 보여주는 노력을 해보겠다.

보어는 항상 고전 물리학의 자연적이고, 직관적이며, 직접 이해할 수 있는 특징을 좀 더 어렵고, 비직관적인, 그리고 상당히 복잡한 양자역학의 특징과 대조하였다. 그런 다음 만약 우리가 대응 논증들을 이용한다면, 다시 말해 우리가 우리 마음 앞에 양자 이론의 경우를 (우리가 직관적으로 이해할 수 있는) 고전적인 경우로 바꾼다면, 양자 물리학을 우리는 더 많이 이해할 수 있을 것이라고 그는 주장했다. 그런데 나는 여기서 비결정론의 그림에 대한 윤곽들을 묘사하는 목적 때문에 대응 논증을 이용했다. 그러나 그 결과로 초래된 비고전적인 그림은 홉스의 고전적인 견해나 예컨대 라플라스의 견해보다 더 자연스럽고, 일상적인 경험과 더 잘 어울리며, 그리고 덜 복잡하다는 사실에 독자들의 주의를 환기시키고 싶다.

우리가 오늘의 시간-단편이나 그것의 일부를 알고 있고, 우리가 1년 앞서 어떤 사건들을 예측하기를 원한다고 가정해 보자. 만약 벌의 비행이나 구름의 이동 같은 어떤 사건들은 아직 예측할 수 없다고 한다면, 그것은 '자연스럽게' 우리가 기대하는 것일 뿐이라고 나는 생각한다. 만약 우리가 **그 사건들에 바로 앞서** 완전한 시간-단편의 지식을 갖고 있다면, 그것들이 어느 정도 그렇게 될 수 있을지라도 그렇다. 나아가 만일 우리가 태양의 일식이나 달의 일식과 같은 다른 사건들이 훨씬 미리 예측될 수 있다고 들었다면, 또한 만일 우리가 일반적으로 어떤 사건보다 6달 앞서는 시간-단편에 대한 지식은 그 사건에 1년 앞서는 시간-단편의 지식보다 약간 더 좋은 그 사건의 세부 사항 중 몇몇을 우리가 예견하는 데 도움을 줄 것이라고 들었다면, 그것은 그저 우리가 '자연스럽게' 기대하는 것일 뿐이라고 나는 생각한다. 그리고 이것이야말로 내 요점이다. 내가 그림의 도움을 받아 전달하려고 시도했던 것은 다음과 같다. 비결정론은 우리가 모든 사건을 미리 완전하게 결정하는 이론은 전혀 존재하지 않는다는 견해를 채택할 수밖에 없도록 한다는 것이다, 그러므로 각각의 시간-단편은, 동영상의 유용함을 곧 잃어버리는, 그 자신의 예측적인 동영상을 산출한다. 그리고 점점 더 늦은 시간-단편들은 그 단편들 모두에 앞서는 사건에 대해 점점 더 좋은 생각을 우리에게 제시한다. 그러므로 만약 우리가 세부 사항과 신뢰할 수 있는 예측을 원한다면, 최근 — 가능한 한 최근 — 의 시간-단편(혹은 그것의 일부)에 대한 기술을 획득하려고 노력해야 한다.

이 모든 것은 단순하다. 그리고 그것은 직관적으로 무제한의 예측 가능성에 대한 고전적인 라플라스의 꿈보다 더 자연스럽고 친숙한 것으로 나에게 다가온다. 그것은 어떤 면에서는 너무 단순하다. 그리고 나는 곧 (다음 절에서) 나의 결정론적인 영사 슬라이드들이나 고전적인 영사 슬라이드들을 다른 것으로, 즉 성향들을 기술하는 영사 슬라이드들로 대체함으로써 나의 그림을 풍부하게 할 것이다. 그러나 심지어 이 절에 주어진 단순한 판본에서도, 우리 그림은 '파동 다발의 환원', 즉 정보의 한 기초에서 다른 기초 — 나중의, 따라서 좀 더 충실하고 더 좋은 정보 — 로의 전이에 대한 전체 이야기를 포함하고 있다. (그리고 만약 하이젠베르크와 함께 이런 환원은 '양자 이론의 불연속'과 동일하다고 우리가 믿어야 한다면, 매우 단순하고 원초적인 우리의 그림은 이미 양자 불연속을 다시 말해 '양자 도약'이라는 생각을 통합하고 있다고 말해야 할 것이다.[25] 그런데 이런 현대판 양자 도약은 원래 생각과 공통적인 것이 거의 없음을 보여줄 뿐이다.)

고전적인 영사 슬라이드들을 고전적이지 않은 영사 슬라이드들로 대체하는 것을 진행하기 전에, 나는 다음 절에서 '파동 다발의 환원'이 고전적인 물리학은 오직 근사적으로만 유효할 뿐인 비결정론적인 세계에 대한 가설의 결과로 여기서 어떻게 나타나는지를 보여주겠다.

25) 13절의 주석 39와 본문을 비교하라.

23. 비결정론과 이른바 '파동 다발의 환원'

내가 묘사하고자 노력하고 있는 형이상학적인 견해는 내가 보기에 많은 측면에서 정통파의 견해와 유사한 것 같다. 이런 이유 때문에 형이상학적인 견해를 정통파의 견해와 차별화하는 형이상학의 교리들을 분명히 평가하는 것이 중요하다. 내가 말하는 것은 형이상학적인 실재론과 객관주의이다. 이것은 앞 절에 도입했던 그림에 대한 더 나아간 논의를 통해서 이루어질 것이다. 그리고 그 그림은 실재적인 우주에 대한 일련의 시간-단편들과 일련의 상상의 고전적인 영사 슬라이드들로 구성되어 있다. 이 슬라이드들 각각은 시간-단편들의 하나에 부착되며, 또한 시간-단편들의 하나에 의해 결정된다.

실제 시간-단편들의 연속은 객관적이고 실제적인 과정, 아마도 연속적인 과정이다. 물론 영사 슬라이드들은 상상적이지만, 그러나 그것들은 다음 의미에서 객관적이다. 곧, 그것들 각각은 논리적으로 사실상 영사 슬라이드가 속하는 (완전한 결정론적인 물리학의 체계나 고전적인 물리학 체계와 함께) 시간-단편에 대한 완전한 기술에 의해 수반된다.

하나의 상상적인 영사 슬라이드에서 다음 영사 슬라이드로의 변화가, 후자가 계속 변한다면, 변하는 시간-단편들의 연속적인 함수에 의해 표현될 수 있는지의 문제가 제기될 수 있다. 분명히 여기서 전개된 지금까지의 우리의 가정들은 이런 질문을 결정할 만큼 충분하지 않지만, 양자 이론은, 충돌이나 방출이나 흡수 혹은 어떤 다른 형태의 에너지 교환 같은 어떤 상호작용이 일어날 때마다, 하나의 상상적인 영사 슬라이드가 다른 것으로 대체되어야 함을 함축하는 것 같다. 따라서 매우 멀리 떨어져 있는 자유 입자들로 구성되어 있는 세계에서, 똑같은 고전적인 영사 슬라이드의 복사본들은 어쩌면 순서대로 사라진 시간-단편들에 부착될 수도 있다. (이것은 고전적인 운동량 보존 법칙의 타당성이라는 관점에서 보면 실현 가능한 것처럼 보인다.) 그러나 조밀하고 복잡한 세계에서, **새로운** 동영상들은 극히 짧은 시간 구간(간격)들을 지난 후에 부착되어야 할 것이다. 왜냐하면 새롭고 예측할 수 없는 상태들은 모든 상호작용과 함께 실현될 것이기 때문이다.

이제 예측—예컨대 2000년 1월 1일의 사건에 대한 예측—이란 일반적으로 우리 예측이 근거로 하고 있는 (총체적이거나 부분적인) 시간-단편을 선택할 수 있는 문제의 사건에 더 다가간, 더 일정하고 더 신뢰할 만한 것임을 우리는 알았다. 그래서 만약 우리가 실제로 이런 사건에 관해 어떤 것을 알고 있는지에 관심을 둔다면, 우리는 때때로 최신 정보를 가져오려고 노력할 것이다. 다시 말하면, 좀 더 최근의 시간-단편에 관한 정보를 획득하고자 한다는 것이다. 그것은 우리 예측을 가장 최근에 이용할 수 있는 초기 조건들에 토대를 두기 위해서이다. 우리는 제한된 측정들의 정확도란 관점에서 보면, 결정론적인 세계에서도 이런 일을 할 수 있다. 그러나 비결정론적인 세계에서도 우리는 그렇게 해야 할 것이다. 심지어 초기 조건들에 관한 우리의 정보가 절대적으로 정확하고 완전하다는 가정에서도 그렇다.

그런데 이런 종류의 새로운 최근 정보에 토대를 둔 모든 새로운 예측은 이전의 예측과는 어느 정도 다를 것이다. 이것은 이전의 예측이 잘못 계산된 것이라는 것을 의미하지 않는다. 그것은 오직 (i) 예측이 근거로 하고 있는 시간-단편이나 정보에 상대적인 것으로 그 예측을 고찰해야 한다는 것과 (ii) 좀 더 최근의 시간-단편 이용은 일반적으로 그 시간-단편을 토대로 했던 예측의 값을 개선할 것임을 우리에게 명료히 해야 한다는 것을 의미한다.

여기서 논리적인 상황은 정확히 우리가 이른바 '파동 다발의 환원'에 대한 분석에서 부딪쳤던 상황과 동일하다. 우리가 예측하기를 원하는 사건의 존재 또는 부재를 *e*라 하고, s_1, s_2, …를 점점 더 늦은 시간-단편들에 부착된 고전적인 영사 슬라이드들이라 하자. (고찰된 모든 시간-단편은 사건 *e*에 선행한다고 가정될 것이다.)

$$pred\ (e, s_1)$$

를 슬라이드 s_1의 적절한 스틸 사진의 관점에서 *e*에 관한 예측이라고 하자. 그러면 우리는, *pred* (e, s_1)과 *pred* (e, s_2)는 일반적으로 일치하지 않으며 후자가 일반적으로 전자보다 예측으로서 선호될 것이라는 점을 발견할 것이다.

pred (e, s_1)에서 *pred* (e, s_2)로의 전이는 확률 진술 $p(\mathrm{e}, s_1)$에서 $p(\mathrm{e}, s_2)$로의 전이와 정확히 대응한다. 여기서 '$p(a, b)$'는 정보 *b*가 주어질 때의 확률 *a*를 지시하고 있다. 그러나 $p(e, s_1)$에서 $p(e, s_2)$로의 전이는 우리가 보았듯이 정확히 양자 이론가들이 '파동 다발의 환원'이라고 불렀던 것이다. (전술한 8절을 보라.) 그들은 이런 파동 다발의 환원이 다음 두 가지와 연관되어 있거나 그것에 의존한다고 주장했다. (a) 우리가 새로운 정보 s_2를 획득하는 측정 실험과 (b) 지금까지는 오직 잠재적이었던 것의 실현이나 현실화가 그것이다. (하이젠베르크의 '가능한 것에서 현실적인 것으로의 전이'. 전술한 9절의 주석 3과 10절, 13절을 보라.) 이 두 요점 (a)와 (b)는 종종 다음 (c)의 주장으로 결합된다. (c) 가능한 것에서 현실적인

것으로의 전이가 일어나는 것은 오직 우리가 측정하는 실험 때문에, 물리적인 체계에 우리가 간섭하는 자극의 경우에서만이다. 대조적으로 우리 그림에서는, 세계의 새로운 상태가 출현할 때마다 가능한 것에서 현실적인 것으로의 전이가 일어난다. 다시 말해, 새로운 시간-단편이 현실화되거나 실현될 때는 언제나, 관찰되거나 측정되든 그렇지 않든 간에 그것이 일어난다는 것이다. (사실 관찰들과 측정들은 극히 드물기 때문에 거의 모든 '잠재력들의 현실화'는 그런 것들과는 독립적으로 일어난다.) 어떤 일이 일어나는 한에서, 곧 어떤 변화가 있는 한에서, 그 일은 항상 어떤 성향들의 현실화 속에 존재한다. 따라서 새로운 영사 슬라이드와 (그리고 그와 더불어 파동 다발의 환원을 위한 기회가) 상호작용이 일어날 때마다 나타난다. 우리가 e를 예측하는 시도들에서, 새로운 상태 s_2를 우리가 알거나 관찰하는지 아니면 그렇지 아닌지와, 우리가 *pred* (e, s_1)를 *pred* (e, s_2)로 대체하는지는 완전히 우연적이며, 그리고 어떤 식으로든 성향들의 현실화가 일어나지 않는다. **세계는 우리와 상관없이 변한다.** 우리가 영사 슬라이드 s_1를 선택하는 것과 s_2를 선택하는 것 사이에 수많은 상호작용이 일어났으며, 그리고 이런 상호작용들은 우리 선택에 의해 영향을 받지 않는다는 것을 우리는 전적으로 확신할 수 있다.

물론, 몇몇 변화들은 우리 자신의 실험들 때문에 **존재하며**, 그리고 이런 변화들은 실천적으로든 이론적으로든 우리에게는 중요하다. 그렇지만 세계나 과학에 대한 사람들의 견해를 허용하는 것은 나에게는 근시안적인 증상이나 과대망상증적인 징후 어느 하나와 매우 닮은 것처럼 보인다. 자신의 실험에 의해 창출된 교란에 지배되거나 심지어 영향을 받는 것도 마찬가지다. 가능한 것에서 현실적인 것으로의 전이와 양자 상호작용은 누군가가 어떤 것에 간섭을 하기 전에도 계속 진행되었으며, 그리고 우리 모두가 간섭을 중단한 후에도 오랫동안 계속될 것이다.

24. 고전적인 동영상을 성향 동영상으로 대체함

지금까지 고전적인 그림의 변형은 어느 정도 대충 만든 것이었다. 즉, 우리는 하나의 상상적인 영사 슬라이드를 일련의 수없이 다양한 상이한 영사 슬라이드들로 대체했는데, 이들 각각은 실재 세계의 시간-단편에 부착되었던 것이다. 만약 우리가 이 그림을 개량하고 싶다면, 지금까지 우리가 다른 극단을 이용하지 않았다는 것, 이른바 모든 가능한 상태들의 목록에 의한 혼돈의 표현이라 불렀던 것을 생각할 수 있다. 그렇다면, 우리가 이런 목록과 모든 스틸 사진이 이런 목록을 구성하도록 하는 영사 슬라이드를 갖고 있다고 가정해 보자. 우리의 문제는 이런 극단적인 일련의 영사 슬라이드들 사이 어딘가에서, 즉 고전적인 유형과 혼돈스런 유형 사이의 어딘가에서 새로운 유형의 일련의 영사 슬라이드들을 발견하는 것이다. 물론 새로운 유형의 영사 슬라이드는 고전적인 영사 슬라이드나 혼돈스런 유형의 영사 슬라이드보다 더 많은 정보를 우리에게 줄 것이다.

이 문제의 (양자 이론에 의해 제시된) 해결책은 이렇다. 새로운 유형의 영사 슬라이드는 혼돈스런 유형처럼 가능성들의 목록들로 이루어질 것이다. 그러나 이런 가능성들 각각에 확률적인 측정이나 '비중'이 귀속될 것이다. 이것은 가능성들의 목록을 확률 분포 — 성향들의 분포 — 로 바꾼다.

22절에 논의된 두 극단적인 경우 — 완전히 혼돈들인 경우 — 에서 모든 영사 슬라이드는, 각각의 영사 슬라이드가 단순히 모든 가능성의 똑같은 완전한 목록의 반복이기 때문에 동일하게 되었다는 것을 우리가 발견했다는 것이 상기될 것이다. 그러나 우리가 측정들이나 '비중'을 가능성들에 귀속시킨 이상, 막대한 수의 다른 완전한 목록들이 존재할 것이다. 이 목록들 각각은 다양한 가능성들에 대한 상이한 비중들의 분포를 갖고 있을 것이다. 만약 예컨대 동영상이 부착된 실재 시간-단편으로부터 시간상 동떨어지지 않은 고전적인 스틸 사진으로 대체한 이런 비중이 부여된 목록들 중의 하나를 우리가 생각한다면, 그것은 고전적인 이론이 예측한 상태와 매우 유사한 가능한 상태들 대부분에 비중을 부여해야 할 것임이 더 분명하다. 따라서 그것은 다른 상태들 대부분에는 어떤 비중도 거의 부여하지 않을 것이다. 그러나 이것은 어떤 동영상들에서도, 연이은 '스틸 사진들'(즉, 목록들) 속의 비중 분포들이 밀접하게 연관될 것임을 함축하고 있다. 혹은 한 순간의 비중들의 분포가 다음 순간의 비중들의 분포를 **결정할** 것임을 함의하고 있다. 그 결과 **각 동영상의 스틸 사진들의 (비중이 부여된 목록들의) 연속은 결정론적인 특징을 띨 것이다.** 이것은 우리가 (22절에서) 처음 생각했던 결정론적이거나 고전적인 영사 슬라이들 속의 스틸 사진들의 연속과 매우 유사하다. 차이는 다음과 같을 것이다. (고전적인 법칙들과 반드시 동일하지는 않을지라도) 결정론적인 성격의 법칙들은, 고전적인 법칙들이 세계 상태의 표현을 세계의 다른 상태의 표현과 연결하기 전에, 이제 세계의 가능한 모든 상태의 비중들에 대한 목록들을 연결한다.26)

새로운 법칙들의 특징은 결정론적(따라서 '준-고전적')일 것이다.

왜냐하면 단순히 나중의 스틸 사진이나 목록에 대한 확률 분포는 바로 옆에 있는 이전의 스틸 사진(또한 목록)에 의존해야 하거나 그 이전(또한 목록)의 스틸 사진의 함수여야 하기 때문이다. 그리고 이것은 몇몇 상태들이 몇몇 다른 상태들로 이어지지 않거나 거의 이어지지 않는다는 것에 불과함을 의미한다. 비록 이런 다른 상태들이 논리적으로는 가능할지라도, 그런 상태들은 법칙들에 의해 배제된다. 다시 말해, 그것들은 이전 상태의 뒤를 잇는 것이 금지된다는 것이다. 따라서 각각의 스틸 사진(목록)을 다음 스틸 사진(목록)과 연결함으로써 비중들이나 성향들의 분포를 결정하는 법칙들은 결정론적이거나 (시간-의존적인 슈뢰딩거 방정식처럼) 거의-고전적인 성격의 법칙들일 것이다.

이런 새로운 그림이 어쩌면 약간 복잡한 것이라 할지라도 양자 이론의 지위와 고전적인 이론과의 관계를 적절하게 표현하고 있다고 나는 믿는다.

그러나 우리의 첫 번째 변형에 대해 이런 더 복잡한 그림의 이점은 무엇인가? 특히 우리가 확률들을 고전적인 스틸 사진들에 귀속시키는 좀 더 이전의 과정에 대해 그것의 이점은 무엇인가? 하나의 이점은 즉각 알려질 수 있다. 일주일 전 세계를 표현하는 고전적인

---

26) [*(1981년에 추가) 실재 시간-단편에 부착된 영사 슬라이드들 속의 각각의 '스틸 사진'은 편중된 가능한 상태들의 전체 목록을 구성하고 있기 때문에, 나의 제안은 실제로 예측적인 영사 슬라이드들이 그 목록 속의 가능성들이 존재하는 만큼 많은 영사 슬라이드로 어떤 상호작용에서 나누어지는 것을 포함한다. 이런 점에서 내 그림은, ― 이 절은 1954년 또는 1955년에 써졌다 ― 다 세계는 실재하게 되는 대신에 단순한 가능성들로 남아 있을 뿐이라는 점에서 에버렛의 것과 매우 닮아 있다. 전술한 '서론' 5절에서의 에버렛에 대한 나의 논의를 보라.]

스틸 사진에서 우리가 첫 번째 과정을 토대로 0.7의 확률(여기서는 과거 일주일 전에 행해진 유사한 예측들의 평균적인 성공 비율을 의미한다)을 획득했다고 가정하라. 그리고 (a) 그 스틸 사진을 토대로 한 일기 예보와 (b) 일식의 예측을 생각해 보라. 분명히 일기 예보는 이런 평균 성공 비율보다 신뢰를 덜 받을 것이며, 그리고 일식은 신뢰를 더 받을 것이다. 우리의 새로운 방법은 이런 경우들을 충실하게 차별화할 수 있다. 가능한 사건은 — 세계의 가능한 상태와 반대인 것으로 — 이 사건을 포함하고 있는 모든 가능한 상태에 대한 확률들의 합과 일치하는 확률을 획득할 것이다. 따라서 만약 우리가 모든 가능한 상태에 무게를 귀속시킨다는 생각으로 성공한다면, 일식이 일어나거나 일어나지 않을 확률은 문제의 고전적인 스틸 사진에 귀속시켰던 0.7의 확률보다 상당히 더 높을 것이며, 그리고 어떤 일기 상황이 일어나거나 일어나지 않을 확률은 0.7의 확률보다 훨씬 더 낮을 것이다. 이것은 새로운 변형이 옛날 변형보다 더 좋은 결과들을 낳을 수 있다는 것을 보여준다.

이제 우리의 새로운 그림이 제기한 문제들 몇몇을, 즉 고전적인 영사 슬라이드를 비중이 부여된 가능성들의 목록으로 대체한 것을 검토해 보자. 물론 주된 문제는 이런 비중들이나 확률들의 결정이다. 달리 말하면, 우리가 하나의 스틸 사진 — 즉, 비중이 부여된 하나의 목록, 가능성 공간에서 하나의 확률 분포 — 을 다음 스틸 사진과 연관 짓도록 해주는 법칙들의 발견이라는 것이다. 이 문제는 우리에게 고전적인 동역학의 자연 법칙들에 대한 일반화를 통해 전이 확률들을 결정하는 과제를 부과한다.

이것이 바로 양자 이론이 수행하고자 시도하는 과제이다. 아인슈타인이 말했듯이, 양자 이론은 "충분히 작은 질량들의 사례에 적용되는 한에서 … 고전 물리학을 퇴위시켰다. 따라서 오늘날 갈릴레오와 뉴턴이 정식화한 운동 법칙들이 제한된 경우들에서만 타당하다고 간주될 수 있다." 심지어 1925년 이전에도 그만큼 분명했다. 문제는 옛날의 동역학적인 법칙들에서는 무엇이 보전될 수 있는가였다. 나의 현재 그림이 많은 측면에서 은덕을 입었던 직관적인 생각들에 토대를 둔 보어, 크라머, 그리고 슬레이터의 이론도 운동량과 에너지 보존 법칙들조차 통계적인 평균들에 대해서만 타당할 뿐이라고 가정했다. 이런 견해는 보테(Bothe)와 가이거(Geiger)의 실험을 통해서 논박되었다. 그래서 고전적인 보존 법칙들을 만족시켰던 하이젠베르크, 보른, 요르단, 디랙, 그리고 슈뢰딩거라는 이름들과 연계된 1925-26년에 새로운 양자 이론이 개발되었다.[27]

더구나 슈뢰딩거의 이론은 **성향들에 관해서 외견상** 결정론이었다는 의미에서 '고전적'이었다. 그것은 확률 분포를 **결정했다**. 그리고 그것은 시간-가역적이었다. 현재 관점에서 보면, 이것은 거의 예상되는 것이다. 왜냐하면 우리는 다음과 같은 문제에 봉착했기 때문이다. (i) 고전적인 동역학의 자연 법칙들과 유사한 역할을 하거나 현실의 고전적인 상태들이 아니라 성향들의 분포들과 연관되는 법칙들을 우리는 발견해야 한다. 이것은 법칙들이 가능하다면 미분방정식들이어야 함을 제시하고 있다. 미분 방정식들은 밀도들, 비중들, 연속적인 (다차원적인) 성향들의 장들에 대한 변화를 결정하기 때문이다. (ii) 우리는 상당한 정도의 단순성이나 시험 가능성을 갖고 있는 법칙들을 발견해야 하지만, 그러나 외견상 고전적인 결정론 유형의 법칙들은 다른 법칙들보다 더 단순하므로 더 잘 시험

27) A. Einstein, *Mein Weltbild*, 1934, p.173. (*Essays in Science*, p.8.)

할 수 있다는 것을 우리는 이미 알고 있다. (iii) 비결정론에 대한 우리의 요청은 상이한 영사 슬라이드들을 상이한 시간-단편들에 부착함으로써, 그리고 고전적인 동영상들을 확률적인 성향의 동영상들로 대체함으로써 만족된다. 따라서 더 동떨어져야 할 스틸 사진들을 연관시키는 동역학 법칙들이 고전적인 유형일 필요가 전혀 없다. (iv) 이것은 또한 고전 물리학은 양자 물리학의 근사치여야 한다는 요청으로 제시된다. (즉, 대응 원리에 의하여. 『후속편』 I권, 『실재론과 과학의 목표』, I부, 15절을 비교하라.)

그러나 보존 법칙들로 돌아가 보자. 개별 과정들에 대한 그 법칙들의 타당성은 상호작용하지 않는 입자들이 (그리고 더 강력한 이유 때문에 만약 이것들이 관찰되지 않는 입자들이지만, 그러나 여기서 나의 주된 대상들 중의 하나가 관찰주의의 모든 문제를 무시해야 한다면) 고전적으로 행동한다고 제시한다. 아인슈타인은 바로 이런 견해를 견지했다. 비결정론인 것 — 광자들을 포함하고 있는 — 은 입자들의 상호작용이다. 특히 입자들과 화면들, 슬릿들, 그리드나, 결정체 같은 입자 구조들 사이의 상호작용이다. 이런 상호작용들은 보존 법칙들을 보전한다. **그렇지만 보존 법칙들은 결정론에 충분하지 않다.** 그 이유는 입자들이 당구공들로 생각될 수 있는 것이 아니라, 상호작용하는 (다양한 편향들과 함께) 확률적인 성향들의 운반자들로 생각될 수 있기 때문이다. 따라서 디랙처럼 분광기에 접근하는 입자는 그것을 지나가는 어떤 성향과 그것을 지나가지 못하는 상보적인 경향을 갖고 있다고 우리는 가정한다. (물론 이런 성향들을 결정하는 것은 전체적인 배열이다.) 이런 비결정론에 입자 상태의 명확함 결여나 분명함 결여나 비결정 관계들을 귀속시킬 필요가 전혀 없다. 오히려 이런 것들은 결정론적인 상호작용이 성향들로 대체된다는 사실로 말미암아 산포 관계들로 일어난다. 이런 견해는, 미결정은 우리의 개입이나 우리의 측정 등에 '기인'한다는 (정확히 말하면 부분적으로 '기인'한다는) 잘못된 믿음을 대체할 뿐만 아니라, 어느 정도까지는 그 잘못된 믿음도 설명하고 있다. 왜냐하면 모든 측정은 입자들의 상호작용에 토대를 두고 있으므로, 성향들의 분포에 따라 산포를 실제로 창출하기 때문이다. 그렇지만 동일한 일이 또한 관찰자와 관찰이 전혀 없는 수많은 경우들에서 일어난다.

이 모든 것은 상황이 (전술한 10절에 논의된) 병사의 무작위 걸음과 밀접하게 연계되어 있음을 보여준다. 실제로 우리는 이제 양자 이론적인 비결정론을 위해 병사 한 명 이상을 도입하는 단순한 장치를 통해서 상당히 단순화된 모형 같은 어떤 것을 구성하는 지점에 있다.

25. 양자 이론적인 비결정론의 개략적인 모형

우리는 벽으로 둘러싸인 매우 큰 방목장이나 사육장을 상상하고, 그 공간에 연속적으로 번호가 붙여진 일단의 병사들을 분포시킨다. 병사들 각각은 두 끝이 구별되지 않는 대칭의 회전 바늘이 있는 주머니 룰렛 게임기를 장착하고 있다. 각 병사는 일정한 속도로 직선을 따라, 벽이나 다른 병사와의 거리가 다섯 걸음 이내에 도달할 때까지 행진하도록 지시를 받았다. 벽에 도달하면 병사는 마치 당구공이 그 벽에서 반사되는 것처럼 움직임을 계속한다. 다른 병사를 만나면, 더 높은 번호를 가진 병사는 자신의 룰렛 게임기를 돌린 후에 — 시간의 손실 없이 — 그 병사는 룰렛 게임기에 의해 나온 두 반대 방향 중의 하나로 움직이기 시작한다. 병사의 방향과 속도 그리고 또한 다른 병사의 방향과 속도는 결정되어야 하기 때문에 그 둘은 함께 항상 가능한 운동량과 에너지 보존 법칙들을 만족시킨다.

우리 모형은 첫 번째로, 보존 법칙들은 결정론을 수반하는 것이 아니라, 선택이나 우연에 의한 결정에 열린 변수들의 하나가 남아 있음을 보여준다. (이것은 물론 거시적인 당구공들의 탄력적인 충격의 경우에서는 열려 있지 않다.) 두 번째로, 그 모형은 병사들의 움직임에 대한 원래의 이전 결정이 무너질 때 두 병사가 처음 만남으로써 시작했기 때문에, 퍼져 나가는 파동들로서 도식적으로 표현될 수 있는 가능성들의 목록으로 우리가 작업해야 한다는 것을 보여준다. (전술한 10절을 비교하라.)

세 번째 요점은 다음과 같다. 병사의 위치를 결정하기 위해 그와의 조우를 배열할 필요가 있다고 가정하자. 그러면 우리 모형은 병사의 위치의 모든 결정이 예측할 수 없는 방식으로 그의 운동량에 개입할 것이라는 점을 보여주고 있다. 물론 이 세 번째 요점은 여전히 **하이젠베르크의 비결정 관계들과는 동떨어져 있다.** 그러나 그것은 관찰자가 대상에 개입함은 **근본적인 중요함이 없는 어떤 것** — 널리 퍼져 있는 상호작용의 법칙들의 결과이므로 이런 법칙들이나 그 법칙들의 비결정론적인 특징을 더 이상 설명할 수 없는 어떤 것 — 으로 시각화될 수 있는 방식을 지적하고 있다.

우리 모형에 의해 예시된 네 번째 요점은 다음과 같다. 곧 만나게 될 두 병사 중의 한 병사를 고려해 보자. 그리고 그런 만남이 있은 지 10분이 지나 그 병사가 그 장의 어떤 주어진 지역에 터 잡게 될 성향을 계산하려고 노력해 보자. 이런 성향은 **전체 상황**에 의존할 것임은 분명하다. 아마도 10분 이내에 우리의 병사와 조우할 수 있도록 자리 잡게 된 모든 병사는 계산 결과에 영향을 미칠 것이다. 그들의 자리 위치들이 변할 가능성이나 성향들은 모두 우리가 계산하고자 하는 성향에 영향을 미칠 것이며, 그리고 그 성향과 상호작용을 할 것이다.

물론 우리의 사례는 너무 단순하기 때문에 두 슬릿 실험과 유사한 경우를 산출할 수 없다. 그러나 그것은 체계의 모든 상태는 잠재성들의 실현이라고 말하는 것이 무엇을 의미하는지 예시하는 데 사용될 수 있다. 잠재성들은 그 체계의 즉각적인 이전 상태에 의해 결정된다. 그리고 그것은 또한 그 체계의 모든 자발적인 상태나 시간-단편에 부착된 상상적인 영사 슬라이드라는 생각을 예시하는 데 사용될 수 있다. 영사 슬라이드의 스틸 사진들은 비중이 부여된 가능성들의 목록들(혹은 공간들)이다. 또한 이 영사 슬라이드 각각은 입자들 사이의 상호작용에 따라 (또는 몇몇 가능성들의 어떤 실현에 따라) 다른 슬라이드로 대체될 것이다. 물론 심지어 대체된 영사 슬라이드는 여전히 수많은 확률적인 예측들에 유용할 수 있다. 그러나 만약 우리가 나중에 정보를 얻을 수 있다면, 우리는 그런 대체를 할 것이며 따라서 '파동 다발을 감소시킬 것이다.'[28)]

---

28) 내가 보기에 이런 맥락에서 데카르트의 자유의지 이론은 다음과 같은 믿음에 근거를 두고 있는 것을 주목할 가치가 있는 것 같다. '운동의 양'이 보존된다 할지라도(분명히 에너지 원리를 직관적으로 예상하는), 그 방향은 보존되지 않는다는 그의 믿음을 토대로 하고 있다는 것이다. 이것은 운동량 보존 법칙의 발견이 일반적으로 그의 견해를 반박하기 위해 전제된 이유이다. 즉, 비물질적인 마음이 운동의 방향을 지배하는 힘을 가질 수 있다는(비록 그것의 양을 지배하지는 못할지라도) 견해가 그것이다. 그러나 만약 우리가 (적어도) 두 입자를 도입한다면, 비록 그 입자들 중 하나의 방향이 선택된 후에 그것들이 두 입자들의 속도와 두 번째

26. 물질과 장

아인슈타인이 약 40년 동안 소중히 여겼던 꿈은 통일장 이론—물질과 장의 이원론을 대체하며, 그리고 입자들을 장의 속성들에서 생기는 것으로 설명하는 장 이론(field theory)—을 구성하는 것이었다. 물론 이런 종류의 이론의 대상은 가정된 장의 방정식들에서 입자들의 **물리적인 속성들**—입자들의 안정성이나 불안정성, 그것들의 운동 법칙들, 입자들의 호혜적인 상호작용, 그리고 장의 나머지와 입자들의 상호작용—을 연역하는 것이다. 아인슈타인의 원래 프로그램은 많은 물리학자들이 더 이상 매우 유망한 것으로 간주하지 않은 것 같다. 이것은 부분적으로 아인슈타인이 오랫동안 결정론을 고수한 결과라고 나는 믿는다. 그리고 부분적으로는 장

입자의 방향을 결정한다 할지라도, 운동량과 에너지 보존 법칙은 그 입자들의 방향을 완전히 결정하지 못함은 확실하다. 이제 움직이는 동물이 하는 것은 정확히 이런 것이다. 그 동물은 방향을 선택한다. 대부분의 경우에 그 동물은 이런 일을 할 수 있다. 그렇지만 그 동물의 속도 선택은 통상 제한된다. 즉, 이용할 수 있는 근육의 에너지, 그 동물이 간접적으로 발전시킬 수 있는 최대 가속도, 따라서 에너지 원리에 의해 제한을 받는다는 것이다. (만약 우리가 그 동물을 이런 두 입자들의 하나라고 생각한다면, 운동량 보존 법칙을 만족하도록 하는 두 번째 입자의 현존은 대체로 땅이다.) 어떤 물리적인 법칙을 여기서 위반했다고 나는 생각하지 않는다. 또한 물리적인 법칙들이 모든 동물의 운동을 결정하는 데 충분하다고 생각하지 않는다. 예컨대 나의 펜을 유도하는 내 손의 운동과 같은 것이 그렇다. 다른 말로 하면, 내가 보기에, 물론 그의 물리학은 수정할 필요가 있을지라도, 데카르트의 생각이 근본적으로는 옳은 것 같다. [*(증명들에 추가) 나는 지금 슈뢰딩거가 오래전에 말했던 것을 안다. "… 에너지-운동량 정리는 네 개의 방정식을 우리에게 제공한다. 그래서 기본적인 과정들은 대부분 결정되지 않은 채로 있다." *Science Theory and Man*, 1957, p.143을 비교하라.]

(패러데이에서 나오는)에 대한 자신의 생각이 양자 이론을 야기했던 생각 — (나의 관점에서는 성향들로 해석되는) 확률들을 결정하는 장들에 대한 생각 — 과는 다른 것이라고 나는 믿는다.

패러데이나 아인슈타인의 장(field)은 전자(electron)나 존슨의 돌(Johnsonian stone) 같은 정말 '실재적'인 — 혹은 거의 실재적인 — 것으로 생각될 수 있다. 이 같은 장은 (란데를 인용하면) "우리가 그것을 찰 수 있고 그리고 그것은 반작용할 수 있다(can be kicked, and it kicks back)." 실제로 찰 수 있음과 그 반작용에 대한 (첫 번째 근사치인) 현재의 물리적인 설명은 개괄적으로 서로 부딪치고 있는 두 쿨롱(Coulomb) 장에 대한 설명이다. 확률들이나 성향들의 장들은 좀 더 추상적인 것들이다. 그것들은 (실험 장치에 의해) 창출될 수 있지만, 그것들은 찰 수 없으며, 그리고 반작용할 수 없다.[29] 그러나 실험적으로 차는 것(kick)은 어떤 장치에 대응한다. 그런데 그 장치의 장은 반작용 확률을 상당히 높도록 결정한다. 그 장치는 이런 일을 할 수 있고 또한 가능성들 — 가상적인 사건들 — 은 서로에 대해 따라서 최종 결과들에 영향을 미칠 수 있다고 우리가 가정하는 데 이르렀기 때문에, 나는 가능성들이나 확률들의 장들을 '실재적' — 비록 가상적일지라도 '실재하는' 객관적인 수많은 성향들 — 인 것으로 고려해 주기를 제안한다. 그렇지만 그것들은 찰 수 없으며 그리고 다시 반작용하지 못하기 때문에, 그것들은 어떻게든 입자들이나 패러데이 장들이나 아인슈타인의 장들보다 덜 '실재적'이고 더 '추상적'인 것으로 생각되어야 할 것이다.

좀 더 최근의 발전들의 다른 측면은 아인슈타인이 통일장 이론

---

29) [이 견해는 아마도 1954년부터 유래되었다. 나중에 포퍼는 그것을 수정했다. 이 책 '서론'의 논제 8을 보라. 편집자.]

으로 목표했던 방향과는 전혀 다른 방향을 가리키고 있는 것으로 보인다. 아인슈타인은 그 당시 물리학에서 고려했던 두 종류의 장들—패러데이와 맥스웰의 전자기장과 아인슈타인 자신의 중력장—을 단 하나의 장으로 대체하는 이론을 구성하려고 노력했다. 이런 특수한 통합 프로그램은 물질의 전기적인 이론이라 불린 것—간략히 말해 물질은 전기적인 에너지의 형식이었다는 믿음—과 밀접히 연관되었다.

가장 단순한 형식의 이런 이론은 전자와 양성자의 질량을 그것들을 둘러싸고 있는 정전기적인 장의 에너지 함량에 기인한 것으로 설명하려고 했다. 그리고 어쨌든 이런 형식의 이론은 처음으로 중성적인 물질 입자인 중성미자의 발견에 따라 논박된 것으로 포기되어야 했다. (그것은 다시 새로운 중성적인 입자들이 발견될 때마다 논박되었다. 물론 이런 중성적인 입자들이 '기본적'이라고, 즉 비복합적이라고 우리가 가정할 경우에만, 이런 발견들은 논박이 된다.)

물질의 전기적 이론을 포기함과 함께 아인슈타인이 구상했던 통일장 이론을 위한 특수한 프로그램도 타당성이 사라졌다. 실제로 현존의 양자 이론은 양화된 장의 새로운 종류와 입자의 어떤 새로운 종류를 (중립적이든 전하를 가지든 간에) 결합한다. 두 장을 합병한 하나 대신에, 우리는 이제 상이한 종류의 입자들이 존재하는 만큼 많은 종류의 상이한 장들을 갖고 있다. 그것들은 1957년에 적어도 16번까지의 번호가 매겨졌다. (만일 우리가 항상 한 종류의 장과 두 입자, 즉 입자와 반-입자를 결합하면 그렇다.)

어찌되었든 내가 보기에 통일장 이론의 근본적인 생각은, 실제로 만약 어떤 대안적인 통일된 이론이 제시되지 않고 또한 성공에 이르지 않는다면, 포기될 수 없는 것 같다. 왜냐하면 현재 상태 — 다수의 장 이론들의 현재 상태 — 가 몇 가지 측면에서 만족스럽지 못하기 때문이다. 물론 전기 역학 — 전자-양전자 장('전자와 양전자의 모임')과 광자 장('광자 모임')의 상호작용에 대한 확률적인 이론 — 에서 매우 만족스러운 양적인 예측들에 이르렀다. 그러나 전기 역학 외부에서 현재 이론에서 도출된 예측들은 주로 질적이다. 이것은 이론이 만족할 만하게 시험될 수 없다는 것을 의미한다.

더구나 이론의 예측적인 성공들에도 불구하고, 그 상황은 전기 역학 내부에서도 만족스럽지 않다. 왜냐하면 현재 상태로 그 이론은 연역적인 체계가 아니기 때문이다. 그것은 오히려 연역적인 체계와 어느 정도 **임시변통적**인 성격의 계산 절차들의 모음 사이의 어떤 것이다. 특히 내가 염두에 두고 있는 것은 이른바 '환치계산의 방법'이다. 현재 그것은 'lim *log x* - lim *log y*' 형식의 표현을 'lim (*log x* - *log y*)'의 표현으로 대체한 것을 포함하고 있다. 이것은 더 좋은 정당화가 제시되지 않았던 대체이다. 전자의 표현은 $\infty - \infty$와 동일하므로 정확히 규정할 수 없는 것으로 판명된다. 반면에 후자의 표현은 (특히 소위 램-레더포드(Lamb-Retherford) 전이 계산에서) 훌륭한 결과들에 이른다. 대체를 위한 이론적인 정당화를 발견할 수 있거나, 그렇지 않다면 환치계산의 물리적인 생각을 다른 물리적인 생각으로 대체할 수 있는 어느 하나일 것이라고 나는 생각한다. 다른 물리적인 생각은 우리가 이런 정확히 규정할 수 없는 표현을 회피하게끔 해준다.

그러나 내가 보기에 30 혹은 32가지 종류의 (반-입자들(anti-particles)도 포함하는) 근본적인 입자들을 조작하는 현재 방법들이 이런 종류의 결점들보다 더 중요한 것 같다. 이런 근본적인 입자들은

15 혹은 16가지의 다른 종류의 장들과 결합된다.

이런 상황의 만족스럽지 못한 성격에 관해 만장일치가 있으며, 또한 가능하다면, 30개의 특이한 입자들을 양화된 장의 상태들로 설명하는 바람직함에 관해서도 만장일치가 존재한다고 나는 생각한다. 그리고 그 입자들의 붕괴 속성들을 (부분적으로 행해지는) 전이 확률들로 설명하는 바람직함에 대해서도 그렇다. 통일장 이론을 시급하게 한 것도 바로 이 같은 목표이다. 그 목표는 탐구 프로그램에 의해 결정된다. 이 프로그램은 거의 분명하게 표현되지는 않을지라도, 종종 암묵적으로 받아들여진다.

물론, 장들과 입자들을 보는 통상적인 방식은 본질적으로 이원론적이다. 그리고 이런 이원론이 원자 이론의 본질적인 특징이라는 것은 널리 지지되고 있다. 장과 입자를 '결합한다'는 생각은 아인슈타인의 광자 이론에서 드 브로이와 슈뢰딩거의 전자 이론과 유가와의 중간자 이론에 이르기까지 매우 유익한 것으로 입증되었음을 고려할 때, 이것은 놀라운 일이 아니다. 그러나 이런 이원론이 물리적인 문제들을 다루는 데 도움이 될 수 있다 할지라도, 이원론이 아직까지는 잘 정초된 것 같지 않다. 예컨대 보른의 통계적 해석은 본질적으로 일원론의 입자 이론이다. (전술한 11절, 본문 주석 6을 비교하라.) 란데가 지적했듯이 존재하는 것은 입자들이다. 파동들은 단지 입자들의 실험 반복에 따른 어떤 상태라고 가정하는 도수를 결정할 뿐이다. 마찬가지로 더 최근의 이론들 — 다양한 종류의 입자들과 결합된 다수의 양화된 장들을 포함하고 있는 — 또한 본질적으로 입자 이론들이라는 것은 강조되어야 한다. 왜냐하면 이런 장 이론들은 **입자 모임들**에 대한 통계적 이론들이기 때문이다. 그 이론들이 기술하는 것은 다양한 가능한 상태들 속의 입자들의 수들, 정확히 말하면 수들에서의 변화 확률들이다. 그것들은 이런 상태들 속의 입자들의 '창출'이나 '붕괴'의 확률('창출과 붕괴 연산자들')을 기술한다. 혹은 비유에 대한 상이한 선택과 더불어 한 상태에서 다른 상태로 입자들의 전이 확률을 기술하고 있다.

따라서 우리가 보른의 해석에서 하이젠베르크, 슈뢰딩거, 그리고 디랙의 양자 이론을 보든지, 아니면 양자화된 장들에 대한 더 최근의 이론들을 보든지 간에 실제로 양자 이론이 입자들과 파동들의 이원론을 통합한다는 주장에 대한 어떤 기초도 존재하지 않는 것 같다. 이런 모든 이론에서 '파동들'은 단지 입자들이 어떤 상태들을 계속하는지의 확률들을 결정하는 역할을 하거나, 입자들이 어떤 상태들에서 다른 상태들로의 전이를 겪을 확률들을 결정하는 역할을 할 뿐이다.

그러나 입자 이론이나 입자 모임들의 이론과는 반대되는 것으로 진정한 장 이론(그리고 통일장 이론)이 들어올 것 같은 곳은 입자들 자체의 설명에 있다. 이것은 슈뢰딩거에 의해 최초로 입자들을 파고점들(wave crests)(혹은 파동 다발들)로 설명하는 그의 독창적인 시도들에서 예시되었다. 그리고 그는 비록 이런 이론을 포기했을지라도, 종종 그 문제로 돌아오곤 했다.

일원론적인 장 이론 — 또는 어떤 다른 이론 — 이 할 수 있는 것을 조금 고려해 보는 것은 여기서 우리에게 도움을 줄 수 있다. 앞서 지적했듯이, 그것은 기껏해야 입자들의 **물리적인 속성들**, 달리 말하면, 입자들의 **물리적인 행태**나 좀 더 정확히 말해서 입자들이 어떤 상황 하에서 어떤 방식으로 행동하는 **경향**이나 **성향**을 설명할 수 있을 뿐이다. 물리적인 어떤 이론도 이것보다 더 많은 일을 할 수 없다. 그 이론은 오직 체계의 성향들을 기술함으로써만 어떤 물리적인 체계를 기술할 수 있다. 따라서 물리적인 이론의 관점에서 보면 입자들은 성향들이다. 그리고 입자들을 다르게 — 아마도 일시적으로 어떤 것을 '**빈틈없이**' 채운 나눌 수 없는 공간 영역들로 — 보는 것은 단지 어떤 형이상학적인 견해일 뿐이다.

우리가 이런 형이상학인 견해를 포기하고 그것을 동일한 형이상학적인 다른 견해로 대체해야 한다고 나는 제안한다. 즉, 성향들은 실재적이며, 방정식들에 의해 기술되는 견해로 대체한다는 것이다. 그리고 입자들은 성향들에 의해 산출될 수 있으며, 적어도 어느 정도까지는 입자들은 성향들**이므로**, 적어도 입자들은 이런 측면에서 물리적인 이론이 우리에게 말해 주는 — 아마 그 이론이 우리에게 말해 줄 수 있는 — 것이다. 이런 식으로 어떤 이점도 희생하지 않고 물리적인 문제들을 다루고 해결해 줄 수 있는 물질과 장의 이원론을 우리는 대체할 수 있다. 왜냐하면 우리가 이런 이원론을 성향들의 일원론으로 대체한다 할지라도, 이런 일원론적인 견해 내에 일종의 실제적인 이원론을 우리가 견지하기 때문이다. 한편으로는 성향들은 잠재성들이며, 다른 한편으로 그것들은 성향들이거나 어떤 것을 **실현하는** 잠재성들이기 때문이다. 그렇지만 실현될 수 있는 무엇이든지 혹은 그 자체를 실현할 수 있는 무엇이든지 다시 어떤 다른 것을 실현하는 성향들이거나 잠재성들의 집합이어야 한다.

여기서 지적했던 방식으로 입자들을 다루는 물질의 물리적 이론은 단지 프로그램이나 소원하는 꿈이 아니다. 왜냐하면 양전자들(positive electrons)에 관한 한 그 이론은 수년 전에 성취되었기 때문이다. 물론 나는 디랙의 — 양자 이론의 가장 대담하고 독창적인 부분들 중 하나인 — 유명한 이론을 염두에 두고 있다. 그것은 양전자들을 '구멍들', 즉 비어 있는 상태들, 열린 점유 가능성들로 해석하는 이론이다. 진공(빈 공간)은 이런 이론에 의하면 구조를 갖고 있는 것으로 생각될 수 있다. 그것은 음의 질량과 에너지의 가능한 모든 혹은 거의 모든 상태들을 '차지하고' 있는 음전자들로 이루어져 있다. (이런 상태들의 존재는 디랙 방정식들의 결론이다.) 이런 종류의 상태를 가정했을 때, 음전자는 사실상 사라진다. 그러나 만약 빛 양자(light quantum)가 더 높은 에너지 수준으로 전자를 고양시키는 데 필요한 에너지를 공급한다면, 그것은 어떤 상황들 하에서 다시 나타나는 한에서 가상적으로 현존하는 것으로 남아 있다. 그러나 동시에 '구멍' — 지금은 비어 있는 그 이전의 상태 — 이 나타난다. 그리고 그 이론은 이런 '구멍'은 음전하를 띤 전자와 똑같은 행동을 할 것이라고 예측한다. 그 구멍은 양전하에 반발할 것이고 음전하에 이끌릴 것이다. 그리고 음전자와 '결합'할 것이다. 그 결과 '구멍'과 음전자는 모두 사라질 것이다. 그것들의 질량들은 물론 전하들도 소멸되어 방사 에너지로 (광자로) 변환될 것이다. 두 전도 과정 — 진공에서 양전자와 음전자 쌍의 창출과 양전자와 음전자의 소멸 — 은 다음과 같이 설명된다. 그 설명은 일원론적이다. 거기에는 단지 한 종류의 입자, 즉 우리가 음전자로 알고 있는 하나의 종류만 포함되어 있다. 그리고 두 과정은 다른 에너지 수준들의 상이한 상태들을 가정하는 데 있다. 다른 종류의 입자 — 우리가 양의 전하를 띤 전자로 알고 있는 종류의 입자 — 는 진공 속의 '구멍'인 것으로 판명된다. 곧, 열린 가능성으로, 다시 말해 음전자에 의해 계속될 수 있는 비어 있는 상태, 즉 성향으로 판명된다는 것이다.

이런 접근에 내재하고 있는 특수한 종류의 일원론 — 음전자들의 일원론 — 은 오늘날 더 이상 매력적이지 않다. 왜냐하면 양의 전자의 발견 이래로, 기술된 방식으로 설명될 수 없는 상이한 많은 입자들(예컨대 중간자들)이 또한 발견되어 왔기 때문이다. 하나나 혹은 두 개의 근본적인 상태들의 관점에서 물질을 설명할 수 있을 것이라는 희망이 있을 때의 시간이 지나간 것으로 보인다.

여기서 중요한 점은 디랙의 형식이 존재한다는 것은 다음의 수학적인 이론이 존재함을 증명하고 있다는 것이다. 그 수학적 이론은 '구멍', 즉 비-입자(non-particle)이며, 입자의 잠재적이지만 '비어 있는' 상태, 다른 입자들과의 상호작용을 위한 순수한 열린 가능성과 동등한 물질 입자의 존재를 우리가 기술하게끔 해준다.

이런 다른 입자들이 이번에는 수학적으로 열린 가능성들과 동등하지 않아야 할 어떤 이유가 있는 것으로 보이지 않는다. 만약 그렇다면, 우리는 다른 종류의 일원론에 이를 것이다. 이런 일원론은 물질 입자들을 어떤 잠재성들(진공의 어떤 잠재성들을 실현하는 쌍-창출)의 **실현**이나 **현실화** 둘 다로, 그리고 또한 **어떤 종류의 상호작용을 위한 잠재성들**(예컨대 쌍 소멸 같은 것)로 해석한다. '입자들'과 '구멍들'을 오랫동안 동등한 것으로 다루는 형식은 어느 정도까지 아인슈타인의 프로그램과 슈뢰딩거의 프로그램을 충족시킬 것이다. 그것은 장들의 관점에서 물질 입자들을 설명할 것이다. 또한 그것은 여기서 묘사되었던 프로그램, 즉 동시에 일원론적이며 이원론적인 변화 이론을 위한 프로그램을 충족시킬 것이다. 그 프로그램은 세계의 어떤 실재적인 상태를 그 이전 상태의 잠재성들이나 성향들 몇몇을 현실화나 실현 모두로 우리가 해석하게끔 해준다. 그것은 또한 다음 상태를 실현하는 경향들이나 성향들의 장으로 해석하게 해준다. 이런 방식으로 물질과 장의 외견적인 이원론 그리고 입자와 파동의 외견적인 이원론이 가장 자연스러운 방식으로 모든 물리적인 것의 두 근본적인 양상들에서 나오는 것임을 보여주고 있다. 나는 **성향들의 담지자**로서 두 양상들을 말하고 있다. 즉, 그것은 이런 **성향들**을 넘어서 더 이상 시험할 수 없는 속성들을 가질 수 있는 담지자임을 의미한다.

이와 같은 이론은 또한 동일한 가능성들을 표현하고 있는 입자들은 동일하다는 원리를 (그리고 더불어 보제(Bose)의 원리를) 산출할 수 있다.

27. 열린 문제들

나의 꿈 프로그램은 형이상학적이다. 그것은 시험할 수 없다. 그것은 논박할 수도 없다(그리고 논박 불가능성은 덕이 아니라 악임을 우리는 기억해야 한다). 그것은 비결정론의 ('과학적'이라기보다는) 형이상학적인 관념을 토대로 하고 있기 때문이다.[30] 그것은 '입자들'의 관점에서 보른이 슈뢰딩거에 반대하면서 지지했던 양자이론에 대한 현존하는 형이상학적인 해석을 대체하거나, 혹은 대신하려고 노력한다. 그것은 또한 (입자-파동 이원론을 넘어서서 그 이론을 설명하는 어떤 시도도 비난하는) 보어의 도구주의적인 해석도 대체하려고 한다. 그리고 그것은 물리적인 세계에 대한 정합적인 견해를 제시하려고 노력한다. 물리적인 세계는 물리적인 거주자들에게 더 이상의 구속복이 아니며, 또한 우리를 가둔 새장도 아니다. 그 세계는 우리 자신을 위해서 그리고 다른 이들을 위해서

30) [과학적 비결정론과 형이상학적 비결정론 사이의 차이에 대해서는 『후속편』 II권, 『열린 우주: 비결정론을 위한 논증』을 보라. 편집자.]

더 살 만하게 해줄 수 있는 거주지이다. (또한 부수적으로 우리가 자랑스럽게 말하는 '원자 에너지의 평화로운 사용' 때문에 우리 자식들을 살 수 없게 할 세계이다.[31])

그러나 만약 내 꿈이 형이상학적이라면, 그 용도는 무엇인가? 아마도 정서적인 만족을 넘어서는 무언가가 그 꿈에 존재하는가? 그것은 어떤 과학적인 가설과도 전혀 다르지 않은가? 그 가설은 우리가 주로 관심을 쏟고 있는 것인데, **왜냐하면 잠정적으로는 참인 것으로 간주된다는 암묵적인 주장 때문이다.**

내가 한때 생각했던 대로, 더 이상 나는 이런 가장 중요한 점에 관해 과학과 형이상학 사이에 차이가 있다고 생각하지 않는다. 나는 형이상학적인 이론을 과학적인 이론과 유사한 것으로 간주하고 있다. 수많은 다른 측면에서 보면 그것은 분명히 더 애매하며 또한 열등하다. 그리고 형이상학적인 이론에 대한 논박 불가능성이나 시험 가능성의 결여는 가장 커다란 하나의 악이다. 그렇지만, **형이상학적인 이론이 합리적으로 비판을 받을 수 있는 한에서,** 잠정적으

---

31) 비록 주제가 확산된다 할지라도, 우리는 다음 사실에 관해 반성할 수 있다. 즉, 프로메테우스 이후 4만 년 이상이 흐른 지금도, '불의 평화로운 이용'의 어려움들을 극복하는 것을 우리는 배우지 못했다. 사람들은 여전히 그 불 때문에 평화롭게 그리고 규칙적으로 죽임을 당한다. 그 불을 통제하는 본래적인 어려움이 없음에도, 그리고 화상을 입은 어린이가 불을 두려워한다 할지라도 그렇다(방사성 유리병들과 다른 '원자 쓰레기'를 잘못 놓는 것과 달리). 원자폭탄의 제조는 불행한 정치적인 상황에서 불행한 필요성일 수 있다. 그러나 원자력 에너지의 '평화로운 사용'에 대한 대부분의 형태들에 대해서도 동일한 말을 할 수 있는가? 그리고 새로운 시대 — '원자력 시대' — 로 우리가 들어간다는 역사법칙주의자의 생각에서 벗어나 이런 '평화로운 사용'을 발전시키는 것을 우리는 싫어해야 하는가? 또한 그와 유사한 무의미에서 자유로운 이런 '평화로운 사용'을 발전시키는 것을 우리는 싫어해야 하는가?

로는 참인 것으로 간주되는 그것의 암묵적인 주장을 나는 진지하게 다룰 의향이 있다. 그리고 나는 이런 주장을 평가함으로써 대체로 그 이론을 감정할 의향이 있다. 먼저 그것의 이론적인 이해를 고려한 다음에 그것의 실용적인 유용함에 (탐구 프로그램의 유익함과는 상이한 것으로) 관심을 쏟아 볼 것이다. 대체로 형이상학적인 이론은 진리에 대한 시험과 — 그것이 종종 과학적인 이론과 연관될 수 있는 것처럼 — 비슷한 어떤 것이기 때문에, 그것의 실용적인 유용함이나 쓸모없음은 중요한 것으로 간주될 수 있다.

그러나 논박할 수 없는 이론을 합리적으로 판단하거나 평가할 수 있는가? 만약 시작할 때부터 이론이 순수 이성에 의해서 논박될 수 없으며 또한 경험을 통해 시험될 수도 없다는 것을 우리가 안다면, 어떤 이론을 합리적으로 비판하는 요점은 무엇인가?

나의 대답은 이렇다. 만일 형이상학적인 이론이 약간 고립된 주장, 즉 직관의 산물에 불과하거나 함의된 '싫으면 그만두라'는 식으로 우리에게 홱 던져진 통찰에 불과한 것이라면, 합리적으로 그 이론을 논의하는 것은 불가능할 수 있다. 그렇지만 그것은 '과학적인' 이론에서도 똑같이 참일 것이다. 먼저 **문제들이 무엇인지**에 대한 설명 없이 누군가 우리에게 고전 역학의 방정식들을 제시한다면, 우리는 그 방정식들을 합리적으로 논의할 수 없을 것이다. — 『계시록(*The Book of Revelation*)』에 지나지 않는다. 문제들이란 방정식들이 해결하는 것을 의미한다. 비록 우리가 뉴턴의 논증들을 제시받았다 할지라도, 만약 우리가 먼저 갈릴레오와 케플러의 문제들과 그 해결책들을 듣지 못한다면 우리는 그 논증들을 합리적으로 논의할 수 없다. 그리고 더 일반적인 이론에서 그 해결책을 도출함으로써 이런 해결책들을 통합하는 방법에 대한 뉴턴 자신의 문제에 관해 듣지 못한다면 그렇다. 다시 말하면, 과학적이든 형이상학적이든 간에 합리적인 어떤 이론도 오직 그것이 어떤 다른 것과 얽혀 있기 때문에 — 그것은 어떤 문제들을 해결하는 시도들이기 때문에 — 합리적이다. 그리고 그 이론이 얽혀 있는 **문제 상황의 관계**에서만 합리적으로 그것을 논의할 수 있다. 그 이론에 대한 비판적인 논의는 대체로, 그 이론은 문제들을 얼마나 잘 푸는지, 그것은 다양한 경쟁 이론들보다 얼마나 더 잘 해결하는지, 그것이 없애려고 착수한 난관들보다 더 큰 난관들을 창출하지 않는지, 그 해결은 단순한지, 그것은 새로운 문제들과 해결책들을 제시하는 데 얼마나 유익한지, 그리고 아마도 경험적인 시험들을 통해서 그 이론을 논박할 수 없는지를 고려하는 데 있다.

물론 어떤 이론을 논의하는 이런 마지막 방법은 그것이 형이상학적이라면 적용될 수 없다. 그러나 다른 방법들이 적용될 수 있다. 이것이 바로 몇몇 형이상학적인 이론들에 대한 합리적이거나 비판적인 논의가 가능한 이유이다. (물론, 합리적으로 논의될 수 없는 다른 형이상학적인 이론들이 존재할 수 있다.)

여기서 이런 방법의 사례들을 제시할 필요는 거의 없다. 왜냐하면, 이 책 『후속편』은 이런 사례들로 가득 차 있기 때문이다. 관념론적인 인식론과 실증주의적인 인식론에 대한 나의 비판적인 논의들(I권, 1부)이 그런 사례들이라고 나는 말할 수 있다. 또한 확률론적인 인식론들에 대한 나의 비판적인 논의들(I권, 2부), 그리고 홉스, 흄, 칸트 및 아인슈타인에서 발견될 수 있는 것으로 결정론적인 인식론들에 대한 나의 비판적인 논의들(II권)이 그 사례들에 해당한다고 말할 수 있다.

내 꿈은 이런 식으로 — 특히 대체될 것으로 간주되는 경쟁 견해들과 비교함으로써 — 논의될 수 있다고 나는 믿는다. 단순성, 어떤 다른 이론들과의 정합성, 통합하는 힘, 직관적인 호소와 무엇보다도 유익함의 관점에서 비교가 있어야 한다. 실용주의나 도구주의 같은 어떤 것에 관여하는 것을 바라지 않고, 내 프로그램의 유익함에 대한 문제를 결정적인 것으로 다루어야 한다고 나는 생각한다. 만약 그것이 새로운 문제들이나 적어도 위대한 옛날의 열린 문제들에 대한 새로운 평가에 이르지 않는다면, 나는 그 프로그램을 버려야 한다. 다시 말해 사랑스러운 꿈으로 (혹은 내가 보기에 사랑스러운 꿈 같은 것으로) — 사랑스럽지만 그러나 빠지지 않아야 할 꿈으로 버려야 한다는 것이다.

나는 여기서 물질 이론의 (전하의 문제나 배중률의 도출 같은) 유명한 열린 문제들의 목록을 제시하고 싶지는 않다. 그리고 (내가 꿈꾸는) 아마도 여기서 내가 제안했던 변화에 대한 형이상학의 관점에서 언젠가 공격을 받을 수 있는 일반적인 우주론의 문제들의 목록도 나는 제시하고 싶지 않다. 그러나 많은 양이고 여전히 그 수가 증가하고 있는 기본 입자들의 문제는 지극히 시급한 것이기 때문에 강조되어야 하는 문제이다.

한때 원자들의 거대한 수들을 **단지 두 근본적인 입자** — 전자와 양성자 — 에 의해 설명하는 것은 현대 원자 이론의 프로그램이었다. 그리고 그 이론의 가장 위대한 승리의 순간 — 지금은 황폐한 — 은 이런 프로그램을 수행했을 때 일어났다. 그 어려움은 오래전에 중성미자에 대한 **임시변통적**인 가설과 함께 시작되었다. 그 가설은 패배를 피하기 위해 임시변통을 도입했다. 언젠가 **임시변통적**인 가정을 위한 독립적인 증거를 얻을 어떤 희망이 존재하는 한에서, 패배란 상당히 성공한 이론의 경우에서는 건전한 절차이다. 하지만 내가 틀리지 않다면, 이런 가설은 30년 전과 마찬가지로 여전히 **임시변통적**이다.[32] 그러나 중성미자는 유력한 증거에 따라—특히 다양한 중간자들 이래로 도입되어야 했던 모든 다른 입자들에 비해 하찮은 것이다. 왜냐하면 그 입자들은 양자 이론의 토대였던 물질의 구조에 대한 견해들에 엄청난 충격을 주었기 때문이다. 물론 이런 견해들은 수학적인 형식의 일부가 아님에도 불구하고 물리적인 이론의 일부였다.

요구된 것은 일반적인 원리들에서 모든 입자의 질량들과 그것들의 안정성이나 불안정성을 설명하는 물질에 대한 일반 이론이다.[33] 아인슈타인의 통일된 이론을 위한 요구는 필요한 것, 다시 말해, 단지 도깨비불로 혹은 양자 이론에 의해 무너졌던 착각으로 배척할 수 없는 것이다.[34] **성향들의 장들**을 바꾸는 이론은 통일을 향한 어떤 방식을 제안할 수 있다.

원자 이론과 적절한 우주론의 중간에 물질의 창조 이론이 존재한다. 이것은 요르단, 골드, 호일, 본디, 그리고 매크레아(McCrea)에 연유한 이론이다. 그들은 적어도 이것을 형이상학적인 이론보다는 과학적인 추측(아직까지는 시험될 수 없다 할지라도)이라는 생각을 갖고 있었다. [그것은 그 이래로 시험할 수 있게 되었지만, 그 시험에 불합격한 것으로 보인다.] 그러나 앞 절에서 묘사되었던 것

32) [*(1981년에 추가) 이 책을 썼던 때는 그랬다.]

33) 입자들의 질량(그러나 내가 알기로는 입자들의 생애가 아닌)을 설명하고자 시도한 장 이론(field theory)은 보른(M. Born)과 그린(H. S. Green)에 의해 제시되었다. M. Born, *Rev. Mod. Phys*. 21, 1949, pp.463-473을 비교하라.

34) 이것은 *Dialectica* 2, 1948에서의 하이젠베르크의 논제이다.

처럼, 물질에 대한 성향 이론을 가정하고, 공간('위치' 공간, 위상)을 라이프니츠와 아인슈타인의 제안에 따라 "물체들의 … 상호 호혜적인 가능한 관계들의 장"으로 해석하자.[35] 즉, 다른 입자들 사이에 자리 잡게 된 물질 입자들의 성향들로 해석하자는 것이다. (그것은 또한 디랙의 이론에 따라 물질의 잠재적인 입자 쌍들에 의해 점유되어 양극화될 수 있는 상태들의 장이다.) 그렇다면 우주의 팽창은 이런 성향들의 장 팽창으로 해석될 수 있다. 이런 팽창들은 새로운 가능성들을 창출하고 따라서 물질이 존재할 (몇몇은 실현될) 새로운 성향들을 창출하기 때문에, 그래서 그것은 새로운 물질의 창출로 설명할 수 있다. 왜냐하면 물질은 이런 성향들의 실현과 동일시될 수 있기 때문이다. 따라서 팽창하는 우주는 단지 그 우주의 팽창 기능으로서 (아마도 정상 상태 이론에 의해 제안된 것으로) 물질을 창출할 수 있다.

이런 연관에서, 나는 모든 물질적인 입자는 제한된 수명을 갖고 있다는 캡(Kapp)의 추측에 주의를 환기시키고 싶다. 따라서 입자들의 거대한 축적들(별들, 행성들)은 물질을 위한 (그리고 방금 묘사된 가정에 따라, 또한 공간을 위한) '배수구(sink)'처럼 행동할 것이다. 그것은 캡이 제시한 대로 아인슈타인의 중력 이론과 유사한 기하학적인 중력 이론에 이를 수 있는 추측이다.[36]

---

35) A. Einstein, *Mein Weltbild*, p.179; *Essays in Science*, p.14을 비교하라.

36) R. O. Kapp, *British Journal for the Philosophy of Science* 5, 1955, p.331 이하와 *British Journal for the Philosophy of Science* 6, 1955, p.177 이하를 비교하라. 여기에는 심화된 언급들이 있다. (이것들에 P. Jordan, *Naturwiss* 26, 1938, p.417; *Astr. Nachr*. 276, 1948, p.193이 이 추가되어야 한다.) 나는 물질 소멸과 물질 창조 사이의 '대칭'에 관해 말하지 않는 것이 선호될 것이라고 느낄 수밖에 없다. 적어도 팽창하는 우

비결정론적인 세계라는 관념과 밀접히 연관되어 있는 우주론적인 몇몇 문제들이 존재한다. 예컨대 이런 관념은 **닫힌 과거**와 **열린 미래**의 구분, 그리고 이와 더불어 시간의 객관적인 방향을 함축하고 있다. 비결정론적인 우주의 시간-단편에 부착된 각각의 확률적인 영사 슬라이드들이나 비고전적인 영사 슬라이드들에 대한 그림에서 동영상들 속의 성향들의 동역학적인 변화들을 결정하는 방정식들이 시간의 관점에서 대칭적일 수 있다 하더라도, 우리 이론은 대칭적이 아니라고 우리는 말할 수 있다. 왜냐하면 우리 이론은 이런 방정식들보다 더 많은 것들로 이루어져 있기 때문이다. 다시 말해 그것은 성향들의 관점에서 방정식들에 대한 해석들이 더해진 방정식들로 구성되어 있으며, 그리고 이런 해석은 시간의 관점에서 비대칭적이라는 것이다. 성향의 관념은 가능성들의 현재와, 과거 실현들과, 미래의 실현되지 않을 가능성들을 구별하고 있다.

이 점은 내가 『과학적 발견의 논리』와 이 책 『후속편』 둘 모두에서 논의했던 양자 이론의 어떤 양상들에서 명료하게 된다. (『과학적 발견의 논리』, 73절, 주석 5와 본문, 그리고 이 책 『후속편』, 16절을 비교하라.) 하이젠베르크가 논평했듯이 예컨대 전자의 두 위치들에 대한 어떤 측정들의 도움을 받아, 두 위치들 사이의 전자의 시공간적인 경로 — **전자의 다양한 위치는 물론 운동량** — 를 바라는 정확도로 계산할 수 있다. 하이젠베르크는 "전자의 과거 역사

주에서 물질 창조는 물질의 평균 밀도가 불변을 유지해야 할 것으로 보인다. 그래서 만약 있다면, 물질 붕괴는 물질 창조의 부가적인 비율에 이를 것이다. 더구나 창조와 붕괴의 두 비율은 전혀 다른 요인에 의존할 것이다. 전자는 밀도의 변화들에 의존하며, 후자는 단순히 시간에 의존할 것이다.

에 관한 이런 계산이 어떤 물리적인 실재로 귀속될 수 있는지 없는지는 개인의 믿음 문제"였다고 부언했다.[37] 나 자신의 탐구는 전혀 다른 결과에 이르렀다. 나의 해석에서 이런 계산들은 산포 관계들로 해석된 하이젠베르크의 정식들을 **시험하는 데 필요**했다. 그러므로 이런 계산들은 정식들과 결코 반대인 것이 아니었다. 그렇지만 산포 관계들은 미래에 관해 유사한 계산들을 하지 못한다. 따라서 우리는 모두 미래가 열려 있다고 동의한다. 그리고 하이젠베르크가 언급했던 과거를 결정된 것으로 또는 닫힌 것으로 우리가 계산할 수 있다는 사실은 하이젠베르크의 해석에서도 비대칭이 존재한다는 것을 분명히 보여주고 있다. 성향 해석에서 그 상황은 전적으로 분명하다. 미래 성향들은 매 순간 결정되지만, 그러나 오직 성향들만이 결정될 뿐이다. (이것이 산포 관계들이 적용되는 이유이다.) 위치들과 운동량들을 가진 입자들의 형식으로 이런 성향들은 스스로를 실현하기 때문에, 열린 가능성들은 닫히게 된다. 따라서 과거와 현재 실현들의 계산 가능성은 미래의 계산 가능성과 다르다. 비록 어떤 하나의 **주어진** 시간-단편이 미래보다 더 좋은 과거를 우리가 결정하도록 해주지는 못할지라도, 주어진 시간-단편들의 연속은 그것들의 미래 요소들과 과거 요소들 사이의 기간을 결정한다. **그러나 이런 어떤 연속도 오직 과거에 속할 수 있을 뿐이다.**

비결정론적인 세계의 관념은 이 책 『후속편』에서 언급되었던 다른 문제 — 아인슈타인의 중력 방정식들의 어떤 우주론적인 해결들에서 닫힌 세계 선들(world lines)의 존재에 대한 괴델의 문제 — 와 관련이 있으며, 그리고 그 문제들에 대한 해결책을 제시하고 있

37) W. Heisenberg, *The Physical Principles of the Quantum Theory*, 1930, p.20.

다.[38] 닫힌 세계 선들에서 움직이는 물리적인 물체의 역사는 반복될 것이다. 그것도 절대적으로 그리고 무한히 반복될 것이다. 그러나 이것은 오직 결정론적인 우주에서만 가능하다. 그러므로 비결정론적인 세계의 가정은 이런 가능성을 배제한다. 정확히 말하면 초기 조건들이 무엇이든 간에 그것은 그런 세계에 확률 0을 귀속시킨다.

비결정론에 의한 이런 가능성의 배제가 분명히 임시변통이 아니라는 것은 우리 관점에서 보면 흥미롭다.[39] 그러나 훨씬 더 흥미롭게 보이는 것은 다음과 같은 사실이다. 즉, 아인슈타인의 우주론적인 방정식들이 참이라고 가정(우리의 비결정론적인 판본과 양립할 수 있는 것으로 보이는 가정)했을 때, 괴델이 구상했던 해결책들의 배제는 물질과 그 운동이 세계에서 배열되는 어떤 방식들의 배제에 이른다는 것이다.[40] 이것은 놀랍게도 **비결정론의 세계 같은 가설이 구조적인 결론들을 가질 수 있음**을 보여준다. 다시 말해 비결정론의 가설은 세계에서 물질과 운동의 가능한 어떤 배열들을 배제할 수 있다는 것이다. 이런 사실은 내가 이른바 '뉴턴의 문제'라고 한 관점에서 보면 지극히 흥미로운 일이다. (『후속편』 I권, 『실

38) K. Gödel, "A Remark about the Relationship between Relativity Theory and Idealistic Philosophy", in *Albert Einstein: Philosopher-Scientist*, ed. P. A. Schilpp, p.555; 그리고 *Reviews of Modern Physics* 21, 1949, pp.447-450. 또한 『후속편』 II권, 『열린 우주: 비결정론을 위한 논증』, 19절의 주석 2를 보라.

39) 이런 사실은 괴델의 문제를 해결하는 것으로 보인다. 실재론을 거부하고 관념론을 채택하는 데 그 해결책이 있다는 괴델의 제안은 내가 보기에 자신의 난관에서 벗어나는 어떤 방식도 제공하지 못하는 것 같다.

40) K. Gödel, *op. cit.*, p.562.

재론과 과학의 목표』, 1부, 16절을 보라.) 그것은 이런 문제의 어떤 양상들과 연관해서, 그 문제는 대체로 풀 수 없다고 할지라도, 전진하는 것이 전혀 불가능한 것이 아님을 제시하고 있다. 그렇지만 0 확률의 귀속을 통해서 물질과 운동의 어떤 가능한 초기 분포들의 배제는 더 나아간 흥미로운 결론을 갖고 있다. 그것은, 비결정론적인 우주에서, 고전의 결정론적인 이론의 관점에서 보면 전형적으로 우연처럼 보일 가능성들 — 법칙들의 특성보다는 초기 조건들의 특성 가능성들 — 을 배제하는 비존재의(non-existence) 어떤 확률적인 원리들이 존재할 수 있다는 것을 보여준다. (『과학적 발견의 논리』, 부록 *x를 비교하라.)

28. 결론

성향 해석의 형이상학적인 프로그램은 이오니아 우주론자들의 간결한 언어로 "모든 것은 성향이다"라는 진술로 요약될 수 있다. 혹은 아리스토텔레스의 용어로 "존재하는 것은 생성될 이전 성향의 현실화이며 생성될 성향 둘 다이다"라고 요약될 수 있다. 그것은 이 맺음말의 첫 번째 절(20절)에서 목록화된 모든 형이상학적인 프로그램들의 양상들을 통합하는 견해이다. 그것은 다음 목록에서 볼 수 있다.

1. 파르메니데스처럼, 빈 것은, 진공은 구조를 갖고 있으며 그 자체로 실재적인 성향들의 장이라는 의미에서 세계는 꽉 차 있다.

2. 원자론자들처럼, 물질의 구조는 원자이며, 그리고 꽉 차 있고 텅 빈 이원론, 혹은 물질과 공간이나 장의 이원론은 어느 정도까지 어떤 성향의 실현과 실현된 성향 사이의 차이를 보존한다. (또한

아래 견해 10을 보라.)

3. 플라톤과 유클리드처럼, 기하학에 대한 강조가 보존된다. 그리고 기하학적인 우주론도 보존된다. 그것은 이런 측면에서 유클리드를 벗어난 유클리드의 우주론으로서 비유클리드적인 우주론이다. 왜냐하면 기하학 자체가 세계에서 물질의 분포를 기술하는 데에도 사용되기 때문이다.

4. 내재하는 잠재성들과 그것들의 현실화에 대한 아리스토텔레스의 관점은 관계적인 이론으로 발전되었다. 각각의 물질적인 것에 내재하는 대신에 관계적인 구조들이 잠재성들을 통해 규정될 수 있다는 이론이 그것이다.

5. (플라톤적인) 르네상스 시대의 기하학적인 접근이 보존된다. 플라톤의 가설적인 방법은 물론이고 그 방법의 선행 원인들에 대한 강조도 보존된다.

6. 데카르트 추종자들과 보일의 유체(fluids) 이론(예컨대 열 이론)은 에너지 보존 법칙의 형식으로 보존된다. 그것들의 근거리 작용은 장 이론의 형식으로 보존된다.

7. 성향 이론은 활력의 일반화로 기술될 수 있다.

8. (아리스토텔레스의 내재적인 잠재성들에 대응하는) 중심적인 힘들은 패러데이와 맥스웰처럼 관계적인 성격의 잠재성들의 장들에서 야기된다.

9. 아인슈타인과 슈뢰딩거의 프로그램처럼, 성향들의 이런 장들에 대한 역학적인 변화 법칙들은 (고전 이론의 법칙들같이) **외견상** 결정론적인 성격을 띠고 있다. 더구나 성향들은 — 기하학적인 표현을 위해 가능성들의 다차원적인 추상 공간을 필요로 하는 성향들조차도 — 물리적인 실재들로 다루어진다.[41] 결정론적인 법칙들

에 의해 기술된 물리적인 실재와 장이란 생각이 적용되는 (따라서 그 법칙들은 편미분 방정식들이다) 실재라는 이 두 논점은 세계의 통일된 이론을 위한 아인슈타인의 주된 관념들이었다. 그것들은 보존된다.

10. 장과 입자 혹은 파동과 입자의 이원론을 포함하고 있는 양자

---

41) 하이젠베르크는 (*Niels Bohr and the Development of Physics*, edited by W. Pauli, 1925, p.24에서) 우리에게 다음과 같이 말한다. 그가 '통상적인 해석'이라고 부르는 정통 코펜하겐 해석에 의하면, 배위 공간(configuration space)에서의 파동 확률들은 실제적이지 않다. 그러므로 '파동과 입자의 이중성'은 여기서 무너진다. 왜냐하면 만약 파동들이 3차원적인 공간에 존재할 경우에만 그것이 적용되기 때문이다. 그 구절은 (실제로 전체 논문은) 다른 것과는 별도로 심리-분석을 상기시키는 진기한 해석 때문에 흥미롭다. 즉, 코펜하겐의 비판자들은 난해한 정통의 가르침에 관해 '전혀 정보가 없다'는 해석이 그것이다. (『후속편』 I권, 『실재론과 과학의 목표』, 1부, 18절을 비교하라.) 하이젠베르크는 다음과 같이 쓰고 있다. "이제 슈뢰딩거의 저작은 무엇보다도 통상적인 해석에 대한 몇몇 오해를 포함하고 있다. 슈뢰딩거는 배위 공간의 파동들만이 … 확률 파동들인 반면에, 3차원적인 물질 파동들이나 방사파들은 그렇지 않다는 사실을 간과하고 있다. 후자는 … 입자들만큼이나 '객관적인 실재'이다. 그것들은 확률 파동들과 … 전혀 연관이 없기 때문이다." 하이젠베르크가 하나의 입자와 두 입자를 위한 파동들이 3차원적이므로 '실재적'이라는 (그러나 입자 셋을 위해서는 실재적이 아닌) 슈뢰딩거를 허용할 의도가 있는지, 아니면 그는 오직 '두 번째 양자화'를 염두에 두고 있는지 나는 모른다. 그러나 어쨌든 하이젠베르크의 견해는 내가 보기에 3차원성을 너무 진지하게 (만약 이런 놀라운 논문에서 그가 말하는 것으로 보이는 것을 진지하게 의미하고 있다면) 다루고 있는 것 같다. 결국, 다차원적인 표현들은 사물들을 배열하는 방식들에 불과하다. 그리고 그것들이 표현한 것 — 성향들과 그 법칙들 — 은 3차원적인 파동들만큼 실재적이다. 왜냐하면 두 방법에 의해 표현된 것은 분명히 동일한 것이기 때문이다. 주제 문제에는 — 심지어 의도된 주제 문제라 하더라도 — 어떤 차이가 있는 것이 아니라, 단지 그것을 표현하는 다소 성공한 두 방법 사이에서만 차이가 있을 뿐이다.

이론에 대한 정통파 해석의 관점은 잠재성들과 그것들의 현실화의 이원론의 관점에서 재해석되어 보존된다. 이번에는 이런 현실화가 다시 잠재성들이 된다. (이런 견해는 아인슈타인이 요구했던 방식에서 옛날의 이원론을 초월한다.) 특히 보른과 파울리에 의해 강조되었던 그 이론의 확률적인 성격이 또한 보존된다.

따라서 모든 옛날의 프로그램은 성향들에 대한 이런 형이상학적인 이론의 관점에서 보면 근사치들이 된다. 모든 프로그램은 이런저런 측면에서 우리의 형이상학적인 견해에 공헌하고 있다.

특히 내 목록에 따라 마지막 두 견해들 사이의 논쟁, 한편에서는 아인슈타인과 슈뢰딩거의 견해와 다른 한편에서는 파울리처럼 보른의 본질적으로 양자 이론에 대한 통계적인 해석을 지지하는 사람들 사이의 논쟁은 성향 해석에 의해 해소되었다. 왜냐하면 그것은 아인슈타인과 슈뢰딩거에게는 고전적인 결정론 유형의 장 방정식들이 적용되는 물리적인 실재를 제공했으며, 그리고 보른에게는 이런 방정식들의 확률적인 해석을 제공했기 때문이다.

성향 해석은 모든 것을 아인슈타인에게 빚지고 있다. 그러나 그가 그것을 받아들일 준비가 되어 있는지에 대해서 나는 많은 의문을 품고 있다. 방해가 되었던 것은 그의 결정론뿐만 아니라, 분명히 그의 결정론의 결과들의 하나였던 확률을 향한 그의 태도도 있었다. 이런 태도는 근본적으로 주관적이었으며, 그리고 통계적인 도수들은 주관적인 이론에서 도출될 수 있다는 통상적인 가정을 포함하고 있었다. (이 점에서 아인슈타인의 견해들과 그의 반대자들의 견해들 사이에 밀접한 유사함이 존재한다. 반대자들은 결정론자의 과거 달걀 껍데기를 떨쳐버리는 데 성공하지 못한 것으로 보인다.) 내가 성향 해석의 모든 것은 아인슈타인에게 빚지고 있다고 말할 때, 물리학의 목표가 장 방정식의 관점에서 물리적인 실재의 기술이라는 그의 교설을 나는 생각하고 있다. 그와 동시에 그는 전이 확률들을 운용한 첫 번째 사람이었다. 다시 말해, **원자 하나에 존속하고 있으며** 그리고 복사 밀도에 비례하는 **단칭 확률들**을 운용한 첫 번째 사람이라는 것이다.[42] 이런 관점을 전개했던 논문의 말미에서 아인슈타인은 맥스웰의 파동 이론과 자신의 이런 새로운 이론 사이의 연계를 확립하는 과제를 강조했다. 자신의 새로운 이론에 대해 그는 방출의 "기본적인 과정들의 순간과 방향 모두를 우연에 맡긴다"고 말했다. 약간의 시간이 지난 후에 그는, 광자를 기체의 입자들처럼 통계적으로 다룰 수 있는 것과 똑같이 기체를 파동의 장과 결합할 수 있어야 한다고 주장함으로써, 보제(Bose)와 드 브로이의 관념을 연관시켰다.[43] 이런 맥락에서 1920년에 아인슈타인이 자신의 광자 이론에 의해, 즉 '광자를 유도하는 광자 장들'에 대해 말함으로써 (그리고 보어 모형의 성공에 암묵적인 맥스웰의 이론을 논박함으로써) 창출되었던 물리학에서의 상황을 기술했던 보어의 보고로부터 배운다는 것은 흥미로운 일이다. 고립된 전자기 파동들의 유령들이나 귀신들은 여전히 실재적인 어떤 것이다.[44] (왜냐하면 그것들은 여전히 분광들의 원인이며 특히 분광선들의 강도의 원인이기 때문이다.) 그렇지만 나는 아인슈타인이 실

---

42) A. Einstein, *Physikalische Zeitschrift* 18, 1917, pp.121-128.

43) *Sitzungsberichte d. Preuss. Akad. d. Wissenschaften, Phys. −Math. Klasse*, 1925, pp.3-14.

44) 아인슈타인의 표현인 'Gespensterfelder'은 보어에 의해 다음 논문에서 '유령 파동들(ghost waves)'로 번역되었다. "Discussion with Einstein on Epistemological Problems in atomic Physics", in *Albert Einstein: Philosopher-Scientist*, p.206.

제로 성향 이론을 예상했을지라도, 그가 그 이론을 좋아했을 것이라고 믿지 않는다. (다른 예상에 대해서는 전술한 12절을 보라.)

성향 해석의 두드러진 하나의 이익은, 파울리의 용어를 빌리자면, "좀 더 큰 통합을 향해 과학의 상이한 분야들의 미래의 발전을 위한 희망을 연" 것처럼 보인다는 점이다.[45] 여기서 파울리는 확률적인 법칙들과 함께 일반적인 양자 이론을 말하고 있다. 그리고 확실하게 그가 염두에 두고 있는 과학의 상이한 분야들은 생물학의 과학들이며(또한 21절 주석 4를 보라), 그리고 궁극적으로는 인간에 대한 과학들이다. 그의 희망들이 정당화되며, 심지어 성향 해석의 견해에서 훨씬 더 정당화된다고 나는 생각한다. 생물학자들은 심지어 역학적인 선입견 때문에 성향 해석을 받아들이지 못했던 때에도, 항상 성향들로 작업을 해왔다. 물리학의 성향 해석은 이런 선입견들을 제거하는 데 도움을 줄 수 있으며, 이로 인해 물리적인 과학들과 생물학적인 과학들 사이의 상호 풍요함을 조장할 수 있다. 화학적인 친밀성의 경우를 생각해 보라. 우리는 이제 양자 이론적인 설명에 비추어 화학적인 친밀성은 물리적 성향이며, 그리고 그것은 많은 측면에서 어떤 생물학적인 성향들과 유사했다는 직관적인 느낌이 정당화된다고 말할 수 있다. 그것은 우리가 여기서 대면하는 유사함일 뿐만 아니라, 중간적으로 순수하게 과도기적인 경우라는 것이 더 그럴듯하다. 물론 '성향'이란 용어 자체는 생물학적인 용어이거나 심리학적인 용어이다. (그 용어는 또한 물리학에서 사용되어야 한다고 내가 제안한 것과 정확히 똑같은 의미에서,

45) W. Pauli, "Einstein's Contributions to Quantum Theory", in *Albert Einstein: Philosopher-Scientist*, p.157 이하.

경제학에서도 사용된다.)

특별한 관심을 끄는 경우가 개별자들 — 개별 식물들, 개별 동물들 — 속에 살아 있는 물질의 조직이라는 오래된 문제이다. 광범위한 자급자족의 이상한 특징을 지닌 생물학의 개별 유기체들은 종종 결정체(crystals)와 비교되어 왔다. 그리고 실제로 그 유기체들은 다음과 같은 물리적인 체계들과 비교될 수 있다. 그 물리적 체계들은 — 이런 성향들이 공명을 통해 설명될 수 있을 것 같은 경우에 결정체와 같은 — 비교적 자급자족적인 체계로서의 특징을 보존하려는 강한 성향들을 갖고 있다. 또는 자급자족을 향한 놀라운 성향들을 가진 원자핵들은 방사선 비율의 불변을 통해서 잘 드러난다. 방사선 비율의 불변에는 핵자들의 충격이 일어나지 않는 한 환경적인 어떤 조건도 영향을 끼치지 못한다. 우리는 환경적인 조건들에 의존하지 않는 놀라운 자급자족을 향한 이런 독특한 성향들을 그 체계의 '**내재적인 성향들**'이라고 부를 수 있다. 물론 그것들은 모든 성향처럼 관계적이다. 그러나 그것들은 다른 물리적인 성향들이나 생물학적인 성향들보다는 아리스토텔레스의 내재적인 잠재성들을 더 닮아 있다. (이것은 우연이 결코 아니다. 아리스토텔레스는 생물학자였기 때문이다.)

궁극적으로 비결정론적인 세계에 대한 그림 틀 내에서만 우리는 동물들의 자발적인 운동 현상에 대한 이해를 바랄 수 있다. (전술한 25절 말미의 주석을 비교하라.)

생물학에서는 특히 동물들에서 많은 일들이 일어난다. 이런 일들 대부분이 물리적인 관점에서 검토해 보면 예상치 못했던 그리고 있을 법하지 않은 것들이다. 장거리를 날아온 제비들이 반복적으로 자신들의 옛 둥지로 돌아온다는 것은 물리적인 법칙들을 통해서 설명하기 어렵다. 또한 보존 법칙들도 여기서는 어떤 도움을 줄 것 같지 않다. 만약 기억이 이런 일들을 일으킬 수 있다면, 그것은 어떤 식으로든 주머니 룰렛-바늘이 우리 병사들의 움직임을 안내했던 방식과 유사한 방식으로 이런 동물들의 움직임을 안내해야 한다. (10절 그리고 25절을 비교하라.) 룰렛-바늘이 일종의 자활석으로 대체되는 경우를 제외하고 그렇다. 즉, 우연의 놀이가 '내재적인 성향들'로 대체되는 경우를 제외한다는 것이다. 이런 일들이 상세히 어떻게 기능하는지는 우리의 현재 목적을 위해서는 거의 중요하지 않다. 중요한 것은 이런 일들이 기능한다는 것이며, 그리고 그 일들이 마치 어떤 내재적인 성향들이 자체로 다른 어떤 물리적인 성향들에 중첩되는 것처럼 기능하는 것 같다는 점이다. 이런 다른 물리적인 성향들은 더 우연인 것 같거나 동일한 확률적인 특징을 띠고 있으며, 이로 인해 어떤 가능성들에 추가적인 비중을 부여한다. 그 성향들은 사실상 다른 성향들에 체계적인 편향을 부여한다. 이것이야말로 많은 비개연적인 일들이 생물학적인 맥락들에서 일어나는 방식일 것이다. 우리가 이제 분명하게 볼 수 있는 것은 이런 종류의 일이 이미 기본적인 방식으로 고전 물리학에서 (장전된 주사위, 삼투압, 공명) 어떤 역할을 한다는 점이다. 그러므로 우리는 그 일이 우리의 물리적인 세계에 어떻게 들어맞는지 그러나 그 일에 목적의 위계 — 체계적이고 점점 더 목적의식이 있는 편향들의 위계 — 가 중첩됨으로써 그 일을 어떻게 초월하는지에 대한 직관적인 생각을 형성할 수 있다.[46)]

---

46) [포퍼의 "Of Clouds and Clocks", 그리고 "Evolution and the Tree of Knowledge", 『객관적 지식』, 1972, pp.206-284에서 생물학에 대한 논의를 비교하라. 편집자.]

이런 어떤 것도 심령론자의 변론하는 정신으로 언급되지 않는다. 왜냐하면 인간과 인간의 정신은 어떤 변론도 필요로 하지 않기 때문이다. 인간으로 하여금 피라미드를 건설하거나 에베레스트를 오르게 한 것은 에너지와 운동량의 보존 법칙이 아니며 또한 어떤 다른 법칙들도 아니다. 심지어 확률이나 성향도 아니다. 인간은 과학에서, 예술에서, 그리고 수많은 다른 측면에서 이보다 훨씬 높은 곳에 이르렀기 때문이다.

나는 현재 그런 것이 무엇인지에 대해 이런 형이상학적인 맺음말을 제시하려고 노력했다. 시험할 수 있는 이론보다는 어떤 그림, 어떤 꿈으로 제시하고자 했다는 것이다. 과학은 이런 그림들을 필요로 한다. 그것들은 대체로 과학의 문제 상황을 결정한다. 새로운 그림, 일들을 보는 새로운 방식, 새로운 해석은 과학에서 그 상황을 (로렌츠 변환을 보는 아인슈타인의 방식처럼) 완전히 바꿀 수 있다. 그러나 이런 그림들은 단지 과학적인 발견이나 그 발견을 안내하는 필요한 도구들이 아니다. 그것들은 또한, 과학적인 가설은 진지하게 다루어야 하는지, 그것은 잠재적인 발견인지, 그리고 그 가설의 수용은 과학에서 문제 상황과 그리고 아마도 그림 자체에도 어떻게 영향을 미치는지를 결정하는 데 우리에게 도움을 준다.

어쩌면 여기서 우리는 **형이상학 안에서** 구획의 기준을 발견할지도 모른다. 다시 말해 합리적으로 가치가 없는 형이상학적인 체계와 논의할 가치가 있고 생각할 가치가 있는 형이상학적인 체계 사이에서 구획의 기준을 발견할 수 있다는 것이다. 내가 말하고 싶은 것은 어떤 형이상학자의 적절한 열망들은 세계의 (그리고 세계의 과학적 양상들뿐만 아니라) 모든 참된 양상들을 일관된 그림으로

넣어야 한다는 점이다. 이런 일관된 그림은 자신과 다른 이들을 계몽할 수 있으며 그리고 언젠가는 훨씬 더 포괄적인 그림, 더 좋은 그림, 더 참된 그림의 일부가 될 수 있는 것이다. 그렇다면 그 기준은 근본적으로 과학에서의 기준과 동일할 것이다. 어떤 그림이 검토할 가치가 있는지는 합리적인 비판을 불러일으켜, 그 그림을 더 좋은 어떤 것으로 대체하는 시도에 영감을 주는 그림의 수용 능력에 의존한다. (그것은 어떤 유행을 창출하는 수용 능력이나 지금 새로운 유행에 의해 대체되는 수용 능력에 의존하는 것이 아니며, 그리고 독창성이나 최종적인 것이라는 주장들에 의존하는 것도 아니다.) 그리고 이런 기준은 또한 과학이나 형이상학의 저작과 영감을 불러일으키는 예술작품 사이의 특징적인 차이를 가리킬 수 있다고 나는 생각한다. 예술작품은 그 자체로는 더 좋은 것이 될 수 없는 어떤 것이기 때문이다.

1989년 참고문헌 부록

1982년에 이 책의 초판이 출판된 이래, 칼 포퍼 경은 양자 이론에 대한 논의를 전개하여 다음과 같이 발표하였다. 그중 하나인 사고 실험의 확장에 대한 논의는 다음 논문 pp.27-30에 나와 있다. "An Experiment to Interpret E.P.R. Action-at-a-Distance: The Possible Detection of Real De Broglie Waves"(with A. Garuccio and J. -P. Vigier), *Epistemological Letters*, Issue 30, July 1981, pp.21-29; "Possible Direct Physical Detection of De Broglie Waves"(with Augusto Garuccio and Jean-Pierre Vigier, *Physics Letters*, 86A, no. 8, 7 December 1981, pp.397-400; "Proposal for a Simplified New Variant of the Experiment of Einstein, Podolsky, and Rosen", in Klaus Michael Meyer-Abich, ed., *Physik, Philosophie und Politik*, Festschrift für Carl Friedrich von Weizsäcker zum 70. Geburtstag (Munich: Carl Hanser Verlag, 1982), pp.310-313; "A Critical Note on the Greatest Days of Quantum Theory", *Foundations of Physics* 12, no. 10, 1982, pp.971-976; "A Critical Note on the Greatest Days of Quantum Theory", in Asim O. Barut, Alwyn van der Merwe, and Jean-Pierre Vigier, eds., *Quantum, Space, and The Time — The*

Quest Continues, Studies and Essays in Honour of Louis de Broglie, Paul Dirac, and Eugene Wigner(Cambridge: Cambridge University Press, 1984); “Realism in Quantum Mechanics and a New Version of the EPR Experiment”, in G. Tarozzi and A. van der Merwe, *Open Questions in Quantum Physics*(Dordrecht: D. Reidel, 1985), pp.3-25; “Towards a Local Explanatory Theory of the Einstein-Podolsky-Rosen-Bohm Experiment”(with Thomas G. Angelidis), in P. Lahti and P. Mittelstaedt, eds., *Symposium on the Foundations of Modern Physics*(World Scientific Publishing Company, 1985), pp.37-49; “Realism and Quantum Theory”, in Eftichios Bitsakis and Nikos Tambakis, eds., *Determinism in Physics, Proceedings of the Second International Meeting on Epistemology*(Athens: Gutenberg Publishing Company, 1985), pp.11-29; “Realism and a Proposal for a Simplified New Variant of the EPR-Experiment”, in Paul Weingartner and Georg Dorn, eds., *Foundations of Physics, ASelection of Papers Contributed to the Physics Section of the 7th International Congress of Logic, Methodology and Philosophy of Science*(Vienna: Verlag Hölder-Pichler-Tempsky, 1986); “Bell’s Theorem: A Note on Locality”, in G. Tarozzi and A. van der Merwe, eds., *Microphysical Reality and Quantum Formalism*(Dordrecht: D. Reidel, 1987), pp.413-417; “Popper versus Copenhagen: Letter in Reply to Collett and Loudon”, *Nature*, vol. 328, 20 August 1987, p.675; “Correction Needed”, *Nature*, vol. 329, 10 September 1987, p.112.

해제

물리학의 분열은 왜 발생했는가?

이한구

I. 양자역학의 분열

이 책은 칼 포퍼(Karl Popper)의 *Quantum Theory and the Schism in Physics*(New Jersey: Rowman & Littlefield, 1982)를 번역한 것이다. 이 책은 『과학적 발견의 논리(*The Logic of Scientific Discovery*)』의 후속편 3부작 중의 III권이다. 후속편 3부작의 I권은 『실재론과 과학의 목표(*Realism and the Aim of Science*)』이고, II권은 『열린 우주: 비결정론을 위한 논증(*The Open Universe: An Argument for Indeterminism*)』(이한구, 이창환 옮김, 철학과현실사: 2020)이다.

이 책은 양자역학의 발생 과정과 대립적인 해석들을 다루고 있다. 양자(quantum)란 더 이상 나눌 수 없는 에너지의 최소량의 단위를 가리키는데, 처음 복사에너지에서 논의되기 시작하여 '에너지 양자'라는 말이 등장했다. 복사에너지(radiant energy)란 파동이나 입자의 형태로 방출을 통해 사방으로 퍼져 나가는 에너지를 의미한다. 전자기파, 중력파 같은 파동 형태의 에너지, 알파 입자, 베타 입자 등과 같은 입자 형태의 에너지가 모두 복사에너지이다. 그 후 '양자'라는 말은 더욱 일반화되어 양자역학이란 원자, 전자, 광자, 소립자 같은 미시 세계의 구조와 운동을 다루는 물리학을 의미하게 되었다. 1920년대 보어, 하이젠베르크, 드 브로이, 슈뢰딩거 등 탁월한 물리학자들에 의해 체계화된 양자역학은 아인슈타인의 상대성 이론과 함께 현대 물리학의 양대 기둥으로 등장했다.

양자역학의 해석을 둘러싼 대결은 세 가지 주제를 중심으로 진행되었다고 할 수 있다. 이 책은 이런 여러 논쟁들을 상세히 추적하면서, 양자 이론의 주도적인 몇몇 해석에 대한 전면적인 비판을 가한다. 즉 양자역학의 유명한 역설을 해결하고 '관찰자'를 내쫓는 해석들이 그것이다. 또한 양자역학의 해석에 대한 문제들은 핵심적으로는 확률 계산의 해석에 대한 문제들로 압축될 수 있다는 전제 위에서, 확률의 성향 해석을 새롭게 제시한다.

II. 분열의 핵심 주제들

물리학의 분열은 다음 세 가지 쟁점들 때문이었다.

(1) 비결정론 대 결정론

(2) 실재론 대 도구주의

(3) 객관주의 대 주관주의

이 세 가지 쟁점은 하이젠베르크의 불확정성 원리들이나 파동 다발들의 환원 같은 문제들과 연관해서 일어난다. 그리고 더욱 일반적으로는 확률의 해석을 둘러싸고 발생한다. 이때 분열은 크게 보면 비결정론/실재론/객관주의를 한편으로 하고, 다른 한편으로는 결정론/도구주의/주관주의로 나누어지지만, 자세히 보면 복잡하게 상호 얽혀 있기도 하다. 예컨대 아인슈타인, 드 브로이, 슈뢰딩거, 그리고 봄은 실재론자이면서 결정론자이지만, 확률 해석에서는 주관주의자들이다. 정통 코펜하겐 학파를 대표하는 보어와 하이젠베르크는 비결정론자이면서 도구주의자들이다. 이런 두 분열을 치밀하게 논의하고 있는 칼 포퍼는 일관되게 비결정론자이면서 실재론자이고, 동시에 객관주의자이다.

1) 결정론과 비결정론 논쟁

결정론이란 비유하자면 우주의 변화를 한 편의 동영상 상영과 비슷하다고 보는 입장이다. 내가 지금 한 편의 동영상을 보고 있다고 하자. 이때 지금 투사되고 있는 그림이나 사진이 현재이고, 이미 보았던 동영상의 부분들이 과거이며, 아직 보지 못한 것들이 미래라는 것이다. 동영상에서는 미래와 과거가 공존하고 있으며, 미래는 과거와 동일한 의미에서 확정되어 있다. 영화의 모든 장면은 몇 십 미터 길이의 필름에 이미 담겨 있고, 필름이 돌아가는 화면을 보면서 이야기의 전개가 어떻게 될지 우리는 마음을 졸인다. 우리가 영화를 보기 전에 이야기는 이미 완성되어 있지만, 단지 우리가 모를 뿐이다.

고전 물리학의 결정론적 성격은 19세기 초 프랑스의 물리학자 라플라스(Pierre Simon Laplace)에 의해서 분명하게 정식화되었다고 할 수 있다. 라플라스는 다음과 같이 말한다. "우주에 있는 모든 원자의 위치와 운동량을 알고 있는 존재가 있다면, 그는 뉴턴의 운동법칙을 이용해 과거와 현재의 모든 현상을 설명하고, 미래를 예측할 수 있을 것이다." 이런 주장은 말하자면, 자연적 법칙들의 체계와 어떤 순간의 세계의 초기 조건들에 관한 정확하고 완전한 지식을 우리가 갖는다면, 다른 순간의 세계의 상태를 연역할 수 있음을 의미한다.

라플라스가 가정한 이런 존재는 인간의 지능을 넘어선 초지능적 존재라는 의미에서 후대 사람들이 라플라스의 악마(Laplace's demon)라고 불렀지만, 실제적으로는 과학자를 상징하고 있다. 물론 라플라스도 우주 속의 모든 물체들에 관한 초기 조건을 우리가 확인하기란 불가능하다는 것을 인정한다. 그렇지만 그는 과학의 성장에 따라 점차 보다 나은 지식을 얻을 수 있을 것이며, 이에 따라 예측 역시 보다 정확해질 것으로 생각한다. 그러므로 만약 자연 법칙들과 우주의 초기 조건이 알려진다면, 우주의 미래는 과거의 어떤 순간 속에 암시되어 있으므로 결정론의 참이 성립된다.

이런 결론은 뉴턴 물리학의 귀결이기도 하다. 뉴턴 물리학의 위력에 압도당한 계몽주의의 많은 철학자들도 결정론을 수용하고 말았다. 인간 이성의 자율성을 강조한 임마누엘 칸트마저도, 우리가 경험하는 현상세계는 결정론의 세계라고 주장했다.

라플라스의 정식을 극단적으로 단순화하면 다음과 같이 된다.

$$(I + L) \rightarrow E$$

이때 I는 원인(초기 조건)이고 L은 보편적 법칙이며, E는 결과이다. 말하자면 법칙에 의해 원인과 결과는 연결된다. 모든 사건은 그 이전 사건이 원인이 되어 발생하며, 그것은 다시 다음 사건의 원인이 된다. 인과의 그물을 벗어난 어떤 것도 존재하지 않는다면,

우리는 우주의 종말도 예측할 수 있다. 특히 인공지능을 이용한 고성능 컴퓨터의 개발은 라플라스의 악마를 다시 부활시키고 있다.

이에 반해 비결정론은 우리가 초기 조건과 법칙을 알고 있다 해도, 미리 결정된 것은 없기 때문에 정확한 예측은 불가능하다는 입장이다.

결정론 논쟁과 가장 관련이 깊은 이론이 하이젠베르크가 주장한 불확정성 원리(uncertainty principle)이다. 이것은 특정한 한 쌍의 물리량에 대해 이 둘을 동시에 측정하는 것은 불가능하다는 주장이다. 예컨대, 어떤 입자에 대해, 그 입자의 위치와 속도를 동시에 알 수는 없다는 것이다. 위치를 정확하게 알려고 하면 속도에 대해서는 점점 알 수 없게 되고, 속도를 정확하게 측정하려고 하면 위치에 대해서는 점점 불확실해진다.

불확정성 원리에 근거해서 고전 물리학의 법칙은 보편적 법칙인데 반해 양자 세계의 법칙은 확률적 법칙(L')으로 간주된다. 확률적 법칙이 지배하는 세계는 비결정론의 세계라고 하지 않을 수 없다. 말하자면, 다음과 같이 된다.

$$(I + L') \begin{array}{l} \nearrow E_1 \\ \searrow E_2 \end{array}$$

아인슈타인(Einstein)과 포돌스키(Podolsky) 및 로젠(Rosen) — 이들의 이름 앞 글자를 따서 EPR 실험이라 불린다 — 은 비결정론에 대해 강력하게 반대하는 논의를 전개했다. 아인슈타인의 "신은 주사위 놀음을 즐겨 하지 않는다."라는 명언도 이때 등장했다.

과학적 결정론자들은 양자역학에 대한 하이젠베르크의 불확정성의 원리를 주관주의에 기초하고 있다고 비판하면서, 자신들의 주장을 유지시키고자 시도한다. 말하자면 현재의 우리의 인식 능력으로는 미시 세계에 대한 정확한 예측을 할 수 없지만, 과학적 지식의 성장에 따라 언젠가는 예측이 가능하게 된다는 것이다.

논쟁은 치열했지만, 결국 미시 세계는 예측 불가능한 비결정론의 세계라는 결론에 이른다. 양자 세계의 결정론적 해석과 비결정론적 해석은 현대 물리학의 가장 격렬한 대결이 되었다.

2) 실재론과 도구주의

과학 이론의 성격을 둘러싸고 실재론과 도구주의 역시 대립한다. 실재론은 이론이란 객관적으로 존재하는 세계를 기술하고 설명하려는 시도이며, 그리고 이런 시도를 비판하려는 시도들의 결과라고 규정한다. 이것은 가장 오래되고 상식적인 입장이라고 할 수 있다. 이에 반해 도구주의는 이론을 세계에 대한 기술과 설명으로 보지 않고, 세계를 우리 나름으로 해석하는 도구로 간주한다. 이 도구주의는 과학이 종교를 대체할지도 모른다고 염려한 벨라르미노 추기경과 버클리 주교가 발전시킨 이론이다.

도구주의는 과학은 진리를 추구한다는 갈릴레오와 뉴턴의 믿음을 반대하기 위한 것이었다. 예컨대 '지구가 태양 주위를 돌고 있다'는 이론은 실재 세계를 반영하는 것이 아니라, 천체 현상을 우리가 해석하는 단순한 도구인 한에서, 실제로 지구가 태양 주위를 도는지 아닌지와는 상관없는 것이었다.

대부분의 양자 이론의 선도자들은 도구주의를 받아들였다. 일부의 양자 이론가들이 도구주의에 대해 의문을 표시하기도 했지만, 전체적 흐름을 바꾸지는 못했다. 양자 이론가들이 도구주의를 수용한 근본적인 이유는 우리가 그 세계를 관측하려고 할 때 주관의 개입이 불가피하므로 우리는 미시 세계를 정확하게 알 수 없다고 생각했기 때문이다. 그러므로 우리가 할 수 있는 일이란 기껏해야 파동 함수 같은 수학적 도구들을 이용하여 우리에게 나타난 현상을 해석하는 일뿐이었다.

이에 반해 실재론자들은 양자에 관한 여러 법칙들과 이론들이 단순한 도구가 아니라 양자 세계를 있는 그대로 반영하는 기술적 체계들이라고 본다.

3) 주관주의와 객관주의

세 번째 대결은 주관주의와 객관주의의 대결이다. 주관주의는 관찰이 관찰 대상에 영향을 미친다는 입장이고, 객관주의는 주관의 영향을 배제할 수 있다는 입장이다.

고전 물리학의 관찰이란 대상을 있는 그대로 드러내지만 관찰 대상에 영향을 미친다고는 생각하지는 않았다. 우리가 상식적으로 생각하는 측정이란 대상을 변화시키지 않고 그 상태를 알아내는 과정을 말하지만, 양자역학에서는 이런 측정이 원칙적으로 불가능하다는 것이다. 이렇게 관측자의 행위가 양자의 존재 상태에 영향을 미친다는 주장이 보어, 하이젠베르크 등을 중심으로 한 코펜하겐 해석이다.

이에 반대하는 객관주의 입장은 주관의 개입을 단연코 부정한다. 말하자면 객관주의자들은 여러 새로운 실험 장치들을 통해 '관찰하는 주관'이 전혀 없는 실험들을 할 수 있으며, 주관의 영향을 배제할 수 있다는 것이다. 이런 논리 위에서, 객관주의자들은 하이젠베르크의 불확정성 원리는 관찰하는 주관 때문에 성립하는 것이 아니라, 세계의 본성상 그렇다고 주장한다. 슈뢰딩거의 유명한 고양이 실험도 이때 등장했다.

III. 확률의 성향 해석

이 책의 서론에서 포퍼는 양자역학에 대한 자신의 입장을 13가지 논제로 제시하고 있다. 양자 이론의 중심적인 문제는 13가지 논제 중 제일 앞 세 가지가 통계적 문제라는 것이며, 통계적인 문제들은 본질적으로 통계적인 답변을 요구한다는 것이다. 그러므로 우리가 양자 이론의 확률적인 성격을 우리 문제의 통계적 성격이 아니라 우리 지식의 부족으로 설명함은 완전히 잘못된 믿음이라는 것이다. 그리고 이 믿음이 양자 이론에 관찰자나 주관의 개입을 이끌었으며, 동시에 확률 이론에 대한 주관주의적 해석을 하기에 이르렀다고 본다.

이 책에서 가장 강조하는 논점 중의 하나가 확률에 대한 해석이다. 확률 해석은 크게 주관적 해석과 객관적 해석으로 나누어진다. 주관적 해석을 대표하는 입장이 베이즈주의인데, 확률을 우리 믿음의 정도로 규정한다. 이런 해석 때문에 양자역학에 반실재론이나 주관주의가 개입된다. 이와 대립되는 객관적 해석은 확률을 우리의 믿음의 정도와는 아무런 관계가 없는 것으로 이해한다. 포퍼를 비롯한 실재론자들이나 객관주의자들은 철저하게 확률의 객관적 해석을 주장한다.

객관적 확률 해석도 세 가지로 구분될 수 있다.

(a) 고전적 해석: $p(a, b)$를 b일 때 a가 나올 가능성으로 해석한다. 예컨대 6면의 주사위를 던져서 1이 나올 확률은 1/6이다. 그렇

지만 고전적 해석은 몇 가지 점에서 비판을 받아왔다. 첫째로 편중된 주사위를 가지고 놀이하는 것과 같이 불균형한 경우들에는 적용될 수 없으며, 둘째로 가능성에 관한 전제들로부터 상대 도수들에 관한 통계적 결론들에 이르게 하는 논리적이거나 수학적인 다리가 존재하지 않는다는 것이다.

(b) 통계적 해석: $p(a, b)$를 사건들 b 중에서 사건들 a의 상대적인 도수로 해석한다. 예컨대 100명이 담배를 피우고, 그중 폐암에 걸린 사람이 30명이라고 할 때, 담배를 피울 때 폐암에 걸릴 확률을 30퍼센트로 계산한다. 그렇지만 통계적 해석 역시 통계의 범위나 규모에 따라 그 신뢰도는 달라질 수 있으며, 통계 처리가 되지 않는 경우 확률을 어떻게 사용할 것인지 대안이 없다.

(c) 성향적 해석: $p(a, b)$를 b를 만족시키면서 a를 지지하는 가능한 경우들의 비중의 합으로 해석한다. 이때 '비중'이라는 용어는 실험을 거듭함에 따라 나오는 성향이나 경향에 대한 우리의 측도를 의미한다. 이렇게 해서 성향 해석에서는 확률을 구체적으로 독특한 물리적 상황의 실재적인 물리적 속성으로 간주한다.

이 책의 뒷부분은 이런 성향 해석을 통해 물리학의 분열들이 통합될 수 있는 가능성을 제시한다.

찾아보기

스티븐 크레스지(Stephen Kresge)와 낸시 사도야마(Nancy Artis Sadoyama)가 편집함

[인명]

[용어]

ㄴ

ㅂ

ㅅ

ㅇ

ㅈ

ㅎ

칼 포퍼(Sir Karl Raimund Popper)

칼 포퍼 경은 1902년 오스트리아 빈에서 태어났다. 그는 1918년부터 1928년까지 빈 대학에서 수학, 물리학, 심리학, 음악사 및 철학을 공부했다. 그와 동시에 가구 명인의 도제와 교사로 일했다. 그는 빈 대학에서 철학박사학위를 받은 지 50년이 지난 1978년에 엄숙한 의식을 통해서 이 학위를 '새롭게' 수여받았고 자연과학 분야의 명예 박사학위를 받게 되었다.

그는 빈에서 교사로 일하면서 1934년에 『탐구의 논리(*Logik der Forschung*)』를 출판했다. 이 책은 1959년에 영어로 번역되어 『과학적 발견의 논리』로 출판된 이후 고전이 되었으며, 현재까지 많은 언어로 번역, 출판되었다.

포퍼는 영국에 거주하면서 유럽, 뉴질랜드, 호주, 인도, 일본에서 강연을 했다. 1950년 이후 종종 미국에서 강연하였고, 하버드 대학에서 윌리엄 제임스 강연을 했다. 그의 저술로는 『열린사회와 그 적들』(미국 정치학회의 리핀코트 상 수상), 『추측과 논박』, 『역사법칙주의의 빈곤』, 『객관적 지식』, 『끝나지 않는 물음』과 『과학적 발견의 논리』의 『후속편』을 구성하고 있는 세 책, 『실재론과 과학의 목표』, 『열린 우주: 비결정론을 위한 논증』, 『양자 이론과 물리학의 분열』, 그리고 에클스 교수와의 공저인 『자아와 그 두뇌』 등이 있다.

포퍼는 시카고 대학, 덴버 대학, 워윅(Warwick) 대학, 캔터베리 대학, 샐포드(Salford) 대학, 런던 시립대학, 빈 대학, 만하임 대학, 구엘프(Guelph) 대학, 프랑크푸르트 대학, 잘츠부르크 대학, 케임브리지 대학, 옥스퍼드 대학, 브라질리아 대학, 그리고 구스타브아돌

프(Gustavus Adolphus) 대학과 런던 대학에서 명예 박사학위를 받았다.

그는 영국 왕립학술원과 학사원의 회원이며, 미국 예술과학 아카데미 외국 명예회원, 프랑스 학술원 회원, 국제 과학철학학회 회원, 벨기에 왕립아카데미 명예회원, 유럽 과학, 예술, 도서 아카데미 회원, 뉴질랜드 왕립학회 명예회원, 국제 과학사 아카데미 명예회원, 독일 언어문학 아카데미 명예회원, 오스트리아 지식 아카데미 명예회원, 빈 예술원 명예회원, 워싱턴 D.C. 국가과학 아카데미 외국 명예회원을 역임했다. 또한 미국 하버드 대학 우등생연합 명예회원, 독일 철학연합회 명예회원, 런던정경대학의 명예교수, 케임브리지 다윈 대학의 명예교수, 런던 킹스 대학 과학철학, 과학사 분과의 명예 연구교수, 스탠포드 대학 후버 연구소의 선임연구원을 역임했다.

포퍼는 도덕 심리 과학에 대해 빈 시의 훈장을 받았으며, the Sonning Prize of the University of Copenhagen, the Dr Karl Renner Prize of the City of Vienna, the Dr Leopold Lucas Prize of the University of Tübingen, the Ehrenring of the City of Vienna, the Prix Alexix de Tocqueville, the Grand Decoration of Honour in Gold(Austria), the Gold Medal for Distinguished Service to Science of the American Museum of Natural History (New York), the Ehrenzeichen für Wissenschaft und Kunst (Austria), the Order Pour le Mérite(German Federal Republic), the Wissenschaftsmedaille der Stadt Linz 등을 받았다.

1965년 영국 엘리자베스 2세 여왕으로부터 작위를 부여받은 후, 1982년에 명예훈작의 휘장(H.C.)을 받았다.

편집자 약력

윌리엄 바틀리 3세(William Warren Bartley, III)

하버드 대학과 런던 대학을 졸업했다. 칼 포퍼 경의 제자이면서 동료였으며, 오랫동안 포퍼의 조교로도 일했다. 런던정경대학의 논리학 교수를 역임했고, 바르부르크 연구소에서 과학철학의 역사를 강의했다. 또한 케임브리지의 곤빌 앤드 카이우스(Gonville and Caius) 대학 쿡 연구소 선임 연구원(S. A. Cook Bye-Fellow), 피츠버그 대학 과학철학과 과학사, 철학 교수를 역임했다. 현재 스탠포드 대학 후버(Hoover) 재단의 전쟁, 혁명, 그리고 평화 연구소 선임 연구원으로 일하고 있다.

역자 약력

이한구

경희대학교 석좌교수이며 성균관대학교 명예교수, 대한민국 학술원 회원이다. 저서로 『지식의 성장』, 『역사학의 철학』, 『역사주의와 반역사주의』, 『역사와 철학의 만남』, 『문명의 융합』, *The Objectivity of Historical Knowledge* 등이 있고, 역서로는 『열린사회와 그 적들 I』(포퍼), 『추측과 논박』(포퍼), 『분석철학』(엄슨), 『영원한 평화를 위하여』(칸트), 『칸트의 역사철학』(칸트), 『파르메니데스의 세계』(포퍼), 『객관적 지식』(포퍼), 『역사법칙주의의 빈곤』(포퍼), 『포퍼 선집』(포퍼), 『열린 우주: 비결정론을 위한 논증』(포퍼) 등이 있다. 열암 학술상, 서우 철학상, 대한민국 학술원상, 3 · 1문화상, 수당상을 수상했다.

이창환

성균관대학교 경제학과와 철학과를 졸업하고, 동 대학원 철학과에서 「믿음이란 무엇인가?」로 석사학위를 받았으며, 동 대학원 철학과 박사과정을 수료했다. 충북대학교, 청주대학교, 대덕대학교의 강사로 철학과 사상, 형이상학, 분석철학, 논리와 사고, 현대사회와 윤리, 공학 윤리 등을 강의했고, 청주대학교 객원교수를 역임했다. 역서로 『파르메니데스의 세계』, 『객관적 지식』, 『역사법칙주의의 빈곤』, 『포퍼 선집』, 『열린 우주: 비결정론을 위한 논증』 등이 있다.

양자 이론과 물리학의 분열

1판 1쇄 인쇄 2022년 3월 25일
1판 1쇄 발행 2022년 3월 30일

지은이 칼 포퍼
옮긴이 이한구 · 이창환
발행인 전춘호
발행처 철학과현실사
출판등록 1987년 12월 15일 제300-1987-36호
서울시 종로구 대학로 12길 31
전화번호 579-5908
팩시밀리 572-2830

ISBN 978-89-7775-858-2 93400
값 20,000원